高等职业教育装备制造大类专业新型活页式系列教材

数控车削编程加工技术教学工作页

王丹 王利利 谢鑫 周立波 李洋◎编著

中国铁道出版社有限公司
CHINA RAILWAY PUBLISHING HOUSE CO., LTD.

内容简介

全书共分为四部分，分别是教学模块、实操训练模块、实操考核与解析模块、理论考核模块；共设计了10个教学项目，5个实操训练项目，1个实操考核项目并附有详细解析内容，3套理论综合测试题。

全书依据从易到难，螺旋上升的训练模式设计，符合“1+X”数控车铣加工职业技能等级证书初级与中级考核要求。教学模块项目1~5为数控车削外轮廓内容，项目6~7为数控车削内轮廓内容，项目8~10为数控车削自动编程内容。实操训练项目从外轮廓到内轮廓，从单件到配合件，难度逐渐增强，适合不同学习阶段的学生使用。教学项目的设计依据行动导向教学思想，采用五步教学法，以导入—任务—行动—纠错—结果为主线，明确教与学的思路，教学做一体化，使教师的教与学生的学高度融合。

本书是一本新型活页式教材，适合高职院校装备制造大类专业中机械类和非机械类专业数控编程加工类课程使用。

图书在版编目(CIP)数据

数控车削编程加工技术教学工作页/王丹等编著. —北京：中国铁道出版社有限公司,2022. 8(2024. 1重印)
高等职业教育装备制造大类专业新型活页式系列教材
ISBN 978-7-113-29333-8

Ⅰ. ①数… Ⅱ. ①王… Ⅲ. ①数控机床-车床-车削-程序设计-高等职业教育-教学参考资料②数控机床-车床-加工工艺-高等职业教育-教学参考资料 Ⅳ. ①TG519. 1

中国版本图书馆CIP数据核字(2022)第111687号

书　　名：数控车削编程加工技术教学工作页
作　　者：王　丹　王利利　谢　鑫　周立波　李　洋

策　　划：何红艳　　**编辑部电话：**(010)63560043
责任编辑：何红艳　包　宁
封面设计：刘　颖
责任校对：孙　玫
责任印制：樊启鹏

出版发行：中国铁道出版社有限公司(100054,北京市西城区右安门西街8号)
网　　址：http://www.tdpress.com/51eds/
印　　刷：北京联兴盛业印刷股份有限公司
版　　次：2022年8月第1版　2024年1月第2次印刷
开　　本：787 mm×1 092 mm　1/16　**印张：**14. 75　**字数：**357千
书　　号：ISBN 978-7-113-29333-8
定　　价：49. 80元

前　言

党的二十大报告指出："教育、科技、人才是全面建设社会主义现代化国家的基础性、战略性支撑。""人才是第一资源"，要把技能人才作为第一资源来对待。"中国式现代化，是中国共产党领导的社会主义现代化，既有各国现代化的共同特征，更有基于自己国情的中国特色"。加强大国技能建设、打造高素质技术技能人才队伍是实现中国式现代化的应然之举，也是作为职业教育人的共同目标。

《数控车削编程加工技术教学工作页》围绕高职机械类专业数控加工相关课程的教学改革，结合新型活页式教材的要求，体现"1+X"证书制度内涵，将数控车削加工理论知识进行应用化处理，并与实践内容相互转化，体现"教、学、做"一体的现代职业教育课程改革理念。

本书在编写过程中结合《国家职业标准　数控车工》（中级）的要求，选择数控车削加工典型工作任务为教学载体，融入数控指令、工艺安排、操作技能等，形成符合教学规律的行动导向活页式教学资料——《数控车削编程加工技术教学工作页》，使学生在完成由简单到复杂的轴套类零件车削加工过程中知识与技能得到有效提升，且可显著提高学生的综合素养。

本书教学模块符合人们对事物的认知规律，以项目导向、任务驱动为引领，按照"导入—任务—行动—纠错—结果"五环节，将知识学习、行为习惯、思政教育融为一体，使学生的综合素养在学习知识中逐步养成；实操训练模块围绕生产实际，选取具有典型性和实用性的载体，明确教学目标，对接生产实际安排项目实施，同时设置多元化的考核指标，体现了高职教育基于过程的能力培养和"职业性、技能性"的融合培养；实操考核与解析模块、理论考核模块紧扣"1+X"数控车铣加工职业技能等级证书和车工职业技能鉴定（中级·四级）考试要求，理实结合，促进能力提升。本教材在内容与形式上，突出体现了岗课赛证的融合。

本书由吉林电子信息职业技术学院王丹、王利利、谢鑫、周立波和吉林万丰奥威汽轮有限公司李洋编著。全书共分为四部分，具体编写分工如下：王丹编写教学模块项目1、项目2、项目3、项目4，实操训练模块项目1、项目2；王利利编写实操训练模块项目3、项目4、项目5、理论考核模块；谢鑫编写教学模块项目5、项目6、项目7；周立波编写教学模块项目8、项目9、项目10；李洋编写实操考核与解析模块。全书由王丹统稿。

在编写过程中，尽管我们尽心尽力，但由于水平有限，书中难免有错误和不当之处，恳请广大读者批评指正。

编　者

2024年1月

目　录

第一部分　教学模块

第二部分　实操训练模块

第三部分　实操考核与解析模块

第四部分　理论考核模块

第一部分　教学模块

<table>
<tr><td rowspan="2">工作页</td><td>项目1　认识数控车削加工</td><td>姓名：</td><td>班级：</td></tr>
<tr><td>学习领域：数控车削编程加工技术</td><td>学号：</td><td>日期：</td></tr>
</table>

教学目标

1. 了解数控车床型号标记、种类。
2. 了解数控车床组成。
3. 掌握数控车床加工范围。
4. 掌握数控车床日常维护。
5. 掌握数控车床加工安全要求。

导入

试分析图 1-1-1、图 1-1-2、图 1-1-3 三种机床的不同点。

图 1-1-1

图 1-1-2

图 1-1-3

任务

1. 认识数控车床。
2. 掌握数控车床安全操作要求。

行动

1. 数控车床认知

（1）在图 1-1-4 所示的框格中填写数控车床各部分名称。

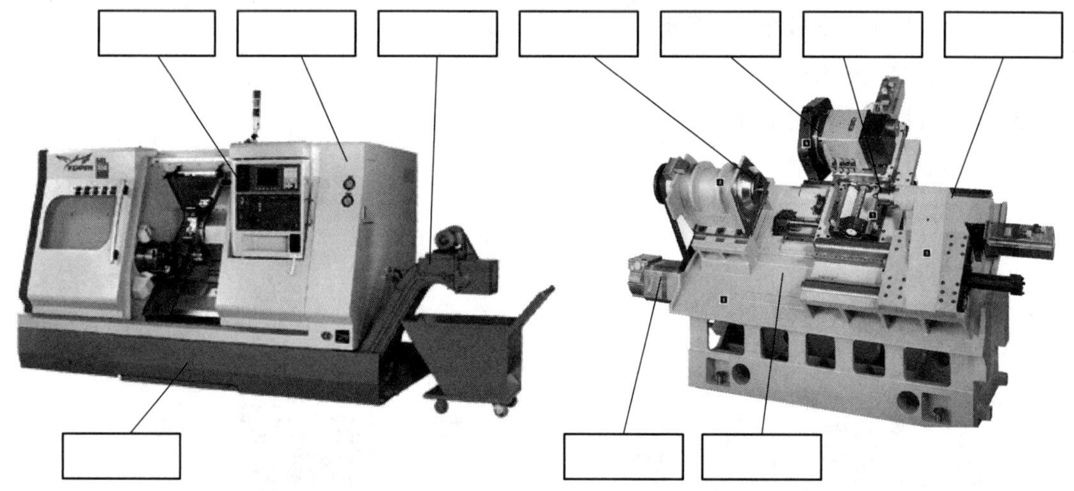

图 1-1-4　车床结构

（2）数控车床标记：数控车床采用与普通车床相类似的型号表示方法，由字母及一组数字组成。填写 CKA6140 各代号的含义。

C									K								
A									6								
1									40								

（3）数控车床分类方法很多，按照控制的联动轴数可以分为：①两轴联动、②两轴半联动、③三轴联动、④四轴联动、⑤五轴联动。查阅资料说明它们之间的区别。

（4）数控车床加工范围比较广泛，图 1-1-5 所示零件哪些属于数控车床加工范围？在对应方框内打√。

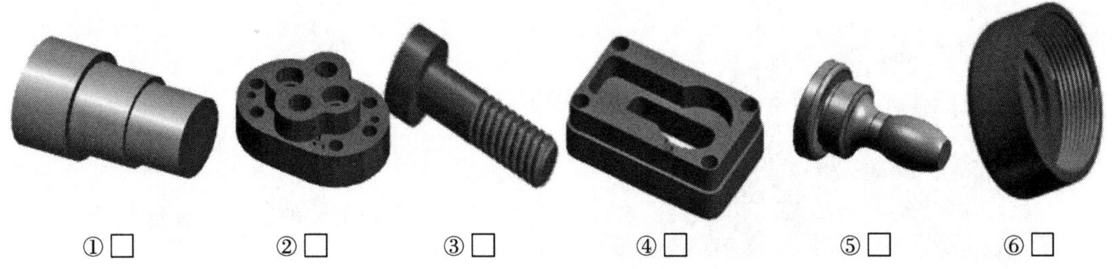

①□　②□　③□　④□　⑤□　⑥□

图 1-1-5　零件

（5）数控车床加工零件的过程。

①分析零件图样和工艺要求；②程序检验；③编写程序单；④数字处理；⑤零件自动加工。

写下你认为的数控车床零件加工的顺序________________________

2. 数控加工车间管理制度

管理制度学习：

（1）学生在车间实训时要穿好__________，长发者应戴工作帽，并将头发盘到帽子里。不准穿拖鞋和高跟鞋进入车间。

（2）在车间内不做与实训无关的事，__________、__________、__________、不嘻笑打闹，不准在车间里吃零食。

（3）尊重指导教师，服从安排。按照指定的时间、工种、工位完成规定的实训任务，不准随意调换__________、__________，严禁争抢工位及工具。

（4）每次实训前要清点__________，检查有无__________，若有缺损立即报告指导教师。

（5）实训期间应认真听讲、仔细观看，在指导教师讲课或示范时应__________。

（6）严格遵守__________，发现事故隐患及时报告指导教师，如遇紧急情况，应立即按下__________按钮或__________。

（7）工量刃具按规定摆放，不准相互摞压，乱拿乱放，用毕__________。未经许可不准使用__________工量刃具，自己的工量刃具也不准外借。

（8）每天实训结束时，按要求填写各种__________，将所有工量刃具按清单核对后放入工具箱，做好卫生清扫工作，检查水、电、气源，关好窗门。经指导教师检查__________后方可离开。

（9）指导教师按要求填写相关的教学管理表格。

参照图 1-1-6 工装要求，把自己穿着工装的照片贴在下面的框格中。

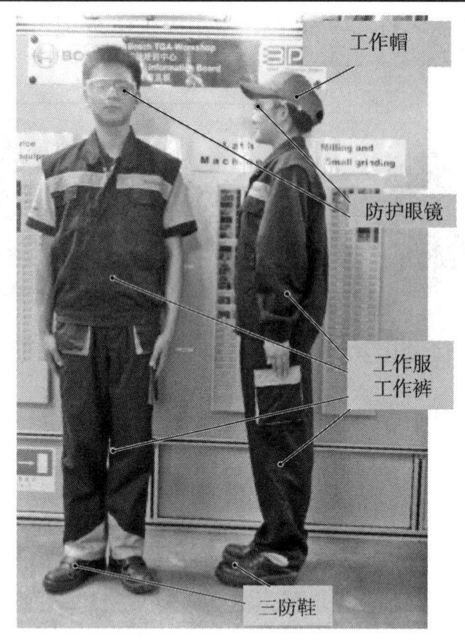

把自己穿着工装的照片贴在这里

图 1-1-6　实训着装

3. 数控车安全操作规程

1）安全操作规程学习

（1）进入实训车间实训，必须按规定穿戴好____________，严禁____________、围巾。

（2）每天开机操作前，按规定加好润滑油，检查各部位____________、急停按钮等是否失灵，确认无异常情况后，方可开机。

（3）工件、刀具必须安装牢固，以防____________发生事故。

（4）工作台面不准堆放____________及工具、夹具、____________。

（5）自动执行前必须检查输入程序，补偿好____________。

（6）对经济型数控车床，须在____________状态，方可调整主轴转速。

（7）装拆工件时，调速手柄应挂____________，装卸完毕，应随手取下____________。

（8）在自动运行程序前，必须认真检查____________，确保____________的正确性。

（9）在操作过程中必须集中注意力，谨慎操作。运行过程中，一旦发生问题，及时按下____________按钮或____________按钮。

（10）实训学生在操作时，旁观的同学____________按控制面板的____________、旋钮，以免发生意外及事故。

（11）未经老师允许，____________操作他人使用的设备。

（12）每天实训结束或保养设备时，各手柄放在____________，切断____________。中途暂时离开时必须____________。

2）认识安全标志并完成填空

根据图 1-1-7 所示标识示意，填写图 1-1-8 中各标志的含义。

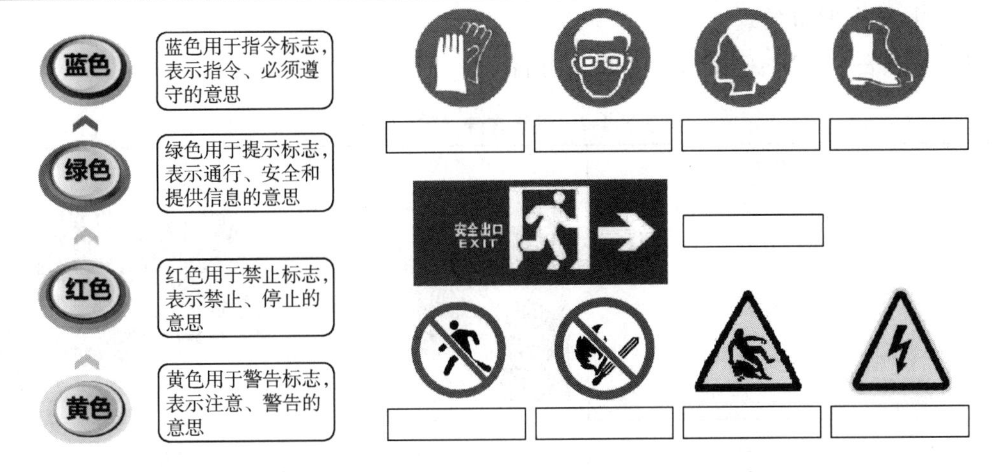

图 1-1-7　标识示意　　　　图 1-1-8　标志填空

3）数控车工实训区现场可视化管理标准

（1）按照表 1-1-1 右侧图示，填写左侧内容。

表 1-1-1　工具柜可视化管理

要　求	标准图示
操作过程中工、量用具摆放如图所示，整齐、整洁，使用完毕后正确归位。	
第一层抽屉________________。	
第二层抽屉________________。	
第三层抽屉________________。	

（2）按照上图图示，把工、量用具摆放好。

4）数控车床TPM管理

（1）按照表1-1-2右侧图示，填写左侧内容。

表1-1-2　数控车床TPM管理

要　求	标准图示
1. 检查＿＿＿＿＿＿是否正常。	 
2. 检查＿＿＿＿＿＿加注情况。	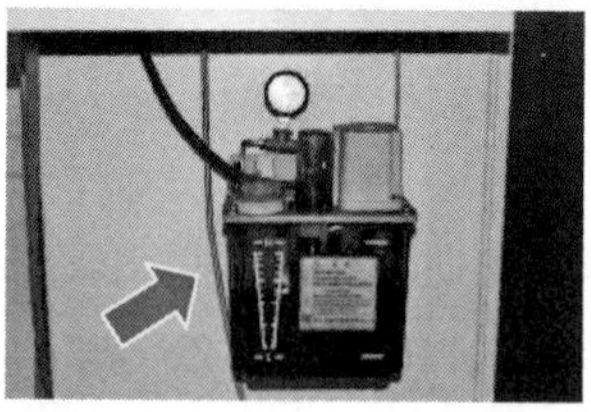
3. 检查＿＿＿＿＿＿情况。	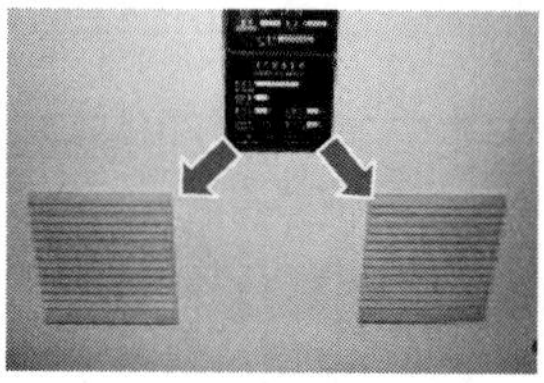 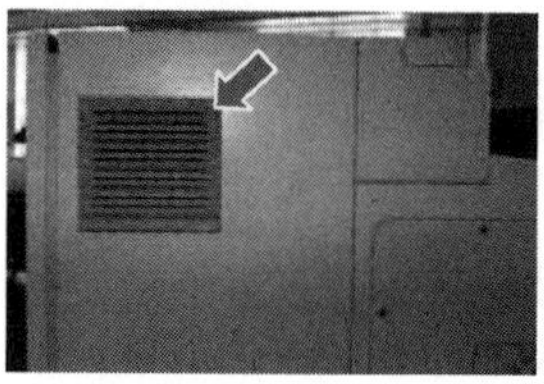
4. 检查＿＿＿＿＿＿运转情况，刀架换刀情况。	 
5. 启动机床后观察＿＿＿＿＿＿	
6. 清扫机床保持卫生。	

（2）按照表1-1-2所示内容，对数控车床进行点检，并做好记录。

（3）图 1-1-9 中哪些是不规范操作？写下序号：________________________________。

①　②　③

铁钩子

④　⑤　⑥

图 1-1-9　操作规范判断

温馨提示

（1）在实训车间学习注意安全。

（2）书写工整。

4. 知识拓展

（1）数控机床的发展历程是怎样的？

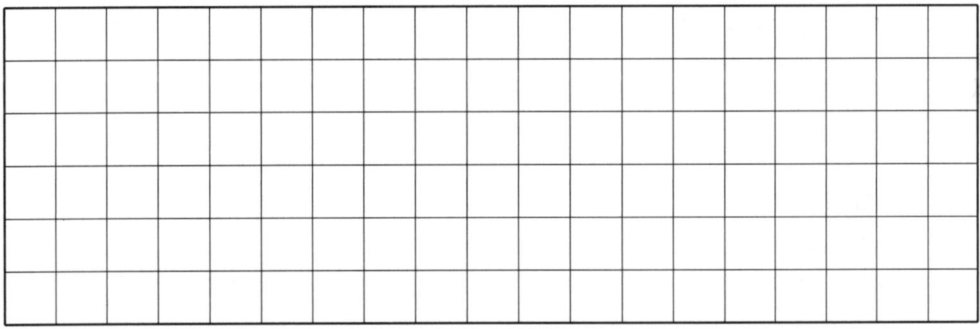

（2）数控编程系统有哪些？本次实训使用的数控车床配有哪种数控系统？

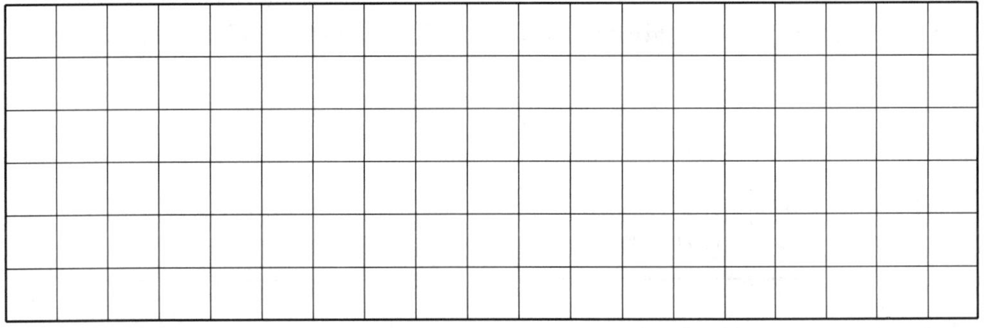

（3）在实训过程中你遇到了哪些问题？

完成以上内容，请与老师沟通。

纠错

1. 学生工作演示。
2. 教师过程纠错及6S点评。

结果

1. 自我评价

□掌握数控车床标记含义。 □还不能正确解释车床标记含义。
□掌握数控车床的TPM管理。 □还没有完全掌握数控车床的TPM管理。
□掌握了数控加工车间管理制度。 □还没有完全掌握数控加工车间管理制度。
□掌握了数控加工操作规程。 □还没有完全掌握数控加工操作规程。
□工作页已完成并提交。 □工作页未完成。 原因：________。

2. 教师评价

（1）工作页。

□工作页完成质量________。 □未完成。 原因：________。

（2）知识应用。

□工装穿着合格。 □工具柜各层工具摆放符合要求。
□能够完成TPM管理。 □未完成。 原因：________。

（3）素养评价。

□小组配合度好 □积极的学习态度 □查阅资料能力好 □安全意识

教师签字： **日期：**

工整抄写下面这句话：

业精于勤，荒于嬉；行成于思，毁于随。

工作页	项目 2　台阶轴数控加工——加工工艺制订	姓名：	班级：
	学习领域：数控车削编程加工技术	学号：	日期：

教学目标

1. 掌握台阶轴数控加工的刀具选择。
2. 掌握台阶轴数控加工的工艺编制。

导入

把图 1-2-1 所示零件的普通车削加工工艺过程写在下方框格内。

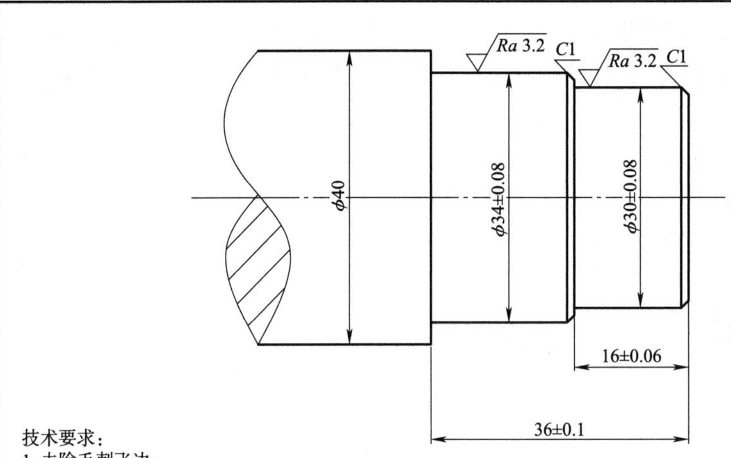

					台阶轴	×××××有限公司		
						ZB-17-SC001		
标记	处数	更改文件名	签字	日期				
设计					尼龙	图样标记	质量	比例
								2∶1
			日期			共　张		第　张

图 1-2-1　台阶轴零件图

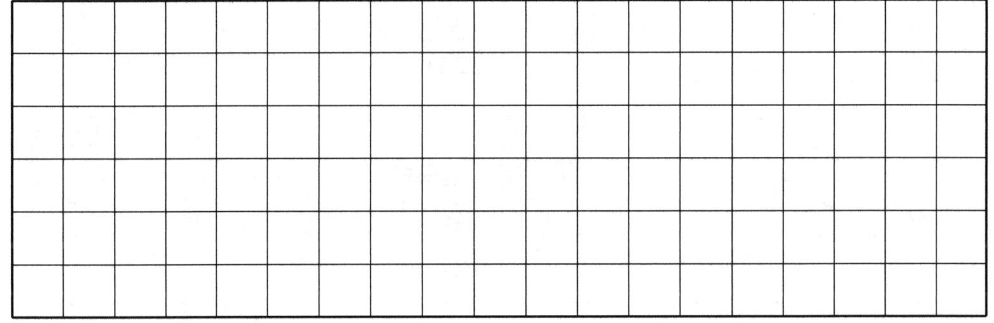

任务

完成台阶轴的数控加工工艺制订。

行动

1. 分析图纸

该零件材料为____________，包含外圆____________、____________，中值尺寸分别为____________、____________；长度尺寸为____________、____________，中值尺寸分别为____________、____________。毛坯总长为105 mm。

2. 加工工艺准备

（1）制订加工方案的一般原则为：____________，先进后远，____________，程序段数____________，走刀路线最短以及特殊情况处理。该零件加工分为____________和精加工。其中粗加工余量为____________。

（2）夹具选择：加工该零件，选择____________装夹。

（3）刀具选择：数控加工一般选用机夹式可转位车刀。

①外圆刀具的结构与主要功能连线。

端面、外圆

切端面、外圆，尤其是余量较大的外圆面、端面粗车

切端面、外圆，尤其是成形面

②数控刀片安装在刀杆上，请指出如下三种安装形式。

③查阅资料，写出台阶轴数控加工需要刀具的刀杆与刀片代号。

刀杆代号：
刀片代号：

（4）将切削速度、进给量、背吃刀量的计算公式及各参数表达的含义写在表 1-2-1 中。

表 1-2-1　切削三要素计算公式与参数

	切削速度	进给量	背吃刀量
计算公式			
参数含义			

3. 加工工艺制订

（1）参照图 1-2-2 和图 1-2-3，进行填空。

粗加工：

走刀路线：____________；

主轴转速设定为 600 r/min ；

进给量设定____________；

背吃刀量设定为____________；

余量：*X* 向____________mm，*Z* 向 0. 2 mm 。

精加工：

走刀路线____________；

主轴转速____________；

进给量 0. 15 mm/r ；

X、*Z* 向余量为 0 。

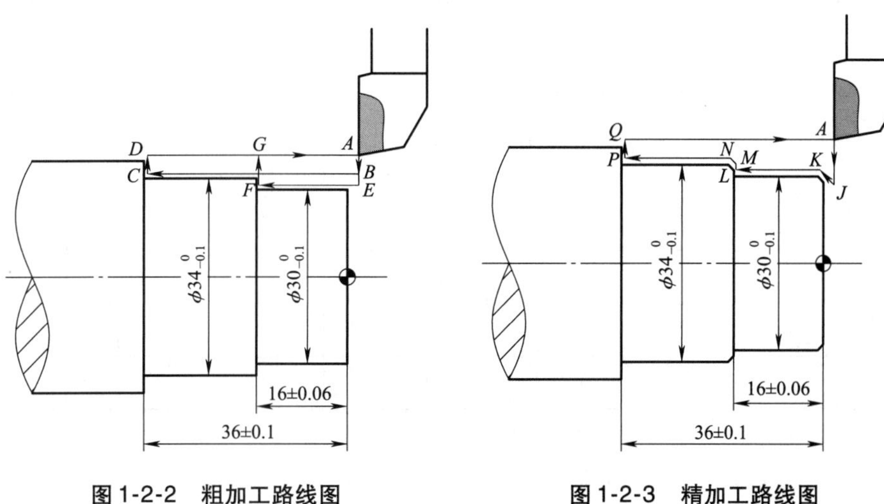

图 1-2-2　粗加工路线图　　图 1-2-3　精加工路线图

（2）根据以上分析，完成表 1-2-2 所示内容。

表 1-2-2　加工参数表

工序号	工序内容	刀具名称	主轴转速	进给速度	背吃刀量	余量	备注
1	粗车零件外形						
2	精车零件外形						

4. 知识拓展

（1）对数控车刀有什么要求？数控车刀有哪些特点？

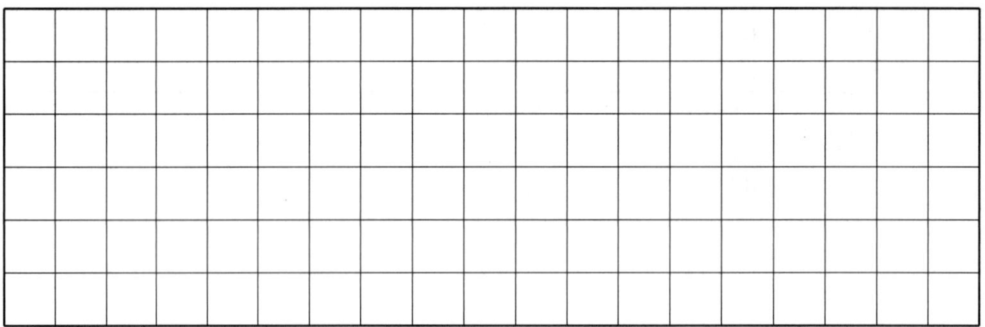

（2）数控车刀的材料有哪些？各有什么优缺点？

（3）在学习过程中你遇到了哪些问题？

☼完成以上内容，请与老师沟通。

纠错

1. 学生工作演示。
2. 教师过程纠错及6S点评。

结果

1. 自我评价

□能够读懂零件图中尺寸要求。	□还不能完全读懂零件图中尺寸要求。
□掌握数控外圆车刀的选择方法（依据）。	□还没有完全掌握数控外圆车刀的选择依据。
□能够独立完成台阶轴数控加工参数计算。	□还不能够独立完成台阶轴数控加工参数计算。
□能够独立完成台阶轴数控加工工艺制订。	□还不能够独立完成台阶轴数控加工工艺制订。
□工作页已完成并提交。	□工作页未完成。 原因：________________。

2. 教师评价

（1）工作页。

□工作页完成质量____________。 □未完成。 原因：____________________________。

（2）知识应用。

□会查找尺寸公差表、会计算尺寸中差。

□掌握数控车加工外圆加工刀具的选择。

□掌握加工参数计算。

□能够完成台阶轴数控加工工艺制订。

□未完成。 原因：____。

（3）素养评价。

□小组配合度好　□积极的学习态度　□查阅资料能力好　□安全意识

教师签字：　　　　　　**日期：**

工整抄写下面这句话：

世上无难事，只怕有心人。

<table>
<tr><td rowspan="2">工作页</td><td>项目 2　台阶轴数控加工——加工程序编制</td><td>姓名：</td><td>班级：</td></tr>
<tr><td>学习领域：数控车削编程加工技术</td><td>学号：</td><td>日期：</td></tr>
</table>

教学目标

1. 掌握数控加工程序的结构。
2. 掌握数控车削加工编程指令应用。
3. 掌握数控加工坐标系设置。
4. 掌握台阶轴数控程序编制。

导入

数控机床按照伺服系统分类，可分为哪几类？其中半闭环与闭环控制系统有什么区别？

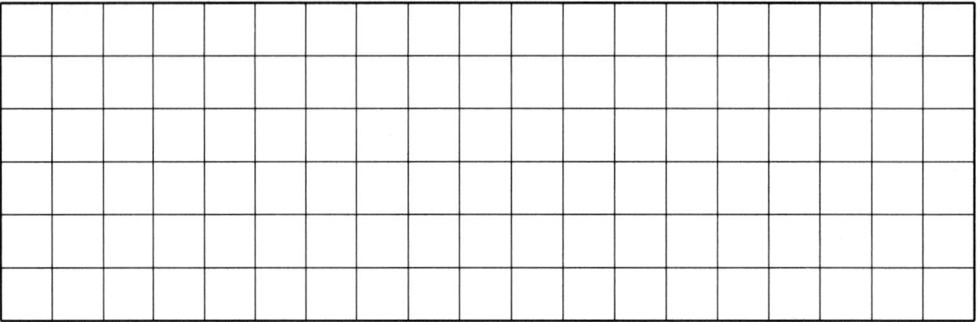

任务

完成图 1-2-1 所示台阶轴的数控加工程序编制。

行动

1. 机床坐标系与编程坐标系

（1）标出图 1-2-4 中机床坐标系的原点位置及坐标轴及轴向。

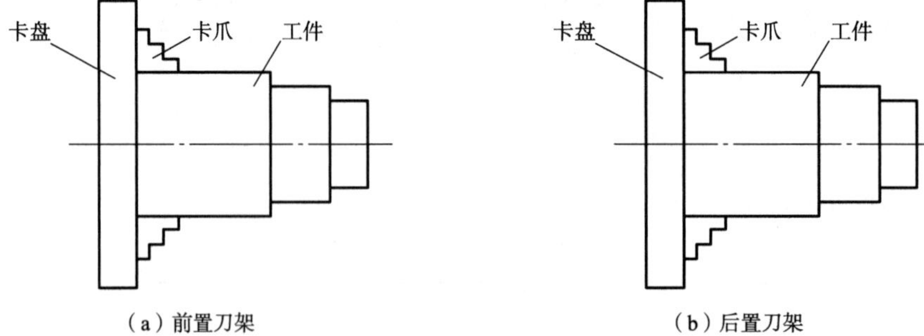

（a）前置刀架　　（b）后置刀架

图 1-2-4　坐标系位置标注

（2）和同学交流机床坐标系判断方法，并工整地写下来。

（3）指出图 1-2-5 中的机床原点、编程原点及参考点。

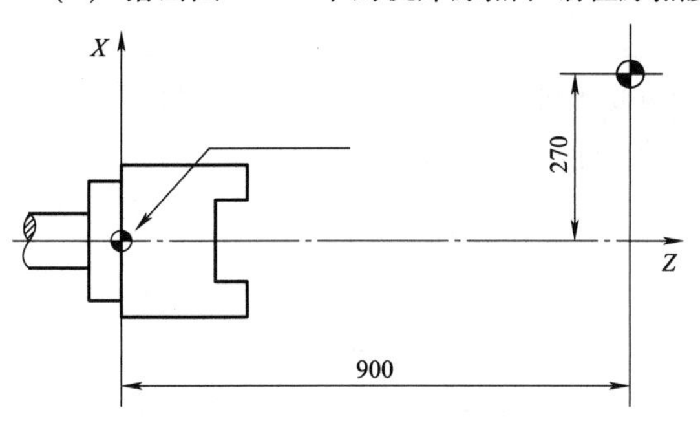

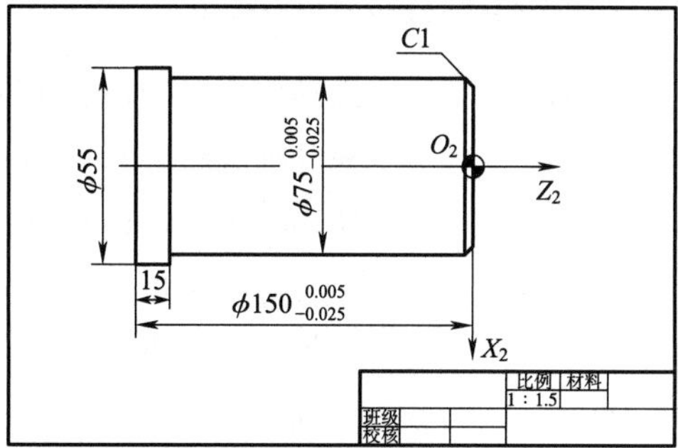

图 1-2-5　机床坐标系、编程原点指示

（4）在图 1-2-6 中标出编程坐标系。

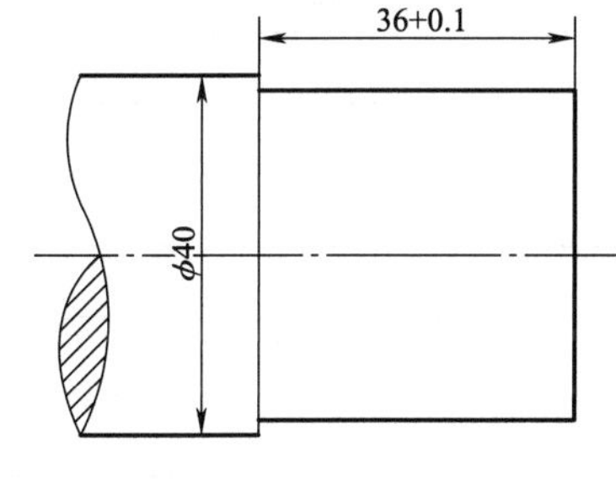

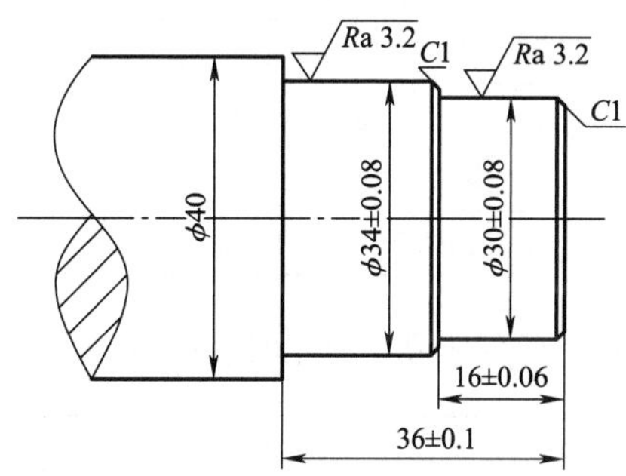

图 1-2-6　坐标系指示

2. 程序编制准备

（1）了解数控加工程序的结构：根据老师的讲解将正确答案填写到方框中。

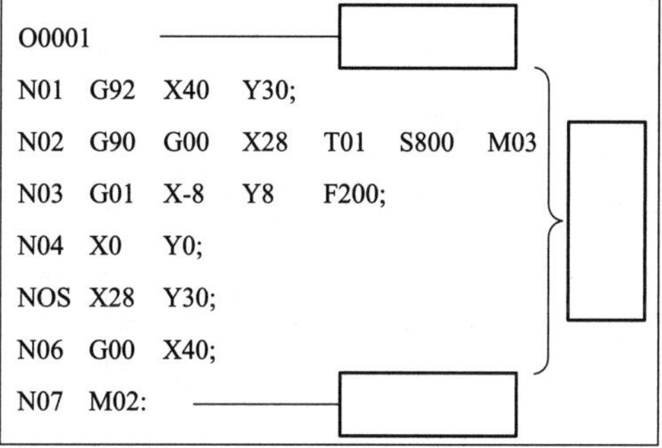

（2）程序结构已经了解，那程序的意思你了解吗？下面学习程序指令。

①程序指令的分类：进行左右对应连线。

准备功能	G 指令
辅助功能	F 指令
进给功能	M 指令
主轴转速功能	T 指令
刀具功能	S 指令

②知识应用：请完成连线。

T0202	选择 2 号刀具 2 号刀补
S600	每分钟进给量 100 mm
G98F100	主轴转速 600 r/min
G99F0.2	每转进给量 0.2 mm
M03	主轴停止转动
M05	主轴正转

请你通过网络查找，解释一下什么是主轴正转，什么又是主轴反转？

____

____

____

____

③写出对应操作要求的指令语言。

操作命令	指令语言
选择 1 号刀具 1 号刀补	
主轴转速 800 r/min	
每分钟进给量 50 mm	
每转进给量 0.1 mm	

④程序指令学习：请完成表格内容。注：字迹工整。

指令	含　　义	编程格式
G00		
G01		
G00 与 G01 使用区别：		

⑤完成下列填空。

如图 1-2-7 所示，$A-C$ 定位指令如下：

G00 X __________ Z __________；（绝对坐标编程方式）

G00 U __________ W __________；（增量坐标编程方式）

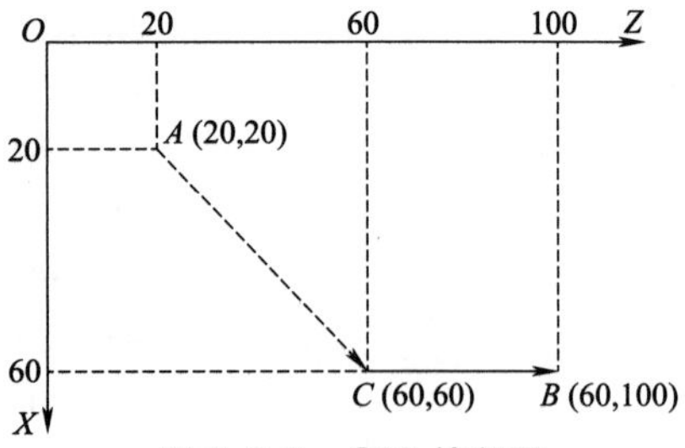

O　20　60　100　Z
20　A (20,20)
60　C (60,60)　B (60,100)
X

图 1-2-7　G00 编程图

如图 1-2-7 所示的 $C-B$ 定位指令如下：

G01 X ____________ Z ____________；（绝对坐标编程方式）

G01 U ____________ W ____________；（增量坐标编程方式）

3. 程序编制

（1）参照图 1-2-8 台阶轴粗加工补全下列程序。

O0010

N0010 G21 G40 G97 G99；

N0020 ____________；　1 号刀具 1 号刀补

N0030 ____________；　主轴正转，转速 600

N0040 G00 X42. 0Z3. 0；

N0050 G00X38. 5；

N0060 ____________ F0. 2；　加工到 C 点

N0070 ____________ X42. 0；　退刀到 D 点

N0080 G00X42. 0Z3. 0；

N0090 ____________ X80. 0Z100. 0；　退刀

N0100 ____________；　主轴停转

N0110 M30；

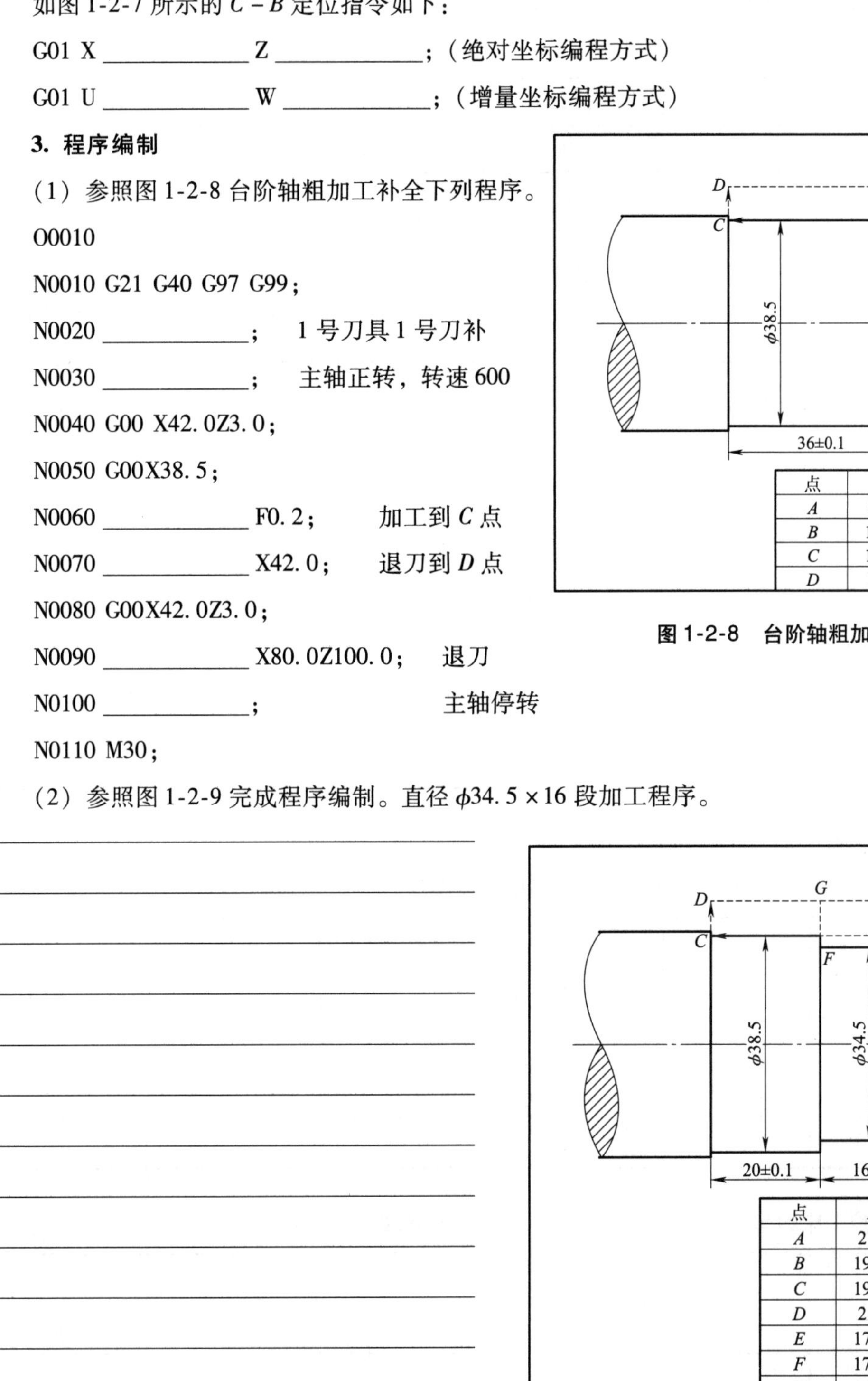

点	X	Z
A	21.0	3.0
B	19.25	3.0
C	19.25	−36.0
D	21.0	−36.0

图 1-2-8　台阶轴粗加工

（2）参照图 1-2-9 完成程序编制。直径 $\phi 34.5\times 16$ 段加工程序。

____

____

____

____

____

____

____

____

____

____

____

____

____

点	X	Z
A	21.0	3.0
B	19.25	3.0
C	19.25	−36.0
D	21.0	−36.0
E	17.25	3.0
F	17.25	−16.0
G	21.0	−16.0

图 1-2-9　简单台阶轴

（3）完成图 1-2-1 所示台阶轴的程序编制。

4. 知识拓展

（1）相对坐标一般在什么时候使用，有哪些优点？

（2）数控车床编程 X 一定是直径尺寸吗？如果能修改，如何修改？

（3）在学习过程中你遇到了哪些问题？

完成以上内容，请与老师沟通。

纠错

1. 学生工作演示。
2. 教师过程纠错及6S点评。

结果

1. 自我评价

☐能够合理设置台阶轴数控加工的坐标系。　☐还不能合理设置台阶轴数控加工的坐标系。
☐能够正确使用G00/G01进行程序编制。　☐还不能够正确使用G00/G01进行程序编制。
☐能够独立完成台阶轴数控加工程序编制。　☐还不能够独立完成台阶轴数控加工程序编制。
☐工作页已完成并提交。　☐工作页未完成。　原因：________________。

2. 教师评价

（1）工作页。
☐工作页完成质量____________。　☐未完成。　原因：____________________________。
（2）知识应用。
☐能正确写出点的坐标。　☐正确运用G00/G01指令。
☐能够完成台阶轴数控加工程序编制。
（3）素养评价。
☐小组配合度好　☐积极的学习态度　☐查阅资料能力好　☐安全意识

教师签字：　**日期：**

工整抄写下面这句话：

路是自己走出来的，机会是自己创造出来的。

<table>
<tr><td rowspan="2">工作页</td><td>项目 2　台阶轴数控加工——仿真加工</td><td>姓名：</td><td>班级：</td></tr>
<tr><td>学习领域：数控车削编程加工技术</td><td>学号：</td><td>日期：</td></tr>
</table>

教学目标

1. 掌握斯沃数控仿真软件基本操作。
2. 掌握 FANUC（法那克）Oi Mate 系统基本操作。
3. 掌握 FANUC Oi Mate 台阶轴数控加工步骤。
4. 掌握 FANUC Oi Mate 对刀操作。
5. 掌握 FANUC Oi Mate 台阶轴数控仿真加工。

导入

写出你能查到的数控加工仿真软件。

任务

完成图 1-2-1 所示台阶轴的数控仿真加工。

行动

1. 认识斯沃仿真软件

请在框格中写出图 1-2-10 所示斯沃数控仿真软件各区域名称。

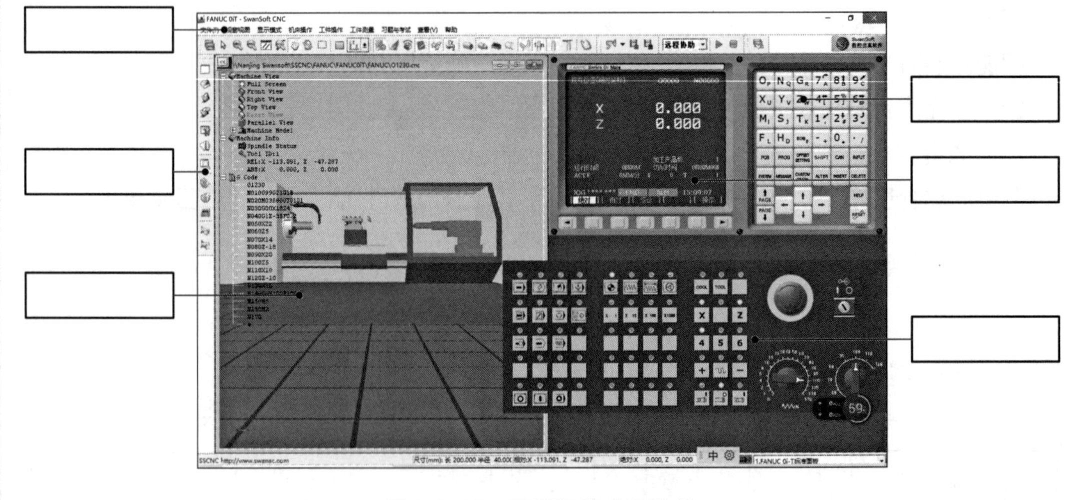

图 1-2-10　斯沃数控仿真软件

2. FANUC Oi Mate 系统基本操作

（1）参照图 1-2-11，选择并启动 FANUC Oi Mate 车床系统后的基本操作是哪两项。

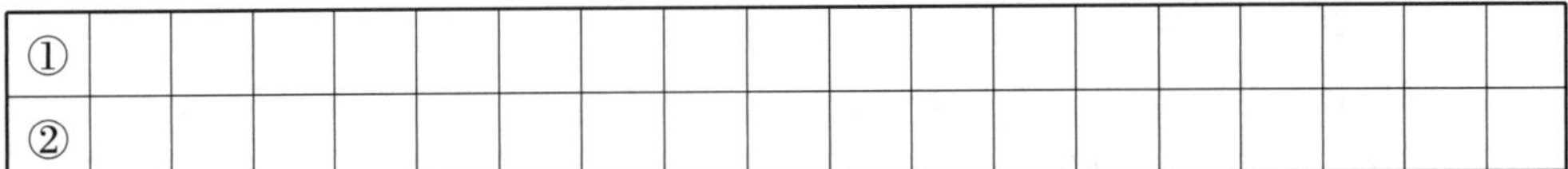

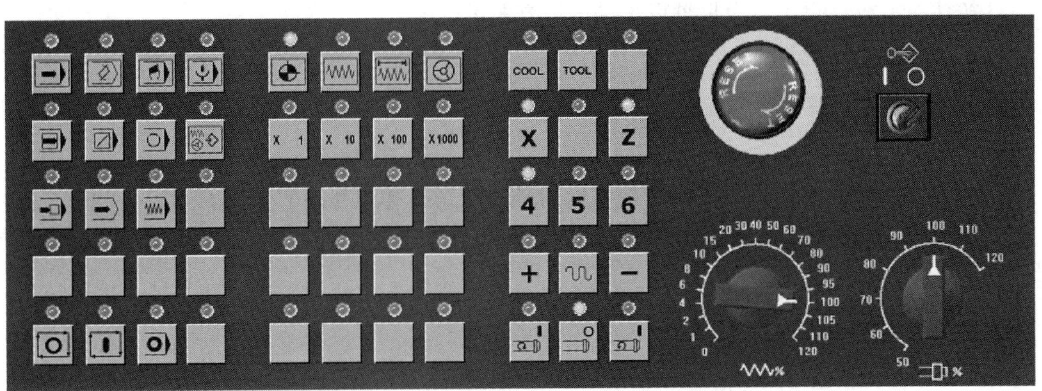

图 1-2-11　FANUC Oi Mate 车床系统面板

（2）安装工件与刀具。

参照图 1-2-12 设置，工件长度 100，直径为__________。安装刀具为__________。

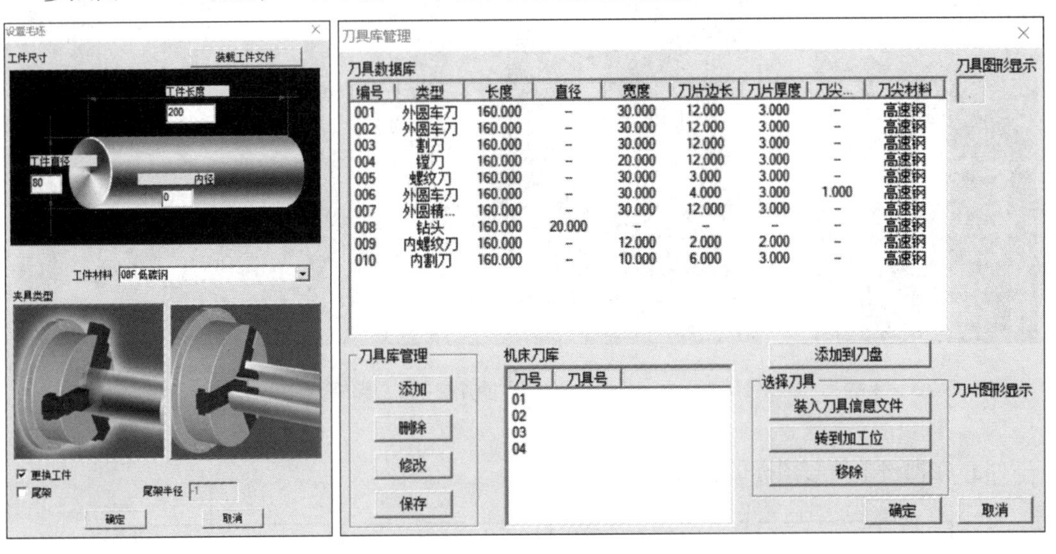

图 1-2-12　工件与刀具安装

（3）回参考点：开机后，选择__________状态，然后按住__________键，直至 X 轴回零指示灯亮，然后按住__________键，直至 Z 轴回零指示灯亮，回零操作完成。

（4）MDI 启动主轴，设置转速为 600 r/min。

机床第一次开启，主轴没有初始速度，不会启动。在 MDI 方式中，输入____________，____________，____________。完成主轴转速 600 r/min 设置。

（5）手动（JOG）操作：

①坐标轴控制：按住____________或____________手动操作移动 *X* 轴、*Z* 轴。

②同时按住____________和相应的方向键，则坐标轴可快速移动。

③按住____________，坐标轴以步进增量方式运行。

（6）手轮方式，参照图 1-2-13。

选择手轮方式，需要设置____________轴向及进给距离。*X* 轴以 0.001 mm 的单位距离进给，如何选择？____________。

（7）编辑功能：参照图 1-2-14，完成台阶轴数控仿真加工程序的输入。

编辑状态，单击____________，进入程序编辑状态，首先输入程序名，然后按____________键，进入程序编辑界面。CAN 的含义是____________。

ALTER 的含义是____________。

DELETE 的含义是____________。

RESET 的含义是____________。

SHIFT 的含义是____________。

图 1-2-13　手轮

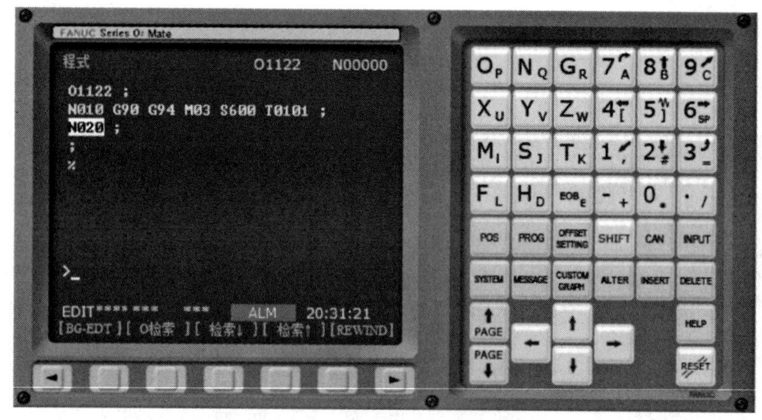

图 1-2-14　编辑状态

（8）在框格中填写图标的含义。

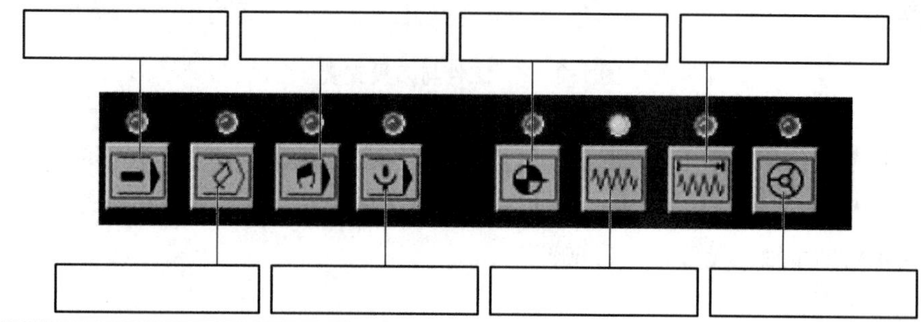

3. FANUC Oi Mate 系统对刀操作

（1）手动移动车刀至工件附近。

①按__________键，键指示灯亮，进入“JOG”工作方式。

②选择移动轴，同时按压__________和方向键__________，刀架快速接近工件，移动速度可通过进给倍率修调旋钮来改变。

（2）MDI 方式启动主轴操作。

①按键指示灯亮，选择__________方式有效。

②按功能键__________显示程序画面。

③按 MDI 软键，进入 MDI 画面，输入__________使主轴进行转动的语句。

④按程序启动按钮__________，执行输入程序，此时主轴正转。

（3）接近工件时的操作。

在接近工件时，改为增量工作方式或__________方式。

①按键，键指示灯亮，进入__________工作方式。

②选择移动倍率；

③选择移动轴和方向，先试切工件外圆，吃刀深度以保证工件试切处外圆车圆为宜，然后沿__________方向退出。

（4）手动方式主轴停止。

①按下手移键__________，选择“__________”工作方式。

②按键，键指示灯亮，__________。

（5）试切处直径测量。

用游标卡尺测量试切处直径，并记录。

（6）输入 G54 的 X 零点偏置值。

①按__________键，进入参数设定页面，按“坐标系”软键，显示图 1-2-15 所示界面。

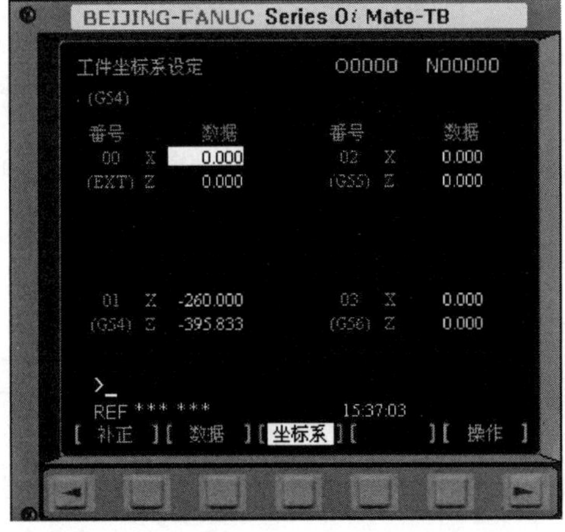

图 1-2-15　工件坐标系设定

②通过光标键移动到 G54 *X* 位置，输入地址字 *X* 和试切直径值到输入域。

③按____________软键，工件坐标系原点在机床坐标系的 *X* 坐标值自动输入 G54 的 *X* 寄存器中。

（7）试切工件端面。

在手轮方式或增量方式下[WWW]，沿 *Z* 方向移动刀架到端面，保证端面有一定的切削余量，然后改为 *X* 方向进给试切工件端面。

（8）输入 G54 的 *Z* 零点偏置值。

①按____________功能键，切换到工件坐标系设定界面。

②输入地址字 *Z* 和工件右端面在工件坐标系的坐标值（此时为 0）到输入域。

③按____________软键，工件坐标系原点在机床坐标系的 *Z* 坐标值自动输入 G54 的 *Z* 寄存器中。

（9）对刀检验。初学者可以试写一段程序，进行对刀检验。

①在____________方式下，输入____________，进行机床转动启动，按循环启动键。

②执行完毕后输入 T0101，按循环启动键，进行刀具选择。

③输入____________（给出定点坐标），然后执行。

④观察位置是否正确，正确后，输入____________，使主轴停下来。

⑤把刀具移动到适合位置，为加工做准备。

（10）应用。将以下内容进行连线。

输入 XD	输入 Z0.	手摇到位置
确定 *X* 轴位置	位置定位	确定 *Z* 轴位置
车端面	车外圆	接近工件

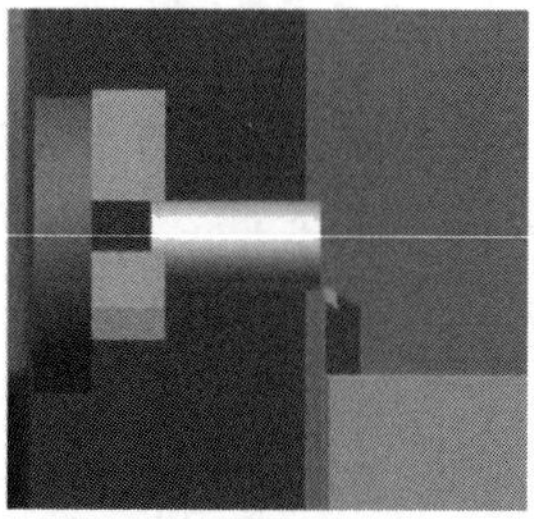

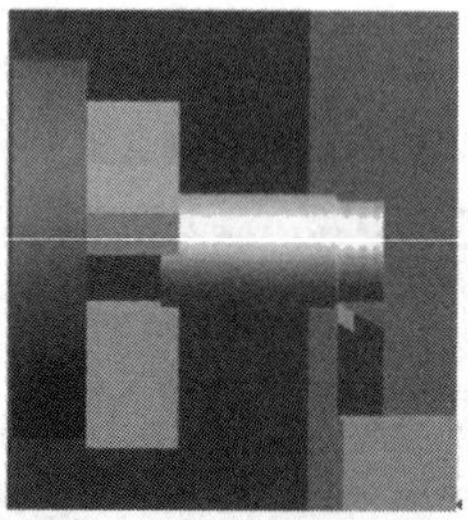

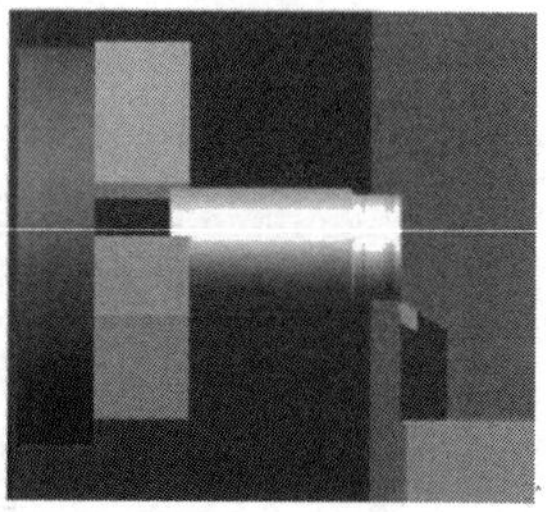

（11）关于试切后的坐标输入，还有另外一种形式，按照老师的讲解，把过程描述下来。

两种方式的不同点是：____

____

____

____

____

____

____

（12）使用斯沃数控仿真软件自带的功能录制：台阶轴数控仿真加工对刀操作、对刀检验。

（13）对刀操作要点。

（14）对刀操作过程中遇到的问题，及解决办法。

4. FANUC Oi Mate 系统程序仿真加工

完成回零、对刀、程序输入后，进行程序的仿真加工，并录制仿真加工视频。

（1）选择____________模式，然后按____________，找出台阶轴仿真加工程序。

（2）选择____________进入到自动加工模式，然后选择____________，进行单步运行程序。

（3）按住循环启动。

（4）走刀完成一条语句之后，再次按住____________，继续执行第二条语句，当定位没有错误后，取消____________，程序自动加工完成。

（5）加工完成后，进行测量。

5. 知识拓展

（1）写出程序的删除、查找、复制等操作步骤。

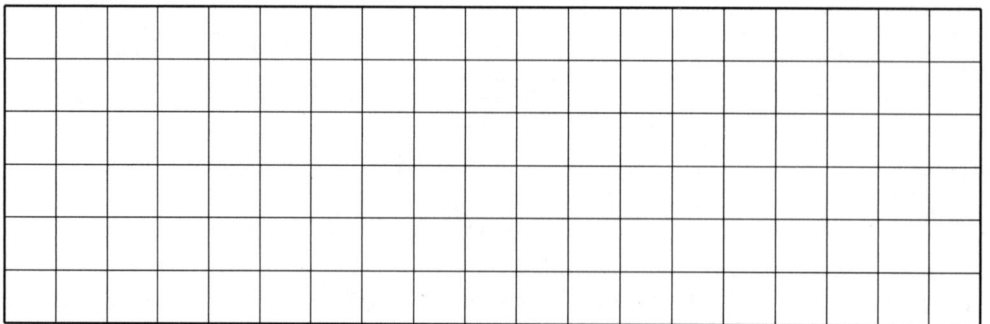

（2）数控仿真加工程序除了手动输入，还有哪些录入方式？

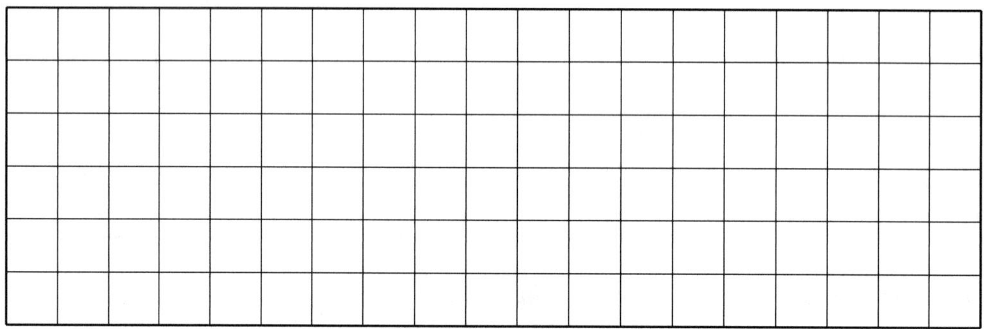

（3）在学习过程中你遇到了哪些问题？

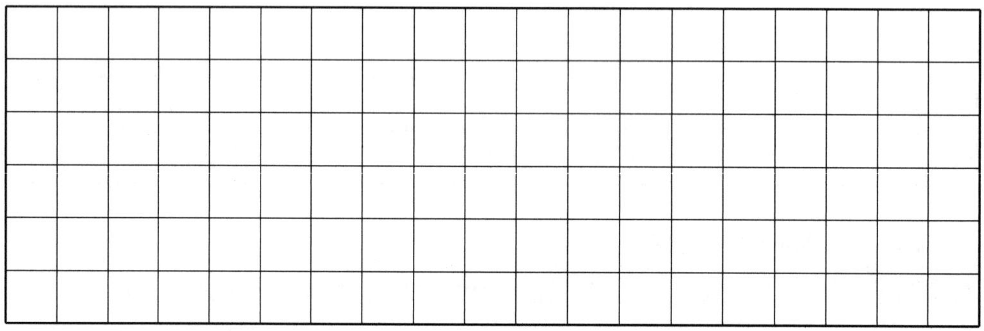

☼完成以上内容，请与老师沟通。

1. 学生工作演示。
2. 教师过程纠错及 6S 点评。

结果

1. 自我评价

□能够正确熟练操作仿真软件。　□还不能够正确熟练操作仿真软件。

□能够正确进行对刀操作。　□还不能够正确进行对刀操作。

□能够正确进行程序录入。　□还不能够正确进行程序录入

□能够独立完成台阶轴数控仿真加工。　□还不能够独立完成台阶轴数控仿真加工

□工作页已完成并提交。　□工作页未完成。　原因：＿＿＿＿＿＿＿＿。

2. 教师评价

（1）工作页

□工作页完成质量＿＿＿＿＿＿＿。　□未完成。　原因：＿＿＿＿＿＿＿＿＿＿＿＿＿＿＿。

□按时上交对刀视频。　□按时上交台阶轴数控仿真加工视频。

（2）知识应用。

□能理解对刀原理。　□正确完成对刀操作。

□能够完成台阶轴数控仿真加工。

（3）素养评价。

□小组配合度好　□积极的学习态度　□查阅资料能力好　□安全意识

教师签字：　　　　**日期：**

工整抄写下面这句话：

有志者自有千方百计，无志者只感千难万难。

<table>
<tr><td rowspan="2">工作页</td><td>项目2　台阶轴数控加工—加工台阶轴</td><td>姓名：</td><td>班级：</td></tr>
<tr><td>学习领域：数控车削编程加工技术</td><td>学号：</td><td>日期：</td></tr>
</table>

教学目标

1. 掌握数控车床基本操作。
2. 掌握台阶轴数控加工步骤。
3. 掌握台阶轴数控加工尺寸控制。

导入

数控车床加工过程排序：

①分析零件图样和工艺要求；②程序检验；③编写程序单；④数字处理；⑤零件自动加工。

写下你认为的数控车床加工顺序______________________________

任务

完成图 1-2-1 所示台阶轴的数控加工。

行动

1. 数控车床开关机

观察老师的操作之后把下面的开机顺序排序。

①合上机床的总电源开关；②急停按钮弹起释放；③检查刀架床鞍是否处于参考点附近；④等待系统出现正常画面；⑤如在附近，手动方式向参考点相反方向移开；⑥数控系统 NC 上电；⑦手动返回参考点；⑧数控机床开机。

你的排序是：______________________________

2. 毛坯安装

测量毛坯尺寸后，伸出部分比零件要求长出____________ mm。

3. 刀具安装

刀具安装在 1 号位置。书写刀具安装注意事项。

4. 数控车床回零操作

（1）输入：____________按“循环启动”后，Z 轴回零。

（2）输入：____________按“循环启动”后，X 轴回零。

5. 数控车床试切法对刀操作

（1）刀具接近工件。

（2）沿 $-X$ 轴切至工件中心，然后沿____________轴方向退出，然后单击____________，找到补正，找到____________，选择 G001 番号对应的 Z 轴，输入____________后单击测量，完成 X 轴对刀。

（3）沿 $-Z$ 轴切至卡尺可测量长度，然后沿____________轴方向退出，主轴停转在合适的位置，使用游标卡尺测量被切削部分，量取数值后单击____________，找到补正，找到____________，选择 G001 番号对应的 X 轴，输入测量数据后单击____________，完成 Z 轴对刀。

（4）对刀检验：预设一个位置坐标为____________，进行对刀检验，检验正确后进行下一步操作。

6. 台阶轴数控加工程序输入与程序模拟

（1）在____________状态，进行程序输入。

（2）程序模拟：参照图 1-2-16。

①选择编辑方式____________，调出要校验的程序名；

②按下功能键____________，显示图 1-2-16 所示界面。

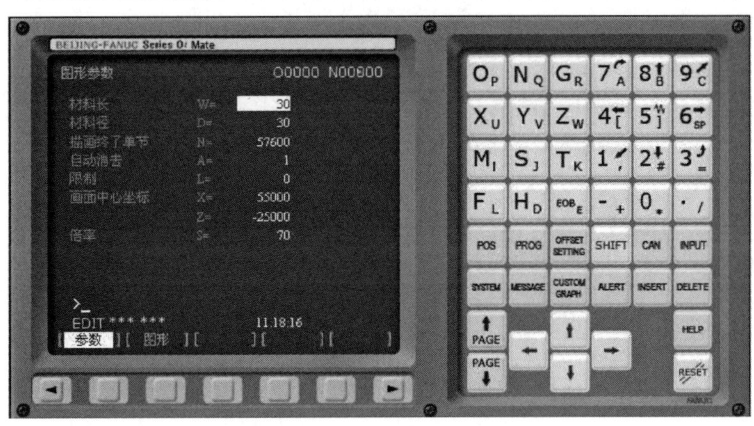

图 1-2-16　程序模拟界面

③进行参数设置。

④按空运行键____________→按“程序测试”键。

⑤按“图形”软键→按“自动方式”按键 →按“循环启动”，即可进行程序校验，同时在画面上会显示图形轨迹。

7. 零件加工

（1）加工零件之前，需要设置一个参数，参照图 1-2-17，设置磨耗为 X0.5，这样设置的作用是什么？

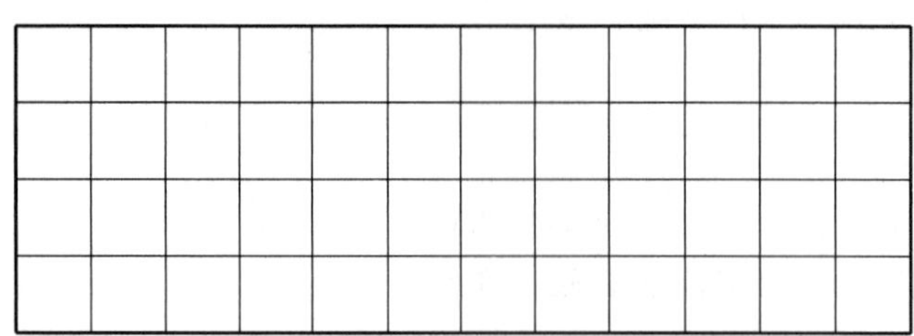

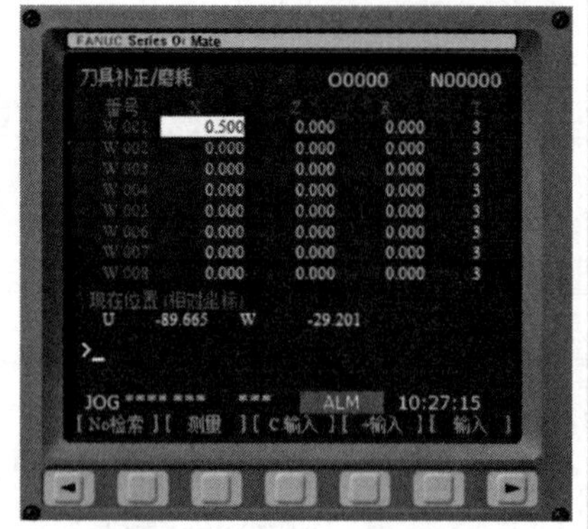

图 1-2-17　刀补界面

（2）自动加工：调整进给倍率在较低位置，打开单段，启动程序，当程序运行到正确定位时，取消单段，变为自动加工，直至结束。

（3）测量工件尺寸。

尺　寸	测量值	理论值	磨耗值
$\phi30\pm0.08$			
$\phi34\pm0.08$			
16 ± 0.06			
36 ± 0.1			

（4）修改磨耗值，再次运行程序进行精加工。

尺　寸	测量值	理论值	误　差
$\phi30\pm0.08$			
$\phi34\pm0.08$			
16 ± 0.06			
36 ± 0.1			

（5）加工完成后，填写台阶轴数控加工考核表。

序号	项目	考核内容	评分标准	自评尺寸	互评尺寸	师评尺寸	配分	得分
1	外圆	$\phi30\pm0.08$	超差不得分				16	
		$\phi34\pm0.08$	超差不得分				16	
2	长度	16 ± 0.06	超差不得分				16	
		36 ± 0.1	超差不得分				15	
		2 处 $Ra3.2$	不合格不得分				6	
		$C1$ 倒角 2 处	超差不得分				6	
		技术安全	遵守技术安全				15	
3	时间	用时	规定时间内				10	
总得分								

（6）整理机床

项目	考核内容	评分标准	配分	得分
机床基本操作（6S）	物品摆放	按规定摆放	优	
		多数物品按规定摆放	良	
		少数物品按规定摆放	及格	
		不按规定摆放	不及格	
	机床、环境卫生	按规定清扫机床（干净）	优	
		按规定清扫机床（局部有异物）	良	
		按规定清扫机床（不干净）	及格	
		不能按规定清扫机床	不及格	
总评（自评）				

温馨提示

（1）回参考点要求先回 X 轴，再回 Z 轴。

（2）程序输入注意切换为编辑状态。

（3）试切对刀操作时，切进退出方向一致，先记录数据，再移动刀具。

（4）自动加工时，注意调整倍率。

（5）规范操作，注意安全。

8. 问题分析

（1）你加工的台阶轴尺寸合格吗？如果合格，分享一下你的做法；如果不合格，分析一下原因。

（2）在工作过程中你遇到了哪些问题？

完成以上内容，请与老师沟通。

纠错

1. 学生工作演示。
2. 教师过程纠错及6S点评。

结果

1. 自我评价

□能够正确进行机床开关机。	□还不能够正确进行机床开关机。
□独立完成回零操作。	□还不能独立完成回零操作。
□能够独立完成台阶轴数控程序校验。	□还不能够独立完成台阶轴数控程序校验。
□独立完成零件加工。	□还不能独立完成零件加工。

2. 教师评价

（1）工作页。

□工作页完成质量____________。　□未完成。　原因：________________________。

（2）实操技能。

□对刀操作步骤正确。　□加工过程中读数准确。

□自动加工过程控制正确。

（3）6S评价。

□工具摆放整齐　□工位清理干净　□机床回归参考点位置　□安全生产

教师签字：　　　　**日期：**

工整抄写下面这句话：

志当存高远。

工作页	项目 3　圆锥轴数控加工——加工工艺制订	姓名：	班级：
	学习领域：数控车削编程加工技术	学号：	日期：

教学目标

1. 掌握圆锥轴数控加工的刀具选择。
2. 掌握圆锥轴数控加工的工艺编制。

导入

说一说圆锥的形成过程。

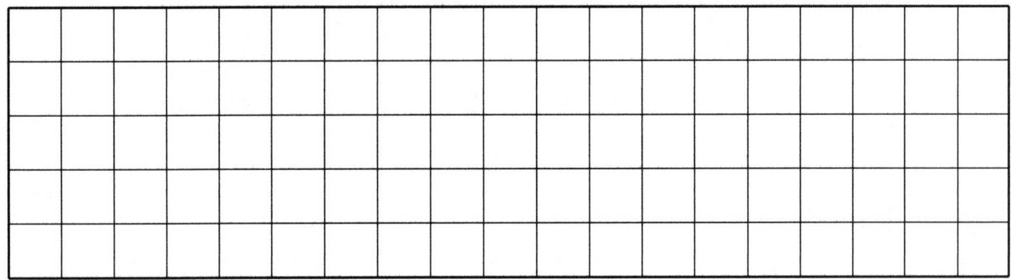

任务

图 1-3-1 所示为圆锥轴，请完成数控加工工艺制订。

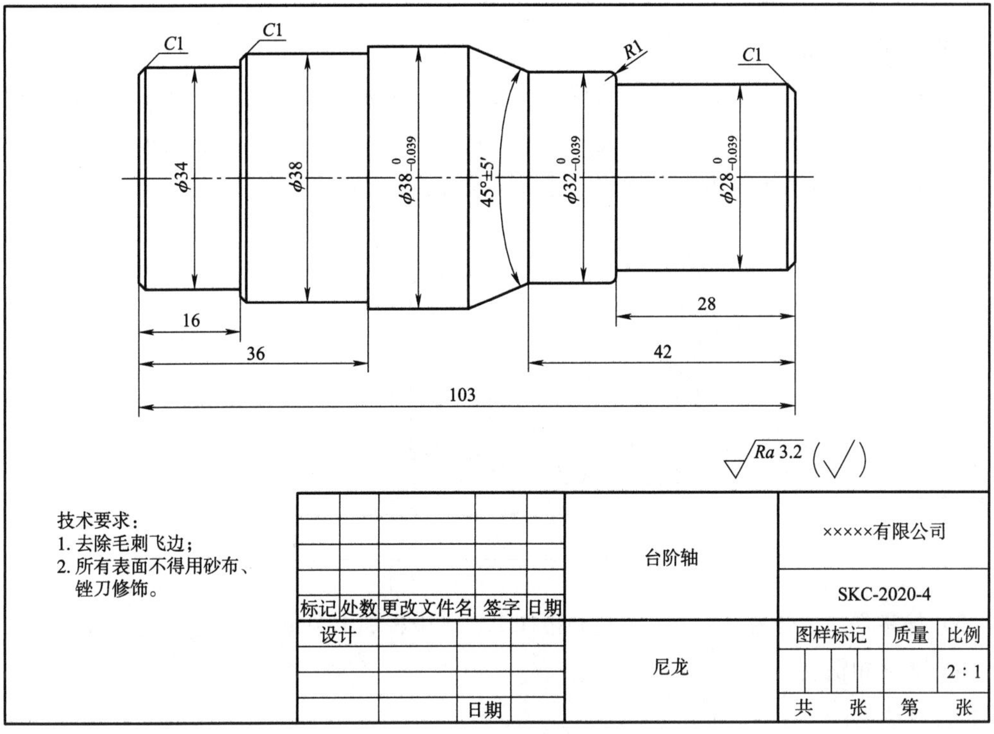

图 1-3-1　圆锥轴零件图

行动

1. 分析图纸

（1）该零件材料为__________，包含外圆__________、__________、__________，中值尺寸分别为__________、__________、__________；长度尺寸为__________、__________、__________，中值尺寸分别为__________、__________、__________。

（2）圆锥相关知识：

圆锥直径	垂直圆锥轴线的截面直径，大段直径用__________表示，小段直径用__________表示	(D−d)/2 c a/2 D d L
圆锥角 α		
圆锥半角 $\alpha/2$		
圆锥长度 L		
锥度 C		
斜度 $C/2$		

（3）图中，圆锥面的大端直径为__________，小端直径为__________，圆锥角为__________；长度为__________。

2. 加工工艺准备

（1）加工余量：在加工过程中，需要从工件表面上切除的__________厚度。确定加工余量的原则：粗加工余量一般__________ mm；精加工余量一般__________ mm。

（2）在方框中分别填上粗加工余量、精加工余量。

（3）该零件加工分为__________和精加工。其中粗加工余量为__________。

（4）表面粗糙度。

①符号认识：

$\bigtriangledown\!\!\!\!/$ ______________________。

$\circ\!\!\!\!\bigtriangledown\!\!\!\!/$ ______________________。

$\sqrt{}$ ______________________。

②数控车削的表面粗糙度连线

粗加工可以获得　　　　　　　　　　　　$Ra6.3 \sim Ra3.2$

半精加工可以获得　　　　　　　　　　　$Ra1.6 \sim Ra0.8$

精加工可以获得　　　　　　　　　　　　$Ra12.5 \sim Ra6.3$

(5) 量具。

①粗糙度样板：车床常用 *Ra* 样板如图 1-3-2 所示。

三种评定参数分别是：

高	度	特	征	参	数	、													

其中高度特征参数中的 *Ra*、*Rz* 是什么含义？

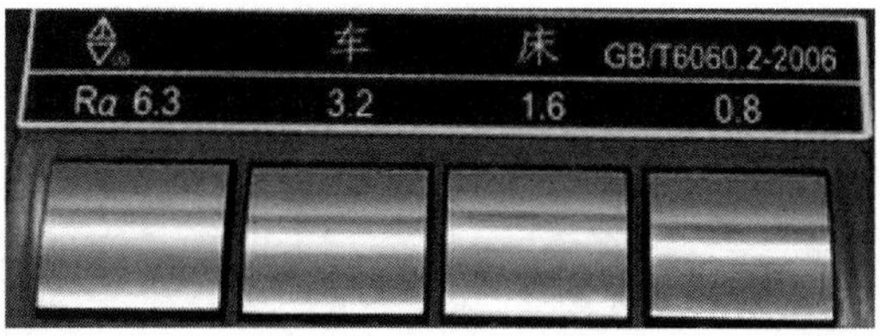

图 1-3-2　*Ra* 角度样板

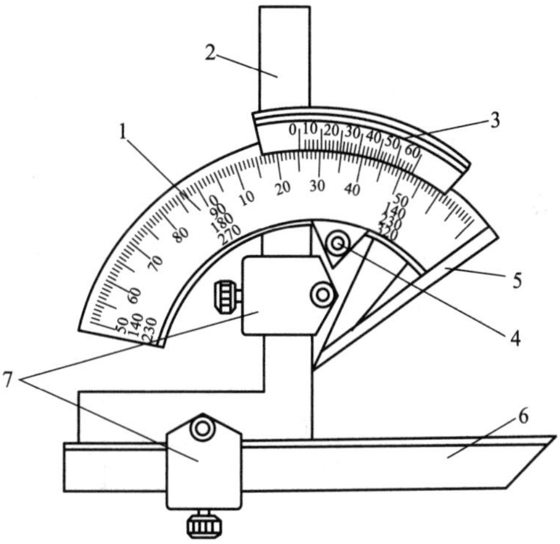

图 1-3-3　万能角度尺

②万能角度尺：指出图示 1-3-3 所示万能角度尺各部分结构名称。

1				2				3				4			
5				6				7							

③圆锥塞规：配合精度要求较高的圆锥工件，可借助图 1-3-4 所示圆锥____________和圆锥____________用____________检测。

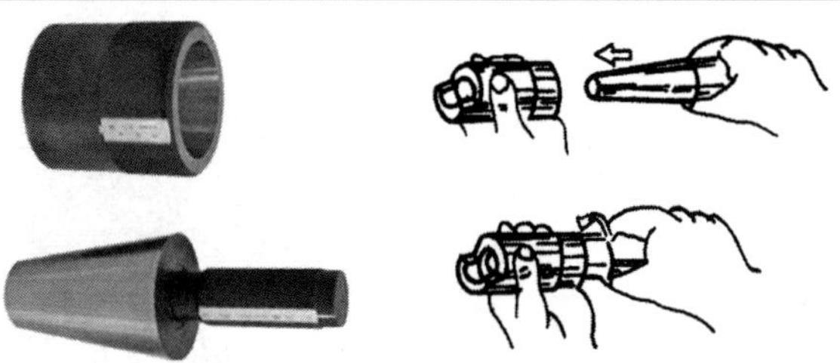

图 1-3-4　圆锥套规与塞规

3. 加工工艺制订

本次加工零件为图 1-3-1 的右端，首先要保证总长。

（1）参照图 1-3-5，进行填空。

①粗加工：

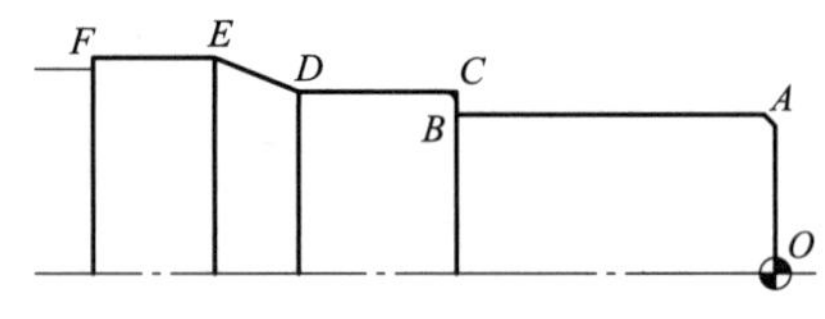

图 1-3-5　加工路线图

走刀路线__________；

主轴转速设定为 600 r/min ；

进给量设定__________；背吃刀量设定为__________；

余量：X 向__________mm，Z 向 0.2 mm。

②精加工：

走刀路线__________；主轴转速__________；

进给量 0.15 mm/r；X、Z 向余量为 0 。

（2）完成工艺卡填空。

工序号	工序内容	刀具名称	主轴转速	进给速度	背吃刀量	余量	备注
1	粗车零件外形						
2	精车零件外形						

4. 知识拓展

（1）改善表面粗糙度的措施有哪些？

（2）认识走刀路线。

①参照图 1-3-6 粗加工常规走刀路线，完成填空：

图（a）是（　　）向分层	适合加工（　　）	图（c）是（　　）向分层	适合加工（　　）
图（b）是（　　）向分层	适合加工（　　）	图（d）是三角形路线	适合加工（　　）

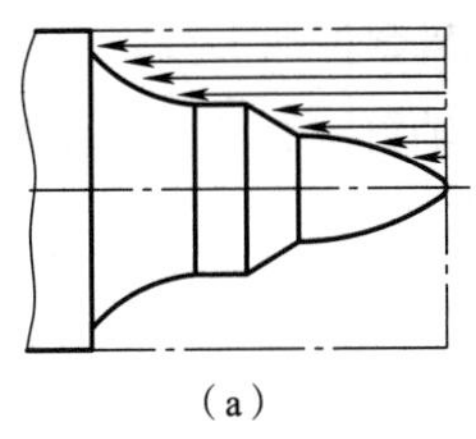
（a）

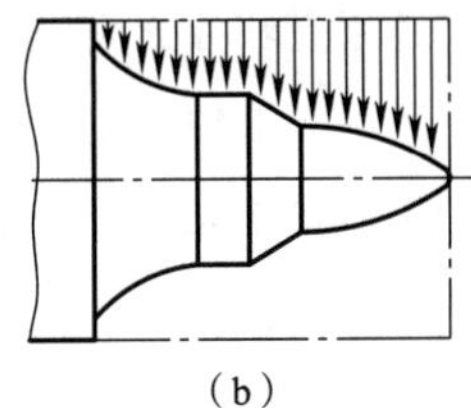
（b）

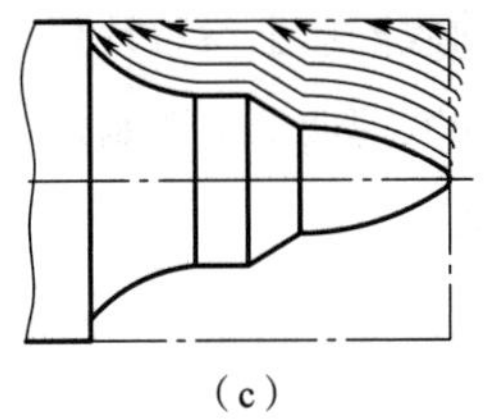
（c）

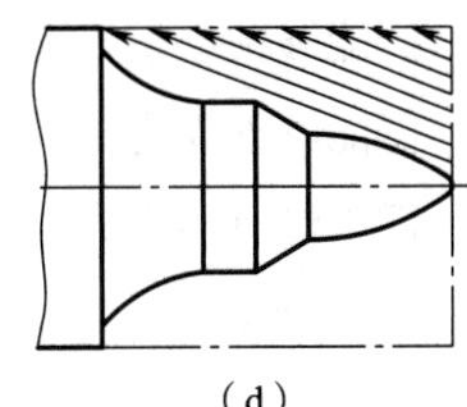
（d）

图 1-3-6　粗加工常规走刀路线

②精加工路线，如图 1-3-7 所示。

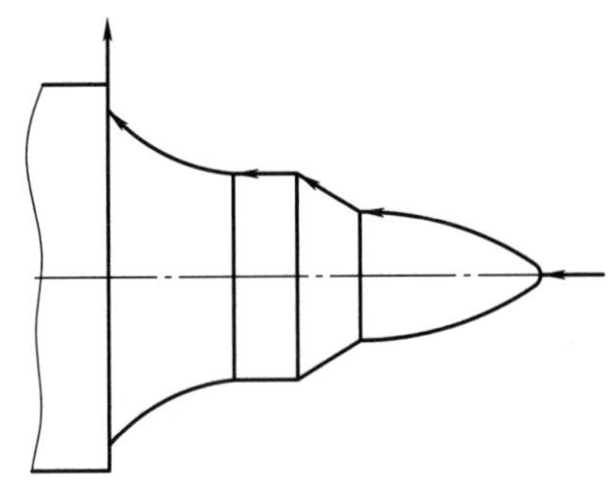

图 1-3-7　精加工路线要求

（3）在学习过程中你遇到了哪些问题？

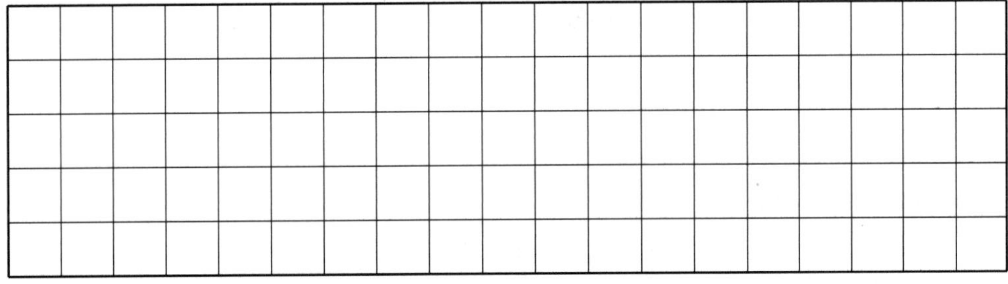

按轮廓____________走刀。一般是切线进出。

完成以上内容，请与老师沟通。

纠错

1. 学生工作演示。
2. 教师过程纠错及 6S 点评。

结果

1. 自我评价

□能够读懂零件图中粗糙度要求。 □还不能完全读懂零件图中粗糙度要求。

□掌握零件图中圆锥部分相关计算。 □还没有完全掌握零件图中圆锥部分相关计算。

□能够独立完成圆锥轴数控加工参数计算。 □还不能够独立完成圆锥轴数控加工参数计算。

□能够独立完成圆锥轴数控加工工艺制订。 □还不能够独立完成圆锥轴数控加工工艺制订。

□工作页已完成并提交。 □工作页未完成。 原因：____________。

2. 教师评价

（1）工作页。

□工作页完成质量________。 □未完成。 原因：____________。

（2）知识应用。

□理解粗糙度要求与加工参数的关系。

□掌握万能角度尺的原理及使用方法。

□掌握加工参数计算。

□能够完成圆锥轴数控加工工艺制订。

□未完成 原因：____________。

（3）素养评价。

□小组配合度好 □积极的学习态度 □查阅资料能力好 □安全意识

教师签字： **日期：**

工整抄写下面这句话：

天行健，君子以自强不息；

地势坤，君子以厚德载物。

工作页	项目 3　圆锥轴数控加工——加工程序编制	姓名：	班级：
	学习领域：数控车削编程加工技术	学号：	日期：

教学目标

1. 掌握 G01 倒角与倒圆程序编制。
2. 掌握 G71、G72 轮廓粗车循环指令。
3. 掌握 G70 精车循环指令。
4. 掌握圆锥轴数控程序编制。

导入

1. 毛坯直径为 $\phi40$ mm，最小直径 $\phi28$ mm，你想分几次加工？每一次的加工程序有什么特点？

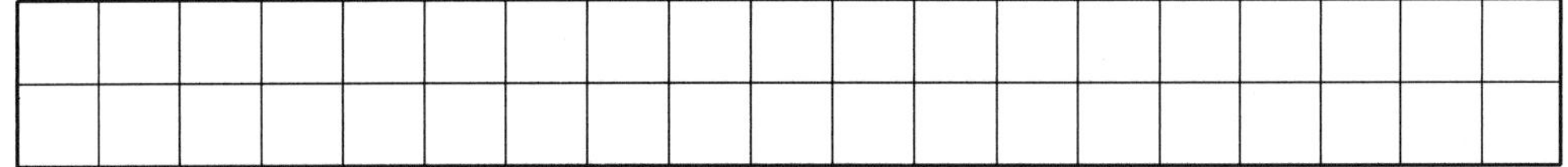

2. 使用 G01 指令可以加工出倒角或者圆角吗？________________。

任务

完成图 1-3-1 所示圆锥轴的数控加工程序编制。

行动

1. G01 倒角与倒圆编程

（1）G01 在编制直线运动与倒圆倒角的区别是什么？

（2）用 G01 指令完成图 1-3-8 程序编制。

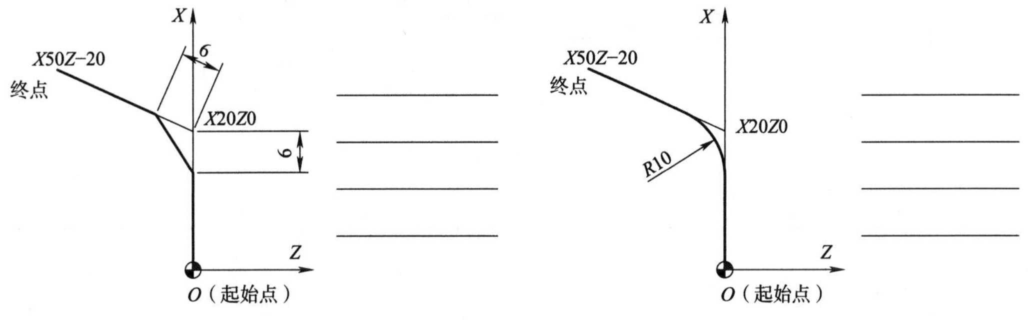

图 1-3-8　G01 编程图示

2. 内（外）径粗车复合循环指令 G71

（1）格式：

G71 U（Δd）R（e）

G71 P（ns）Q（nf）U（Δu）W（Δw）F（f）S（s）T（t）

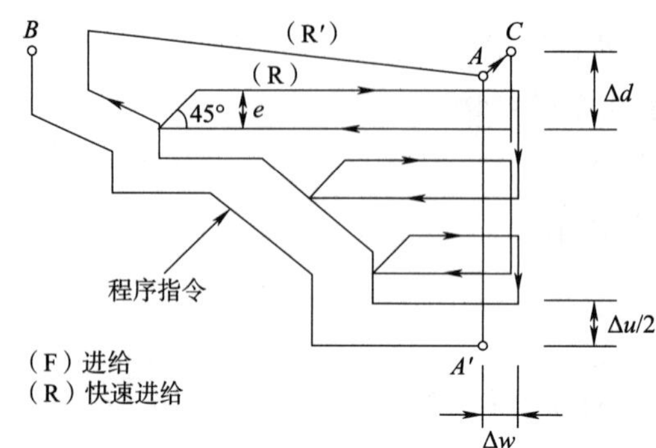

式中　Δd——（　　），半径值，无正负号，方向由矢量 AA′决定；

e——（　　），半径值，无正负号；

ns——（　　），程序段中开始程序段的段号；

nf——（　　），程序段中结束程序段的段号；

Δu——____________，直径值，有正负号；

Δw——____________，有正负号；

F（f）、S（s）、T（t）——粗加工进给量、主轴转速、刀具号。

（2）应用示例：

①参照图 1-3-9 写出图 1-2-1 所示零件的精加工程序，填补上你认为需要的注释。

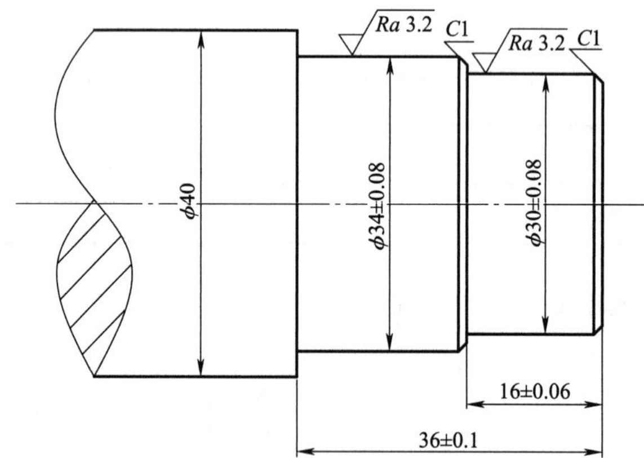

图 1-3-9　精加工图样

程　　序	注　　释
N0010 G21 G40 G97 G99;	
N0020 T0101;	

续表

程　　序	注　　释
N0030 M03 S600;	
N0040 G00 ________;	
N0050 G00 ____________	
N0060 G01 X30.0 Z-1. F100;	
N0070 ____________;	
N0080 ______________;	
N0090 ________________;	
N0100 ____________	
N0110 G01 X42.;	
N0120 ____________	
N0130 ________________;	
N0140 ________________;	

②把上面精加工程序改为 G71 粗加工循环加工程序，参考图 1-3-10。

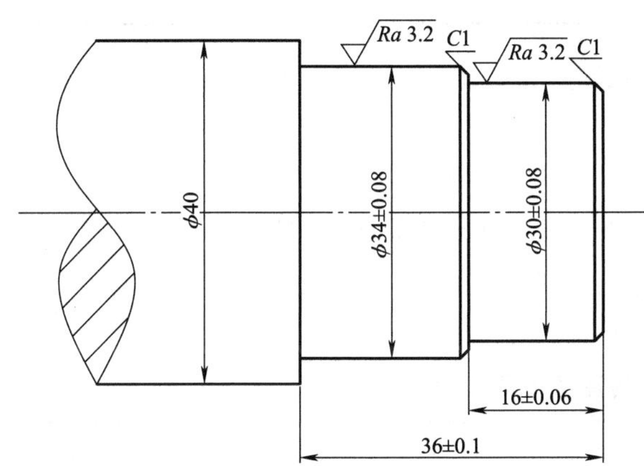

图 1-3-10　粗加工图样

程　　序	注　　释
N0010 G21 G40 G97 G99;	
N0020 T0101;	
N0030 M03 S600;	
N0040 G00 ________;	
N0050 G00 ____________	
N0060 G01 X30.0 Z-1. F100;	
N0070 ____________;	

续表

程　　序	注　　释
N0080 ______________;	
N0090 ________________;	
N0100 ____________	
N0110 G01 X42.;	
N0120 ____________	
N0130 ________________;	
N0140 ________________;	
N150 G70 ______________;	
N0160 ________________;	
N0170 ________________;	
N0180 ________________;	

3. 内（外）径精车循环指令 G70

（1）格式：

G70 P（ns）Q（nf）

式中　ns——精加工轮廓程序段中开始程序段的段号；

　　nf——精加工轮廓程序段中结束程序段的段号。

（2）补全上面表格中的程序。

4. 复合循环指令使用注意事项

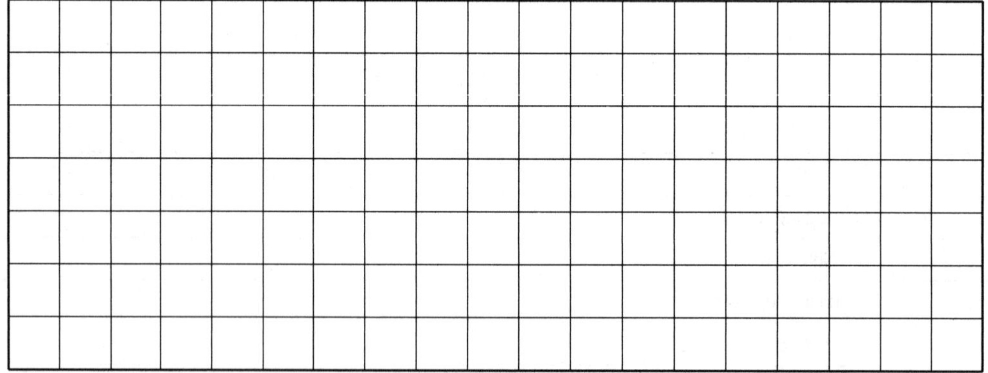

5. 圆锥轴程序编制——V1

（1）请把图 1-3-11 圆锥轴精加工程序写在表格中。

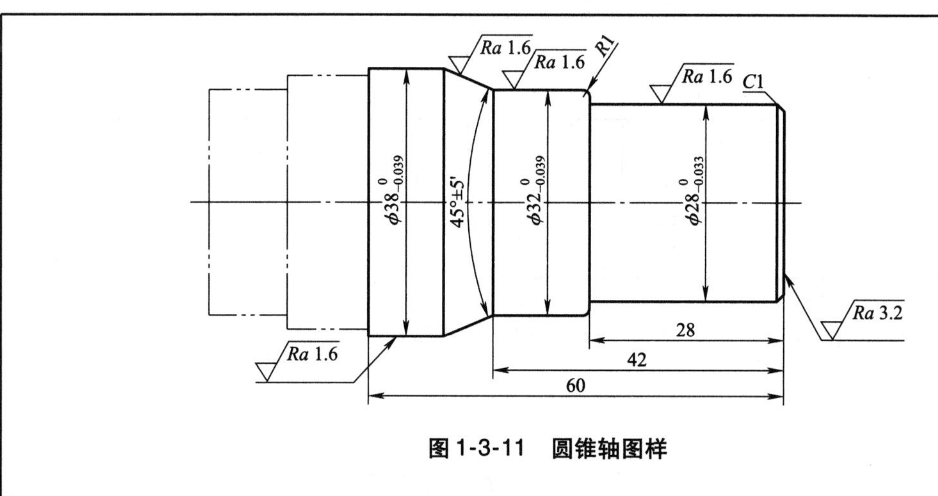

图 1-3-11　圆锥轴图样

程　序	程　序

（2）请写出圆锥轴粗精加工程序。

程　序	注　释	程　序	注　释

6. 刀尖半径补偿

（1）刀尖半径补偿的作用是什么？

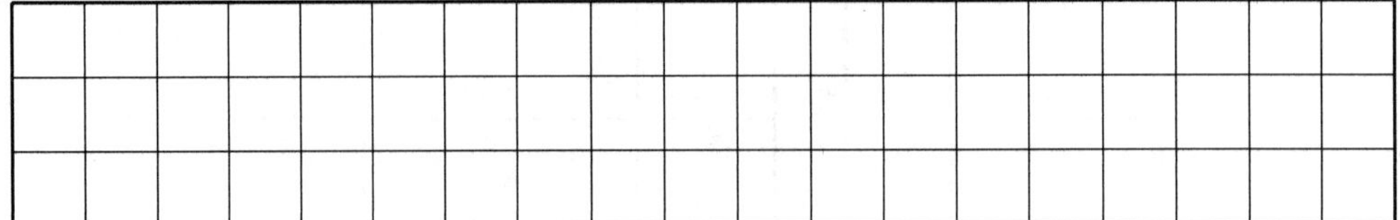

（2）在框格内写出 G41、G42 方向。把你得到的规律写在下面框格中。

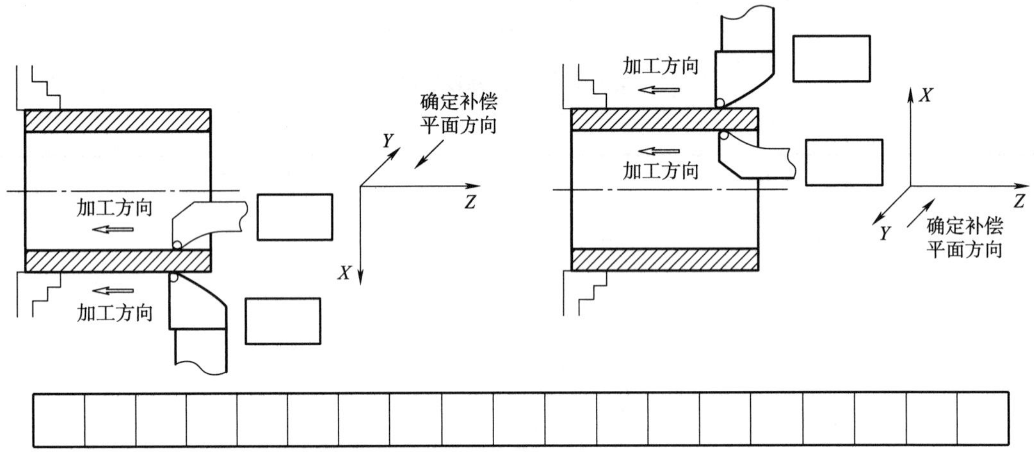

7. 圆锥轴程序编制——V2

写出带有刀尖补偿的完整程序。

程　　序	注　　释	程　　序	注　　释

8. 知识拓展

（1）应用 G71、G70 写出图 1-3-12 的加工程序。

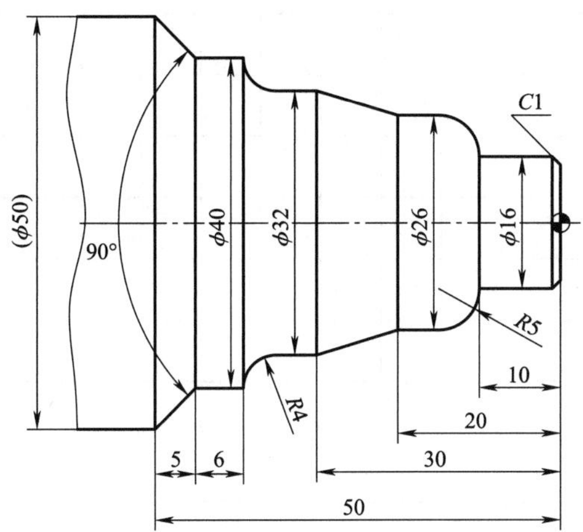

图 1-3-12　零件图样

程　　序	程　　序

（2）G90 内、外圆柱（锥）面固定循环。图 1-3-13 所示为 G90 循环加工路线。

G90 格式：
格式中字符的含义：____________

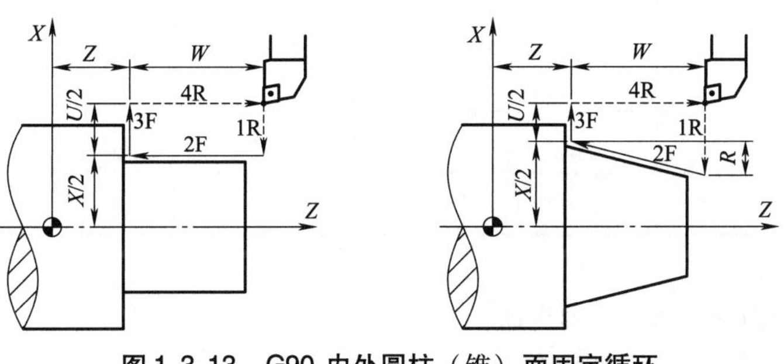

图 1-3-13　G90 内外圆柱（锥）面固定循环

（3）毛坯切削循环指令——LCYC95。（查阅资料）

①指令功能：

②指令格式及参数含义。

指令格式	
O Z X 1 2 3 4 5 1—进刀 2—粗切削 3—剩余角切削 4—退刀 5—返回	
参数含义	

（4）在学习过程中你遇到了哪些问题？

完成以上内容，请与老师沟通。

纠错

1. 学生工作演示。
2. 教师过程纠错及6S点评。

结果

1. 自我评价

□掌握G71、G70的含义及指令应用。　　□还不能掌握G71、G70的含义及指令应用 。

□能够使用G01进行倒圆与倒角编程。　　□还不能够使用G01进行倒圆与倒角编程。

□正确应用刀尖半径补偿指令。　　□还不能正确应用刀尖半径补偿指令。

□能够独立完成圆锥轴数控加工程序编制。　　□还不能够独立完成圆锥轴数控加工程序编制。

2. 教师评价

（1）工作页。

□工作页完成质量____________。　□未完成。　原因：____________________________。

（2）知识应用。

□能正确使用G71、G70进行程序编制。　　□正确运用G01指令进行倒圆与倒角编程。

□正确应用刀尖半径补偿指令　　□能够完成圆锥轴数控加工程序编制。

（3）素养评价。

□小组配合度好　　□积极的学习态度　　□查阅资料能力好　　□安全意识

教师签字：　　　　　　**日期：**

工整抄写下面这句话：

纸上得来终觉浅，绝知此事要躬行。

<table>
<tr><td rowspan="2">工作页</td><td>项目 3　圆锥轴数控加工——圆锥轴加工</td><td>姓名：</td><td>班级：</td></tr>
<tr><td>学习领域：数控车削编程加工技术</td><td>学号：</td><td>日期：</td></tr>
</table>

教学目标

1. 掌握圆锥加工中刀尖半径补偿的设置与作用。
2. 掌握万能角度尺测量角度的方法。
3. 掌握圆锥轴数控加工尺寸控制。

导入

列举出普通车床车锥度的方法。

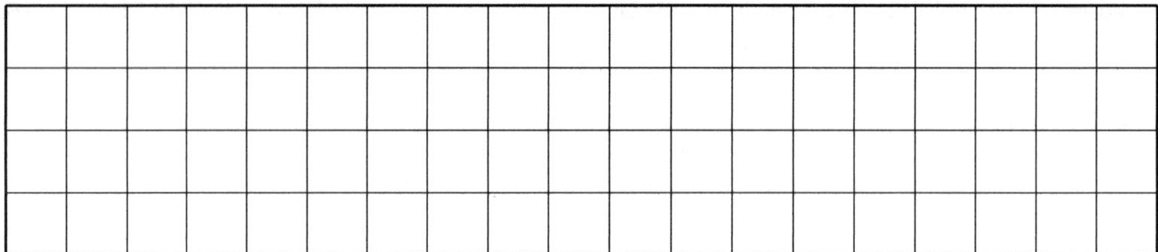

任务

完成图 1-3-1 所示圆锥轴的数控加工。

行动

1. 数控车床开关机

请写下你认为的数控车床开关机注意事项。

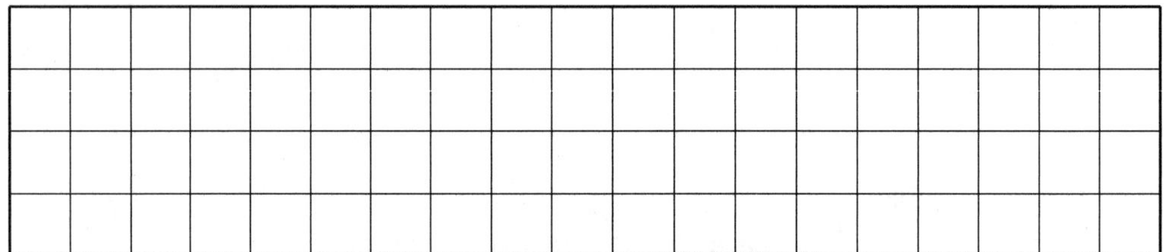

2. 毛坯安装

测量毛坯尺寸后，伸出部分比零件要求长出____________ mm。

3. 刀具安装

外圆车刀安装在 1 号位置。切断刀安装在 2 号刀位置。

4. 数控车床回零操作

（1）输入：____________按“循环启动”后，*Z* 轴回零。

（2）输入：____________按“循环启动”后，*X* 轴回零。

5. 总长尺寸控制

简述你保证总长的方法。

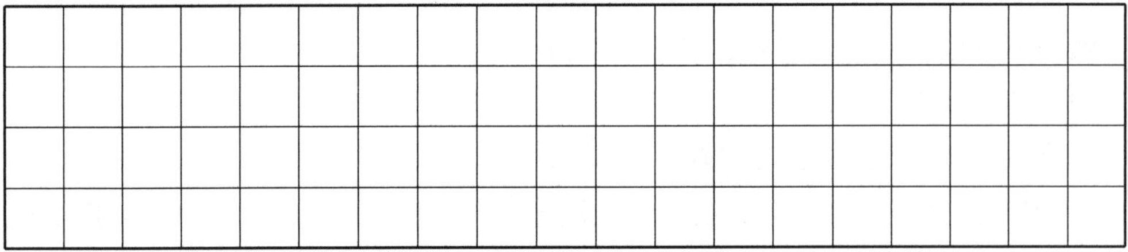

6. 数控车床对刀操作及检验

写出你认为的对刀注意事项及对刀检验的程序。

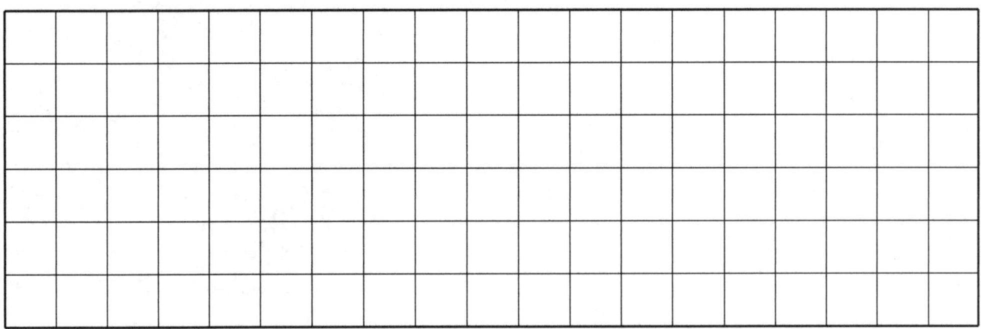

7. 刀尖半径补偿的输入

参照图 1-3-14 完成填空，在手动状态，找到____________即参数输入键，按向下箭头键，在正确的 G001 位置输入所使用刀具的刀尖半径。

8. 圆锥轴零件数控加工程序输入与程序模拟

如图 1-3-15 所示界面，完成以下操作步骤。

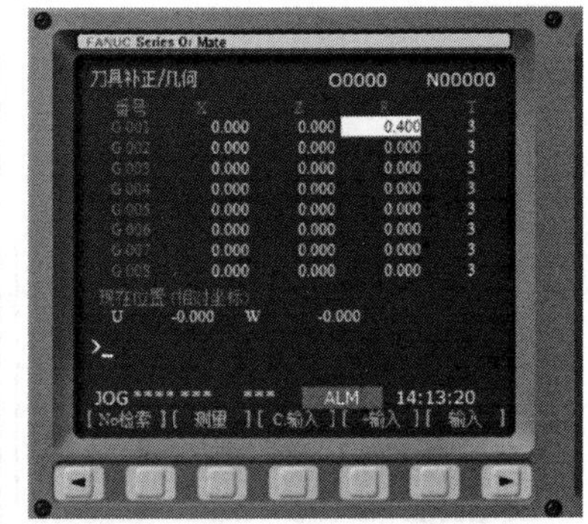

图 1-3-14　刀具补正界面

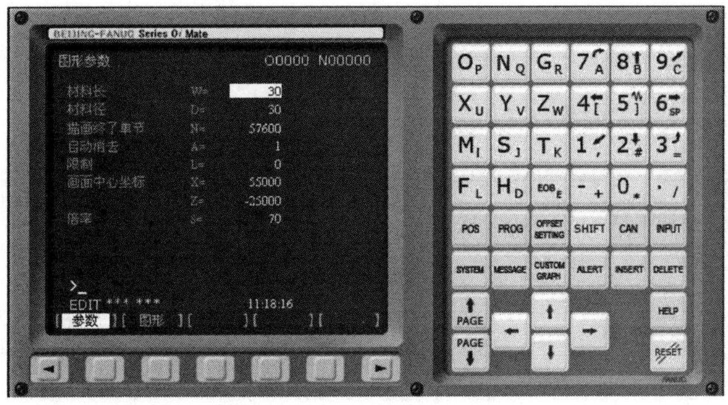

图 1-3-15　程序模拟界面

（1）在__________状态，进行程序输入。

（2）程序模拟：

①选择编辑方式__________，调出要校验的程序名。

②按向下箭头键__________，显示图示画面。

③进行参数设置。

④按空运行键__________→按程序测试键。

⑤按“图形”软键→按“自动方式”按键 →按“循环启动”，即可进行程序校验，同时在画面上会显示图形轨迹。

9. 零件加工

（1）如图1-3-16所示，设置磨耗为X0.5。

在手动状态，找到__________即位置设置键，选择__________下的磨耗，在正确的G001位置输入所使用刀具的__________。

（2）自动加工：调整进给倍率在__________位置，打开单段，启动程序，当程序运行到__________时，取消单段，变为自动加工，直至结束。

（3）测量工件主要尺寸。

图1-3-16　刀具磨耗界面

尺　寸	测量值	理论值	磨耗值
$\phi38_{-0.039}^{\ 0}$			
$\phi32_{-0.039}^{\ 0}$			
$\phi28_{-0.033}^{\ 0}$			
45°±5′			
36			
42			
28			

（4）修改磨耗值，再次运行程序进行精加工。

尺　寸	测量值	理论值	磨耗值
$\phi38_{-0.039}^{\ 0}$			
$\phi32_{-0.039}^{\ 0}$			
$\phi28_{-0.033}^{\ 0}$			
45°±5′			
36			
42			
28			

（5）加工完成后，填写圆锥轴零件数控加工考核表。

序号	项目	考核内容	评分标准	自评尺寸	互评尺寸	师评尺寸	配分	得分
1	外圆	$\phi38_{-0.039}^{0}$	超差不得分				10	
		$\phi32_{-0.039}^{0}$	超差不得分				10	
		$\phi28_{-0.033}^{0}$	超差不得分				10	
2	角度	45°±5′	超差不得分				15	
3	长度	36	超差不得分				10	
		42	超差不得分				10	
		28	超差不得分				10	
4	其他	*Ra*3.2	不合格不得分				4	
		同轴度	超差不得分				6	
		*C*1 倒角	超差不得分				5	
		技术安全	遵守技术安全				5	
5	时间	用时	规定时间内				5	
总得分								

（6）整理机床

项目	考核内容	评分标准	配分	得分
机床基本操作（6S）	物品摆放	按规定摆放	优	
		多数物品按规定摆放	良	
		少数物品按规定摆放	及格	
		不按规定摆放	不及格	
	机床、环境卫生	按规定清扫机床（干净）	优	
		按规定清扫机床（局部有异物）	良	
		按规定清扫机床（不干净）	及格	
		不能按规定清扫机床	不及格	
总评（自评）				

温馨提示

（1）回参考点要求先回 *X* 轴，再回 *Z* 轴。

（2）程序输入注意切换为编辑状态。

（3）试切对刀操作时，切进退出方向一致，先记录数据，再移动刀具。

（4）自动加工时，注意调整倍率。

（5）规范操作，注意安全。

10. 问题分析

（1）你加工的圆锥轴尺寸合格吗？如果合格，分享一下你的做法；如果不合格，分析一下原因。

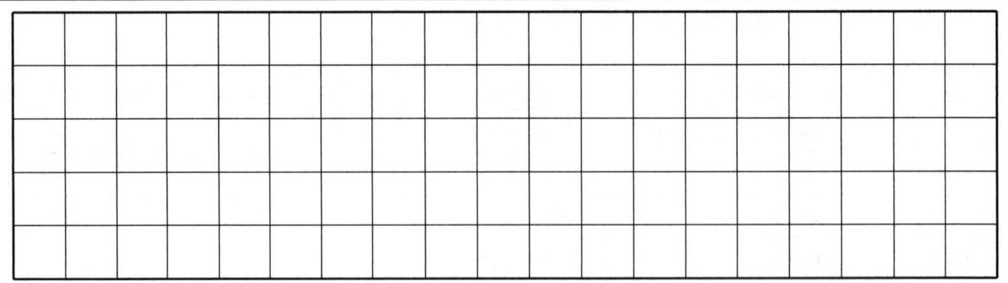

（2）加工磨耗设置思考题。

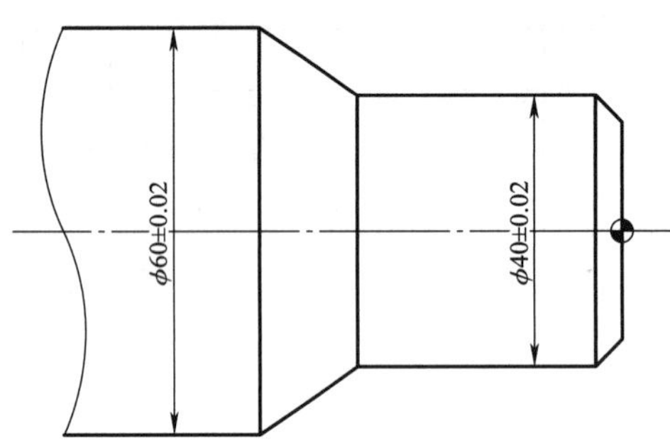

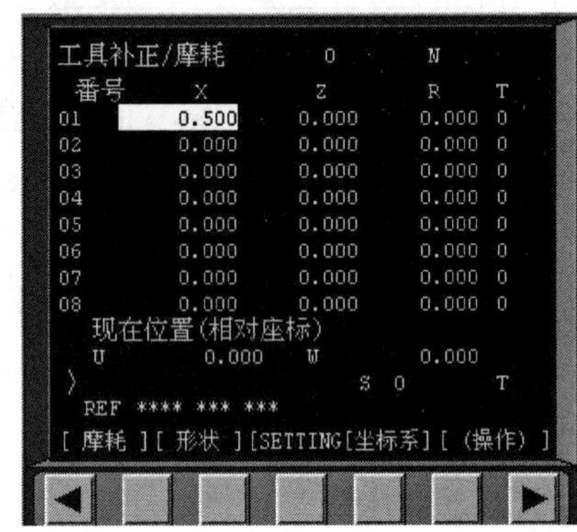

尺　　寸	实测尺寸	对　　策	具体操作
ϕ40 ±0. 02 ϕ60 ±0. 02	ϕ40. 53 ϕ60. 53	直接修正刀补	选择 01#磨耗的 *X* 向，键入“__________”，单击“＋输入”按键
	ϕ40. 53 ϕ60. 47	修正刀补结合修改程序	选择 01#磨耗的 *X* 向，按“－0. 53”，“＋输入”，并将程序中的“X60”改成“__________”。

（3）在工作过程中你遇到了哪些问题？

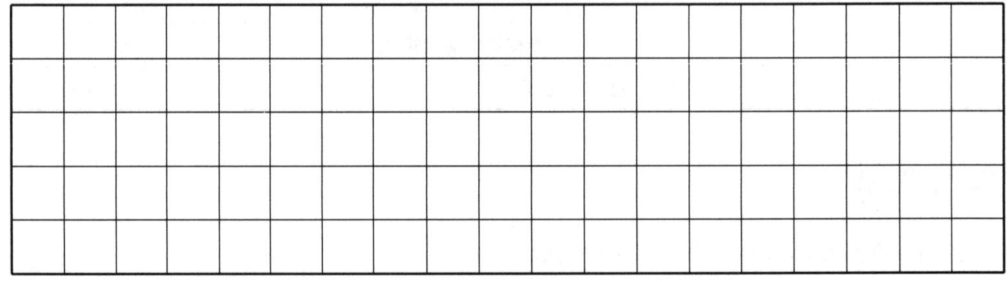

完成以上内容，请与老师沟通。

1. 学生工作演示。
2. 教师过程纠错及 6S 点评。

结果

1. 自我评价

□能够熟练进行机床开关机。 □还不能够熟练进行机床开关机。

□独立快速完成回零操作。 □还不能独立快速完成回零操作。

□能够独立完成圆锥轴数控程序校验。 □还不能够独立完成圆锥轴数控程序校验。

□加工磨耗设置正确。 □还不能正确设置加工磨耗。

□独立完成零件加工过程。 □还不能独立完成零件加工过程。

2. 教师评价

（1）工作页。

□工作页完成质量____________。 □未完成。 原因：____________________________。

（2）实操技能。

□对刀操作步骤正确。 □加工过程中读数准确、快速。

□能根据实际尺寸要求修改磨耗及程序。

□自动加工过程控制正确。

（3）6S 评价。

□工具摆放整齐 □工位清理干净 □机床回归参考点位置 □安全生产

教师签字： **日期：**

工整抄写下面这句话：

聪明在于勤奋，天才在于积累。

工作页	项目4　外沟槽件数控加工——加工工艺制订	姓名：	班级：
	学习领域：数控车削编程加工技术	学号：	日期：

教学目标

1. 掌握外沟槽零件数控加工的刀具选择。
2. 掌握外沟槽零件数控加工的工艺编制。

导入

简述加工外沟槽的方法。

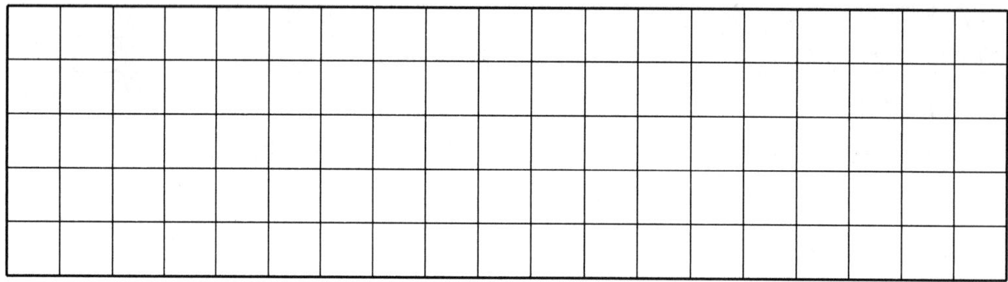

任务

完成图 1-4-1 所示外沟槽零件的数控加工工艺制订。

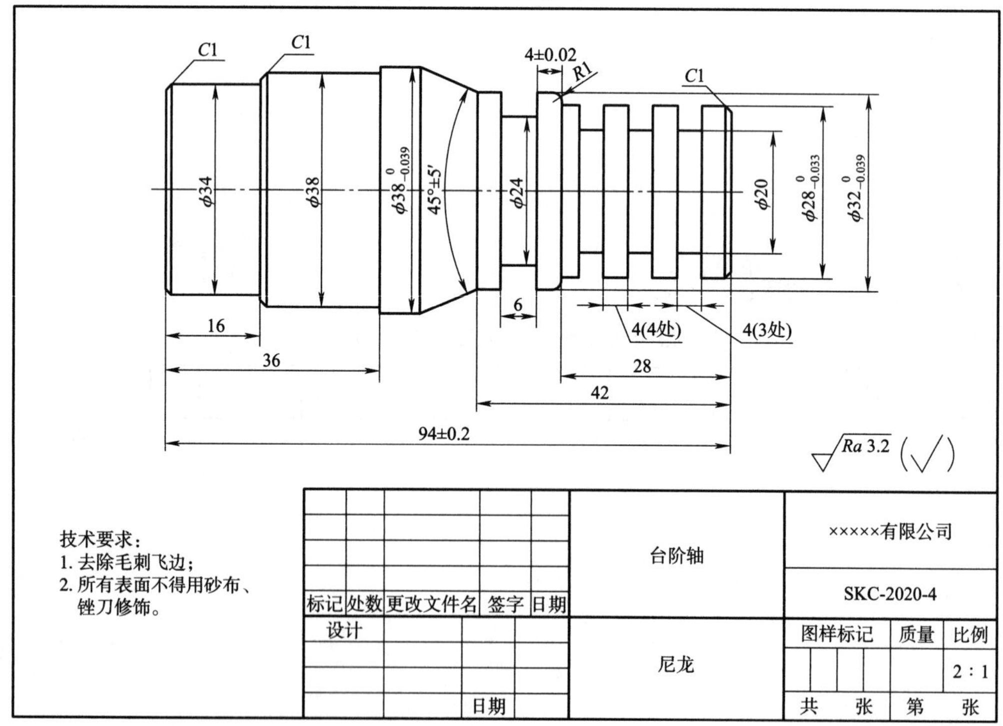

图 1-4-1　外沟槽零件

行动

1. 分析图纸

（1）该零件中共有槽＿＿＿＿＿＿个，其中3处槽宽为＿＿＿＿＿＿mm，精度要求不高；1处槽宽＿＿＿＿＿＿mm，精度要求＿＿＿＿＿＿。

（2）简述图1-4-2所示两种槽加工方法。

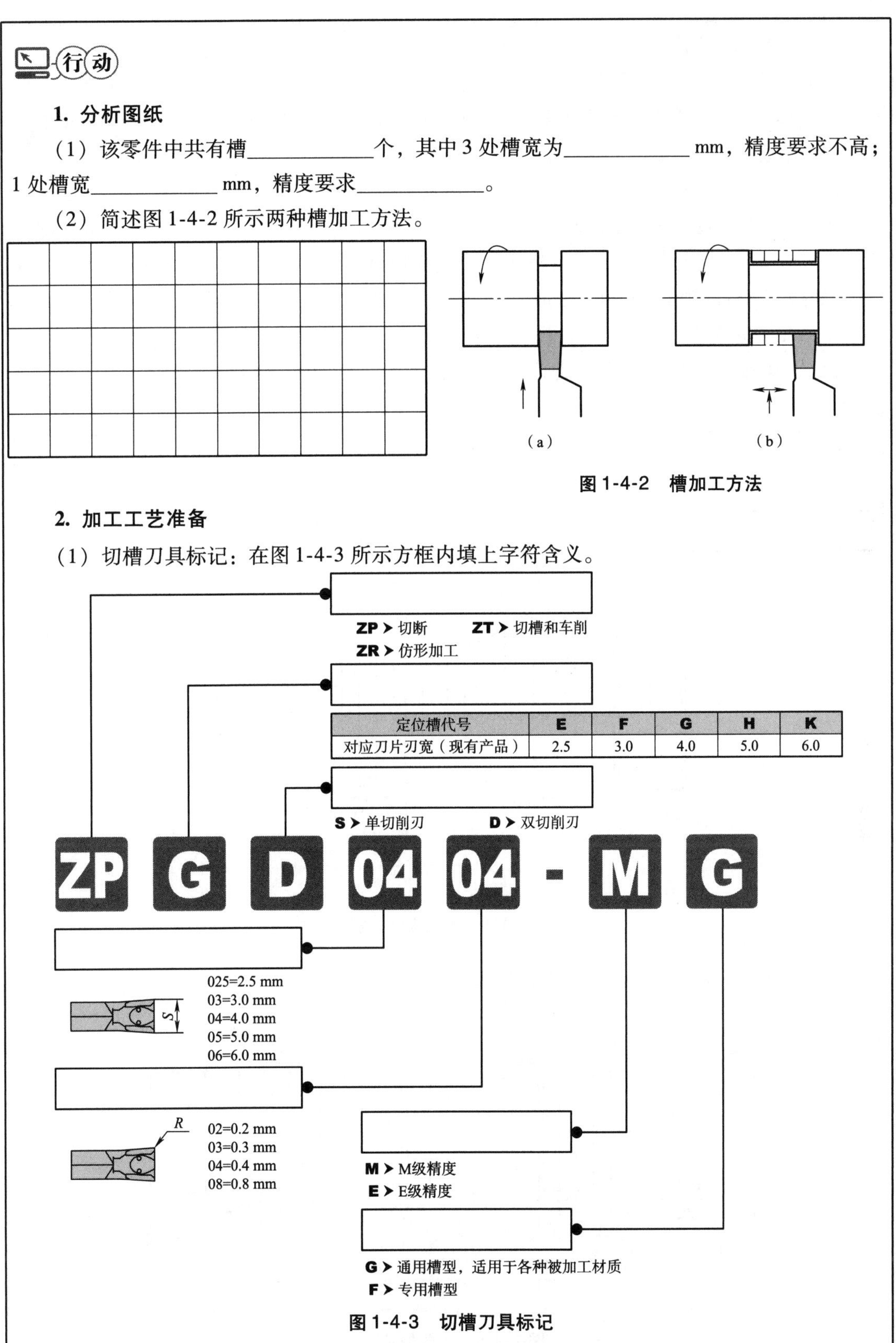

图1-4-2　槽加工方法

2. 加工工艺准备

（1）切槽刀具标记：在图1-4-3所示方框内填上字符含义。

定位槽代号	E	F	G	H	K
对应刀片刃宽（现有产品）	2.5	3.0	4.0	5.0	6.0

图1-4-3　切槽刀具标记

（2）窄槽加工方法。

当槽宽度尺寸不大，可用刀头宽度______槽宽的切槽刀，一次进刀切出，如图 1-4-2（a）所示。编程时还可用指令在刀具切至槽底时停留一定时间，以光整槽底。本项目窄槽即采用这种方法加工。

（3）宽槽加工方法。

当槽宽度尺寸较大（大于切槽刀刀头宽度），应采用______进刀法加工，并在槽底及槽壁两侧留有一定精车余量，然后根据槽底、槽宽尺寸进行精加工，如图 1-4-2(b)所示。本项目宽度为 6 mm 的槽采用这种方法加工。

3. 加工工艺制订

（1）分析图 1-4-4，按照加工部位，先加工______槽，再加工______槽，在方框中写下你填选的原因。

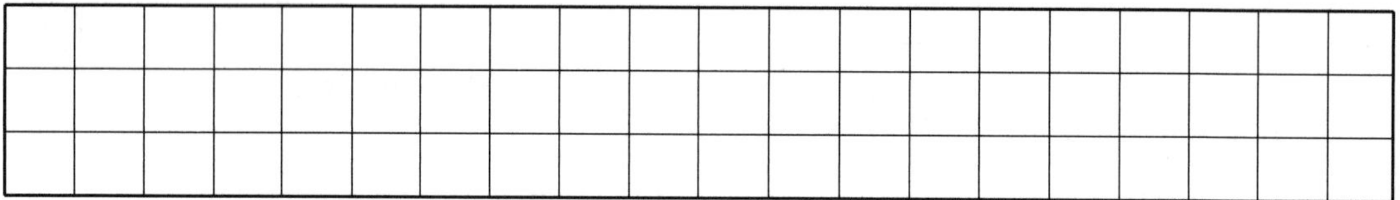

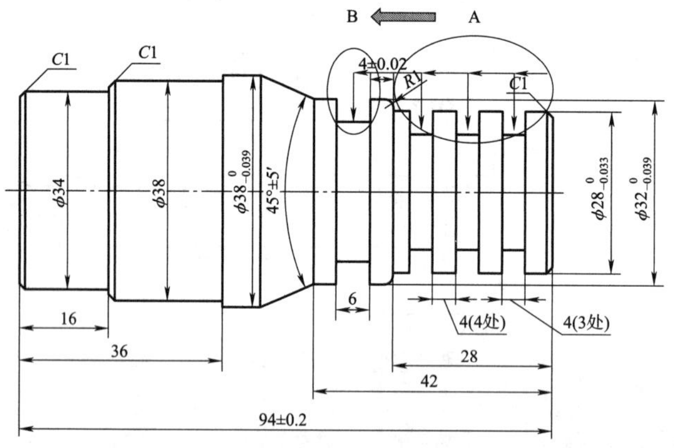

图 1-4-4　加工顺序分析

（2）A 槽加工。分析图 1-4-5，A 槽加工刀具宽度为______ mm。

图 1-4-5　A 槽加工图

参照图 1-4-5，描述 1 ~4 步各有哪些注意事项。

（3）B 槽加工。参照图 1-4-6，写出粗、精加工路线。

粗加工路线：

精加工路线：

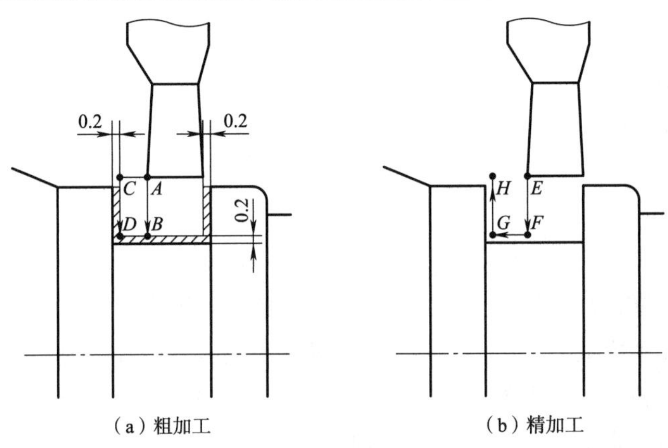

（a）粗加工　　（b）精加工

图 1-4-6　粗精加工图

（4）根据图 1-4-6，完成表 1-4-1 加工参数内容填写。

表 1-4-1　加工参数表

工序号	工序内容	刀具名称	主轴转速	进给速度	背吃刀量	余量	备注
1	车三处 ϕ20 ×4 槽						
2	粗车 ϕ24 ×6 槽						
3	精车 ϕ24 ×6 槽						

4. 知识拓展

（1）使用切槽刀进行纵向进刀时，需要注意哪些问题？

（2）切槽加工参数设置需要注意哪些问题？

（3）在学习过程中你遇到了哪些问题？

完成以上内容，请与老师沟通。

纠错

1. 学生工作演示。
2. 教师过程纠错及6S点评。

结果

1. 自我评价

□能读懂外沟槽零件的图纸。　□还不能完全读懂外沟槽零件的图纸。

□掌握常用的车槽方法。　□还没有完全掌握常用的车槽方法。

□能合理选择切槽的加工参数。　□还不能合理选择切槽的加工参数。

□工作页已完成并提交。　□工作页未完成。　原因：________________。

2. 教师评价

（1）工作页。

□工作页完成质量__________。　□未完成。　原因：____________________。

（2）知识应用。

□能够理解切槽刀与切断刀的区别。　□掌握千分尺与游标卡尺测量沟槽的方法。

□正确设置加工参数。　□能够完成外沟槽数控加工工艺制订。

（3）素养评价。

□小组配合度好　□积极的学习态度　□查阅资料能力好　□安全意识

教师签字：　**日期：**

工整抄写下面这句话：

一寸光阴一寸金，寸金难买寸光阴！

<table>
<tr><td rowspan="2">工作页</td><td>项目 4 外沟槽件数控加工——加工程序编制</td><td>姓名：</td><td>班级：</td></tr>
<tr><td>学习领域：数控车削编程加工技术</td><td>学号：</td><td>日期：</td></tr>
</table>

教学目标

1. 掌握 G01 槽加工方法。
2. 掌握 G04 指令格式及用法。
3. 掌握 G75 槽加工循环指令。
4. 掌握圆锥轴数控程序编制。

导入

1. G01 指令可以进行切槽加工吗？

2. 宽槽与窄槽各采用怎样的加工方法？

任务

完成图 1-4-1 所示外沟槽零件的数控加工程序编制。

行动

1. 暂停指令 G04

G04 切槽格式：____________。进给动作暂停，非____________。可以用在车槽时的暂停，也可以用于____________时暂停和车螺纹前主轴转速的延时暂停。

与 G98、G99 配合使用，其中 G98 用来指定____________；G99 用来指定____________。X、U 后数值允许带小数点，单位为____________或者____________；P 后数值不允许带小数点，单位为____________秒（或转）。

2. G01 切槽应用

（1）使用 G01 与 G04 配合完成图 1-4-7 程序编制，刀具宽为 3 mm，只写槽加工部分。

程　序	

（2）在槽加工中，进刀位置、退刀有哪些注意事项？

（3）使用 G01 完成图 1-4-8 程序编制，刀具宽为 3 mm，只写槽加工部分。

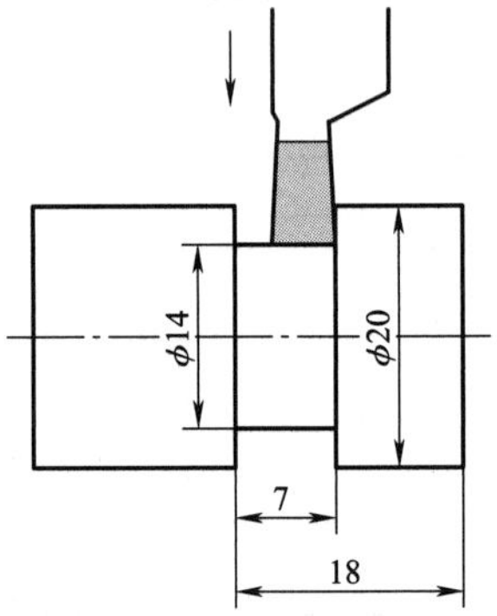

图 1-4-7　G01 加工槽应用

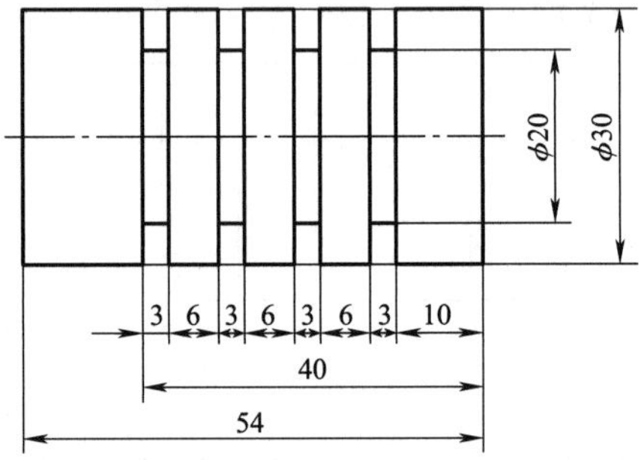

图 1-4-8　槽加工图

程　序	

（4）观察图 1-4-8，槽的位置有什么规律？

3. 内（外）径切槽循环 G75

G75 走刀路线如图 1-4-9。

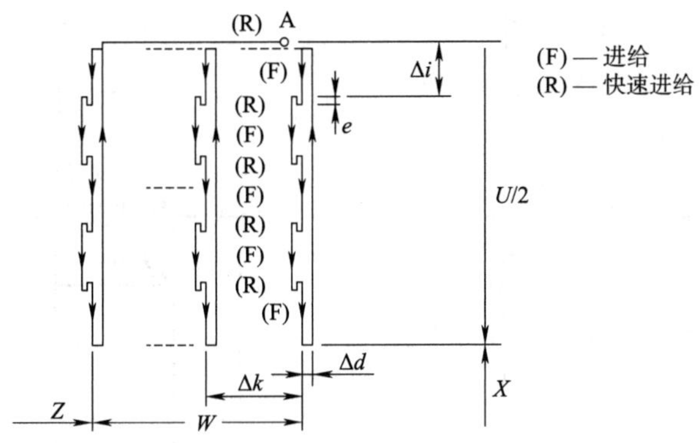

图 1-4-9　G75 循环加工示意图

格式：

G75 R（e）；

G75 X（U）Z（W）P（Δi）Q（Δk）R（Δd）F（f）

式中　　　　e——____________，模态值；

X（U）、Z（W）——车槽____________处坐标；

Δi——____________方向的每次切深量，____________，无正负号，单位为 μm；

Δk——刀具完成一次径向切削后，在____________方向的偏移量，无正负号，单位为 μm；

Δd——刀具在切削底部的____________，Δd 的符号一定是正，单位为 μm，但是，如果 X（U）及 Δi 省略，可用相应的正负符号指定刀具退刀量；

f——____________。

（2）应用示例：加工图 1-4-8 所示四处 3 mm 宽外沟槽，使用 G75 指令。

程　序	

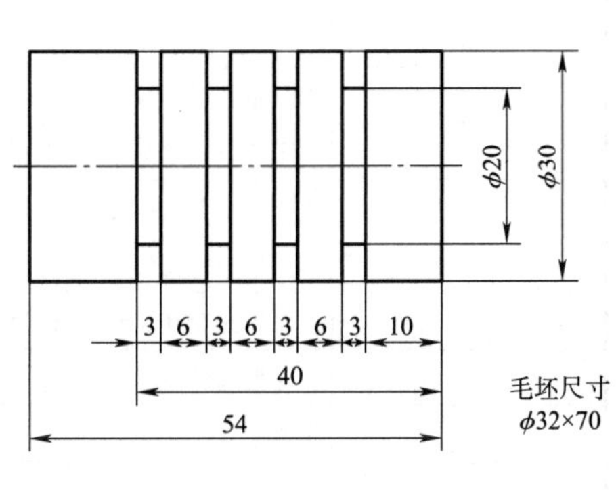

4. 外沟槽零件加工程序编制

（1）参照图 1-4-10，写出加工点的坐标。

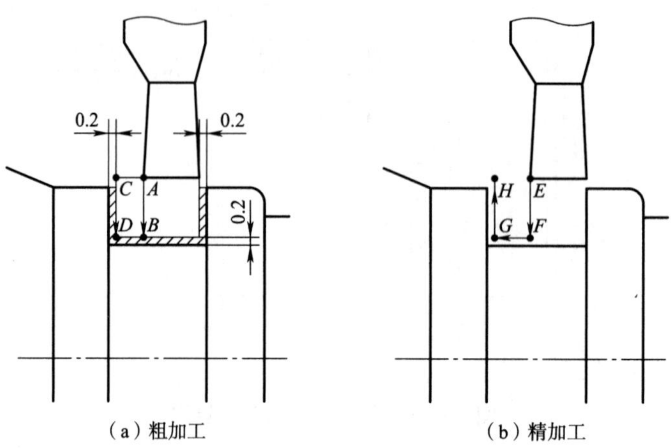

图 1-4-10　宽槽加工

粗　　车		精　　车	
A		*E*	
B		*F*	
C		*G*	
D		*H*	

（2）完成下列程序。

程　　序	注　　释
	程序初始化
	主轴正转，转速 400 r/min，选择 1#刀，1#刀补
	刀具快速定位到毛坯附近
	G75 指令，R：退刀量 1 mm
	车三处 ϕ20 ×4 槽，*X* 向每次吃刀量 3 mm，*Z* 向每次增量移动 8 mm，进给量 0.1 mm/r
N60 G00 X34.；	
	刀具重新 *Z* 向定位
	G75 指令，粗车 ϕ24 ×6 槽
	进给量 0.1 mm/r，槽底与两侧面均留 0.1 余量
	刀具快速定位
	主轴转速 500 r/min，选择 1#刀，1#刀补
	精车槽右侧壁
	精车槽底
	精车槽左侧壁
	X 向退刀

续表

程　　序	注　　释
	主轴停
	程序停止（停车检测）
	主轴正转
	进刀（留0.3～0.5余量）
	车深槽
	退刀

5. 知识拓展

（1）端面车槽循环指令G74，走刀路线如图1-4-11所示。

格式：

G74 R（e）；

G74 X（U）____ Z（W）____ P（Δi）Q（Δk）R（Δd）F（f）

式中　Δi——刀具完成一次轴向切削后，____________方向的偏移量，半径值，无正负号，单位为μm；

Δk：____________方向的每次切深量，无正负号，单位为μm。

G74其他参数的意义同G75，走刀路线如图1-4-10所示。当省略X坐标时，G74可用于端面啄式钻孔。

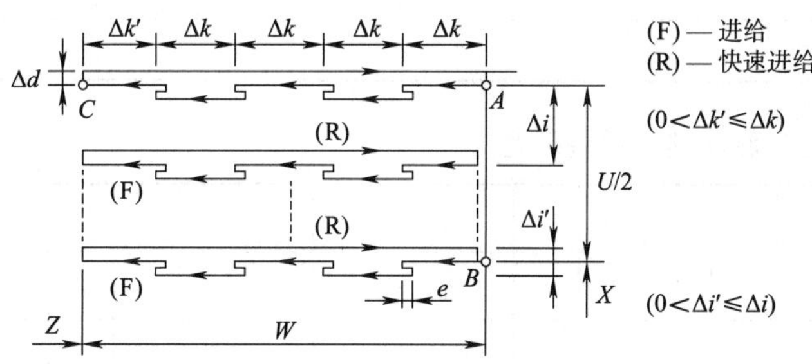

图1-4-11　G74走刀路线

（2）查阅资料，写出西门子系统切槽循环——LCYC93。

①指令功能。

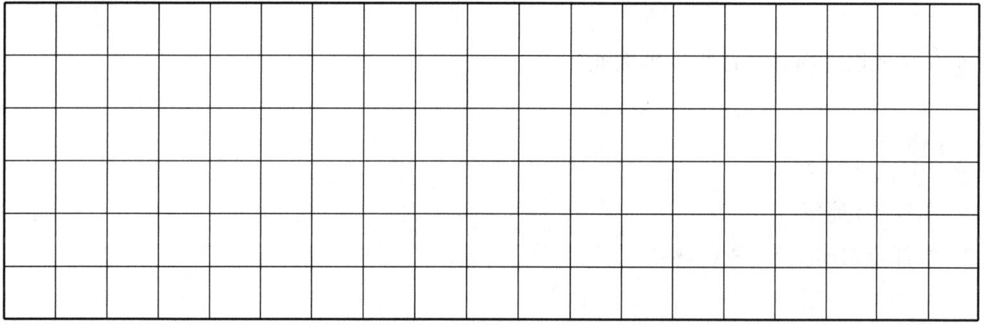

②指令格式及参数含义。

指令格式	
	X R101 R117 R108 R115 R116 R115 R100 R114 R118 O Z
参数含义	

（3）在学习过程中你遇到了哪些问题?

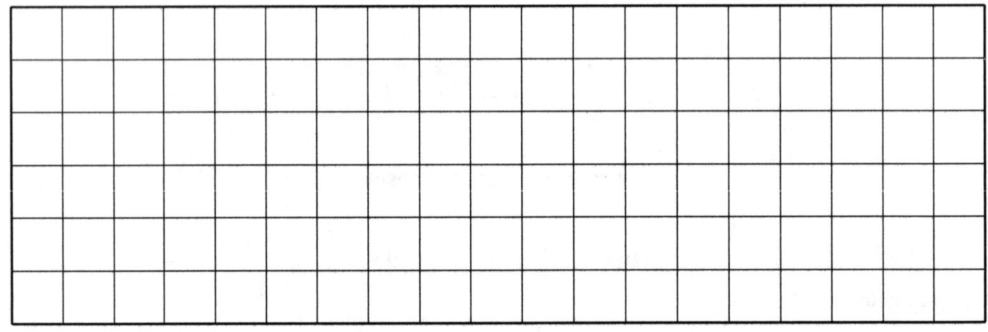

完成以上内容，请与老师沟通。

纠错

1. 学生工作演示。
2. 教师过程纠错及6S点评。

结果

1. 自我评价

□掌握 G75 切槽含义及指令应用。 □还不能掌握 G75 切槽含义及指令应用。

□能够使用 G01 进行切槽程序编制。 □还不能够能够使用 G01 进行切槽程序编制。

□能够独立完成外沟槽零件数控加工程序编制。

□还不能够独立完成外沟槽零件数控加工程序编制。

2. 教师评价

（1）工作页。

□工作页完成质量____________。 □未完成。 原因：____________________________。

（2）知识应用。

□能正确使用 G75 进行程序编制。 □正确运用 G01 进行切槽程序编制。

□理解 G74 端面槽加工指令。 □能够完成外沟槽零件数控加工程序编制。

（3）素养评价。

□小组配合度好 □积极的学习态度 □查阅资料能力好 □安全意识

教师签字： **日期：**

工整抄写下面这句话：

千磨万击还坚韧，任尔东西南北风。

工作页	项目 4　外沟槽件数控加工——外沟槽加工	姓名：	班级：
	学习领域：数控车削编程加工技术	学号：	日期：

教学目标

1. 掌握切槽刀的安装。
2. 掌握切槽刀对刀操作。
3. 掌握槽加工尺寸控制，能利用常见量具对外沟槽零件进行检测。
4. 能完成外沟槽零件的数控加工。能对自己的工作进行评估。

导入

安装切槽刀时需要注意哪些事项？

任务

完成图 1-4-1 所示外沟槽零件的数控加工。

行动

1. 数控车床开关机

写出数控车床开关机注意事项。

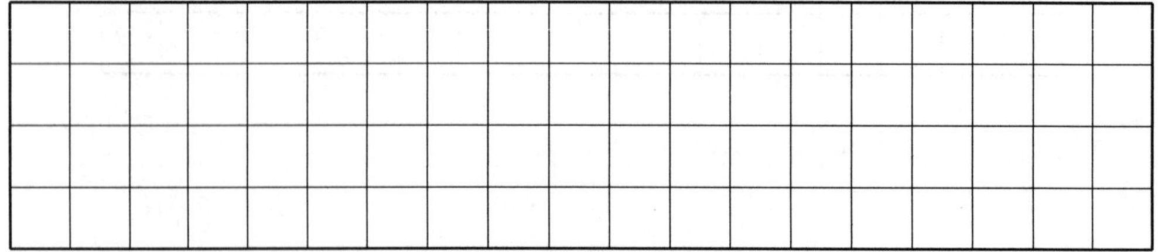

2. 毛坯安装

测量毛坯尺寸后，伸出部分比零件要求长出__________ mm。

3. 刀具安装

切断刀安装在 2 号刀位置。切断刀刀宽为__________ mm。

切断刀具标号为____________________________________。

4. 数控车床回零操作

（1）输入：____________按循环启动后，X 轴回零。

（2）输入：____________按循环启动后，Z 轴回零。

5. 对刀操作

简述切槽刀对刀过程及注意事项。

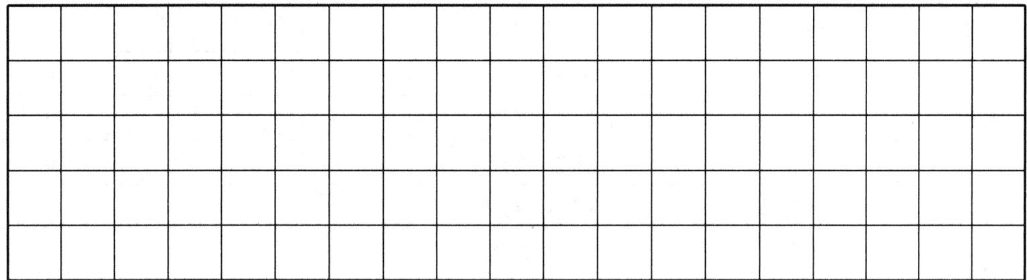

6. 程序导入

写出程序导入与调用步骤。

7. 零件加工

（1）设置磨耗为 X0.5。

（2）自动加工：调整进给倍率在较低位置，打开单段，启动程序，当程序运行到正确定位时，取消单段，变为自动加工，直至结束。

（3）测量工件主要尺寸。

尺　寸	测量值	理论值	磨耗值
ϕ20 ×4 三个槽			
ϕ24 ×6			

（4）修改磨耗值为____________，再次运行程序进行精加工。

尺　寸	测量值	理论值	磨耗值
ϕ20 ×4 三个槽			
ϕ24 ×6			

(5) 加工完成后，填写外沟槽零件数控加工考核表。

序号	项目	考核内容	评分标准	自评尺寸	互评尺寸	师评尺寸	配分	得分
1	外圆	$\phi38_{-0.039}^{0}$	超差不得分				10	
		$\phi32_{-0.039}^{0}$	超差不得分				10	
		$\phi28_{-0.033}^{0}$	超差不得分				10	
2	角度	$45°\pm5'$	超差不得分				15	
3	长度	36	超差不得分				10	
		42	超差不得分				10	
		28	超差不得分				10	
4	其他	*Ra*3.2	不合格不得分				4	
		同轴度	超差不得分				6	
		*C*1 倒角	超差不得分				5	
		技术安全	遵守技术安全				5	
5	时间	用时	规定时间内				5	
总得分								

(6) 整理机床

项目	考核内容	评分标准	配分	得分
机床基本操作(6S)	物品摆放	按规定摆放	优	
		多数物品按规定摆放	良	
		少数物品按规定摆放	及格	
		不按规定摆放	不及格	
	机床、环境卫生	按规定清扫机床（干净）	优	
		按规定清扫机床（局部有异物）	良	
		按规定清扫机床（不干净）	及格	
		不能按规定清扫机床	不及格	
总评（自评）				

温馨提示

(1) 回参考点要求先回 *X* 轴，再回 *Z* 轴。

(2) 程序输入注意切换为编辑状态。

(3) 试切对刀操作时，切进退出方向一致，先记录数据，再移动刀具。

(4) 自动加工时，注意调整倍率。

(5) 规范操作，注意安全。

8. 问题分析

(1) 你加工的沟槽尺寸合格吗？如果合格，分享一下你的做法；如果不合格，分析一下原因。

(2) 车槽常见问题及改进措施。

车槽常见问题	原因分析	改进措施
槽底有震纹	车槽刀装夹刚性差	
		减少工件伸出长度
		改变工件装夹方式（如增加顶尖支顶）
	切削用量不合理	
槽底表面粗糙度值大	刀具主切削刃磨损或有积屑瘤	
槽底直径尺寸不正确	对刀有误差、刀具磨损	
	刀具主切削刃与工件轴线不平行	
槽宽尺寸不正确	刀具主切削刃过宽	重新刃磨刀具，或更换刀具
	程序数值有误	修改程序
		更换刚性好的刀具
		重新安装刀具，调整副偏角
崩刀	刀具强度不够	
	进给量过大	
	刀具中心过高或过低	

(3) 在工作过程中你遇到了哪些问题?

完成以上内容，请与老师沟通。

纠错

1. 学生工作演示。
2. 教师过程纠错及6S点评。

结果

1. 自我评价

□能够正确安装切槽刀。　　□还不能够正确安装切槽刀。

□独立快速完成回零操作。　　□还不能够独立快速完成回零操作。

□能够独立完成外沟槽零件数控程序校验。　　□还不能够独立完成外沟槽零件数控程序校验。

□能正确使用工具测量沟槽尺寸。　　□还不能够正确使用工具测量沟槽尺寸。

□独立完成零件加工过程。　　□还不能独立完成零件加工过程。

2. 教师评价

（1）工作页。

□工作页完成质量____________。　□未完成。　原因：________________________。

（2）实操技能。

□切槽刀对刀操作步骤正确。　　□加工过程中读数准确、快速。

□能根据实际尺寸要求修改磨耗及程序。

□自动加工过程控制正确。

（3）6S评价。

□工具摆放整齐　　□工位清理干净　　□机床回归参考点位置　　□安全生产

教师签字：　　　　**日期：**

工整抄写下面这句话：

不管多么险峻的高山，总是为不畏艰难的人留下一条攀登的路。

工作页	项目5　螺纹轴数控加工——加工工艺制订	姓名：	班级：
	学习领域：数控车削编程加工技术	学号：	日期：

教学目标

1. 掌握三角形圆柱外螺纹计算参数。
2. 掌握三角形圆柱外螺纹的加工工艺。
3. 熟悉加工圆弧面车刀种类及选用。
4. 掌握圆弧加工方式。
5. 完成螺纹轴加工工艺编制。

导入

1. 完成表1-5-1中各螺纹标记释义。

表1-5-1　螺纹标记释义

标记	种类	内外螺纹	大径	小径	导程	螺距	旋向	公差带		旋合长度
								中径	顶径	
M10×1-6H										
M20-6g										
M20×2-5H-L										
M20×2										

2. 补充完成表1-5-2切削螺纹进刀方式内容。

表1-5-2　螺纹进刀方式

进刀方式	图　示	特点应用
左右切削法		

3. 分析图1-5-1中有哪些加工特征？

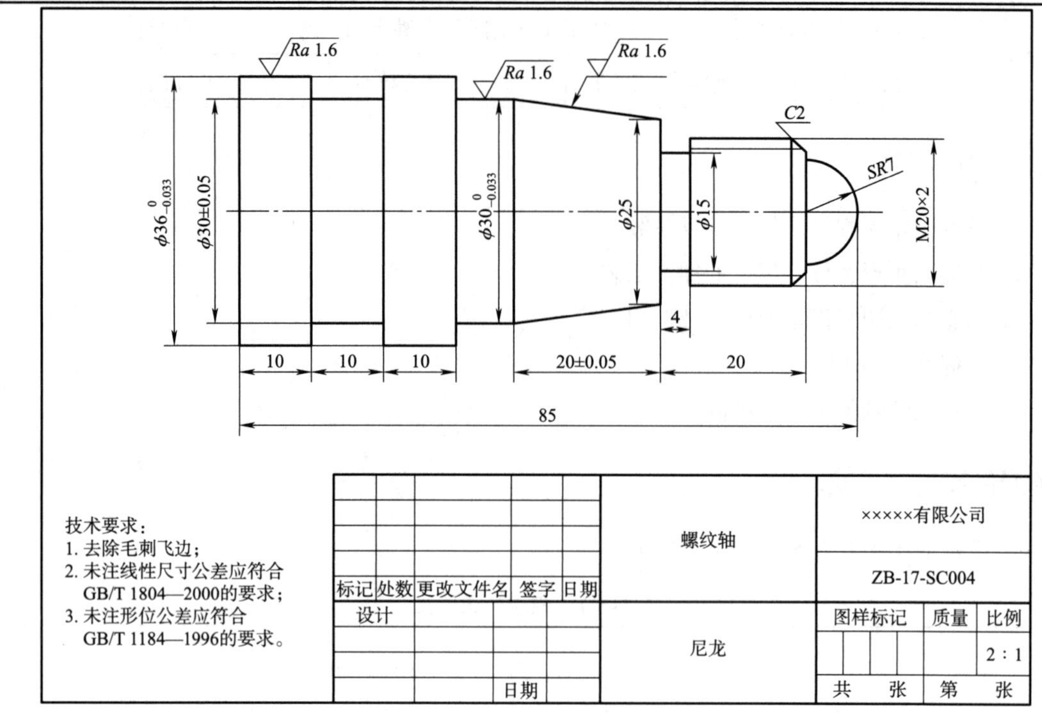

图 1-5-1　螺纹轴零件图

任务

完成图 1-5-1 所示圆头螺纹轴的数控加工工艺制订。

行动

1. 分析图纸

该零件材料为____________，包含外圆______________、______________、______________，中值尺寸分别为____________、____________、____________；槽的尺寸为：____________，圆锥小端直径为____________，螺纹公称直径为____________，圆头半径为____________。

2. 加工工艺准备

（1）圆弧加工方法：把下列加工路线图示和对应方法连线。

①把图 1-5-2 外凸圆弧的加工路线图与对应方式连线。

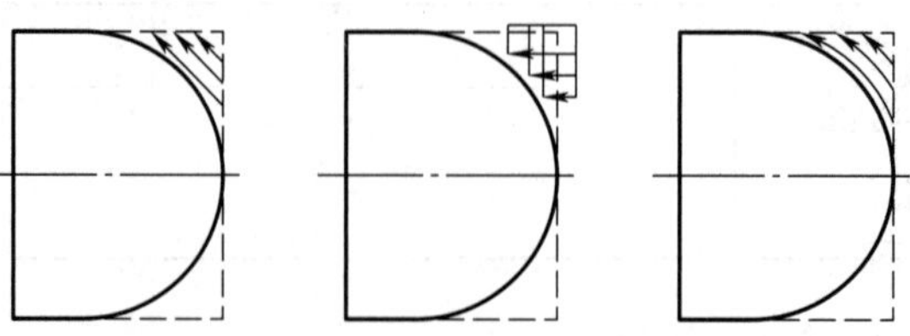

同心圆路线　　矩形路线　　三角形路线

图 1-5-2　外凸圆弧的加工路线图

②把图 1-5-3 加工凹圆弧的路线图与对应方式连线。

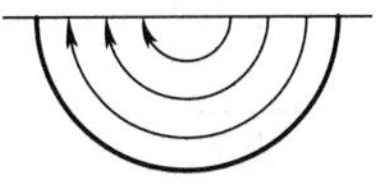
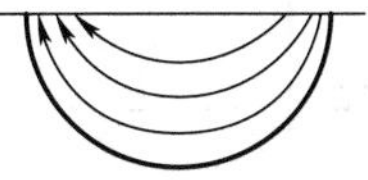
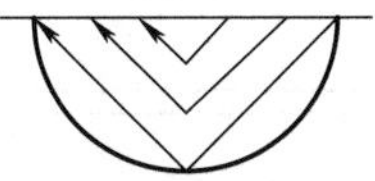
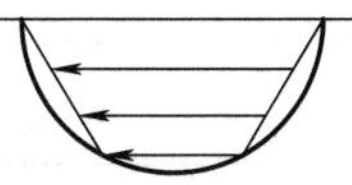

等径圆路线　　三角形路线　　梯形路线　　同心圆路线

图 1-5-3　凹圆弧的加工路线图

(2) 看图 1-5-4，完成成形面车刀的选择。

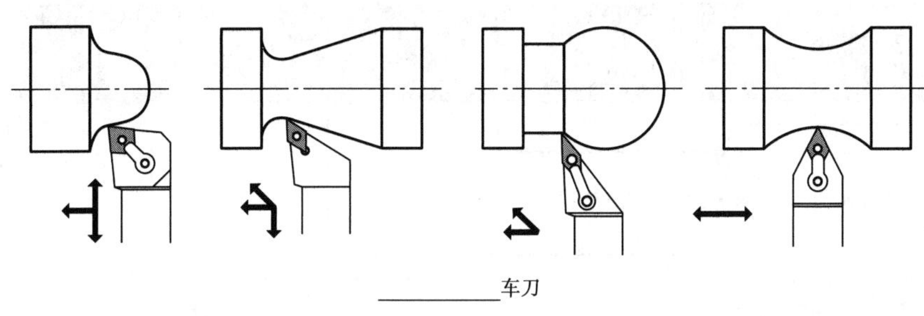

__________车刀

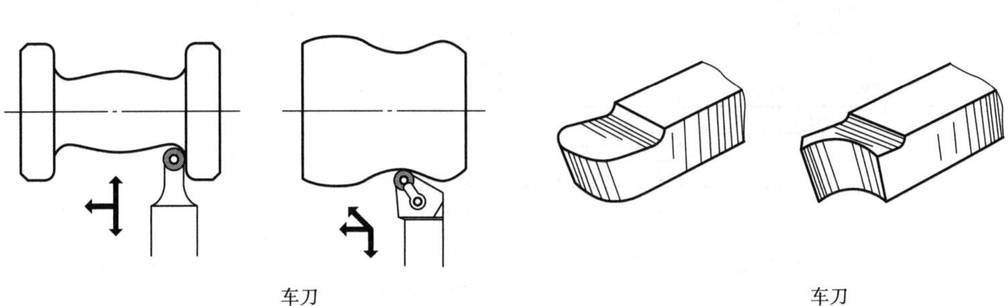

__________车刀　　　　__________车刀

图 1-5-4　成形面车刀

(3) 螺纹加工计算。

螺纹加工中小径的计算公式为__________。

M20 × 2 螺纹中小径的尺寸为__________，切深为__________。

根据螺纹加工走刀次数及切深常用数据表，完成表 1-5-3 中 M20 × 2 螺纹加工切深参数填写。

表 1-5-3　切深参数表

螺纹尺寸	M20 × 2		
螺纹大径		加工圆柱直径	
螺纹小径		加工中螺纹牙底直径	
第 1 次加工圆柱直径		第 1 次加工 Z 向尺寸	
第 2 次加工圆柱直径		第 2 次加工 Z 向尺寸	
第 3 次加工圆柱直径		第 3 次加工 Z 向尺寸	
第 4 次加工圆柱直径		第 4 次加工 Z 向尺寸	
第 5 次加工圆柱直径		第 5 次加工 Z 向尺寸	

（4）螺纹刀具学习：完成图 1-5-5 螺纹刀标记各方框中内容的填写。

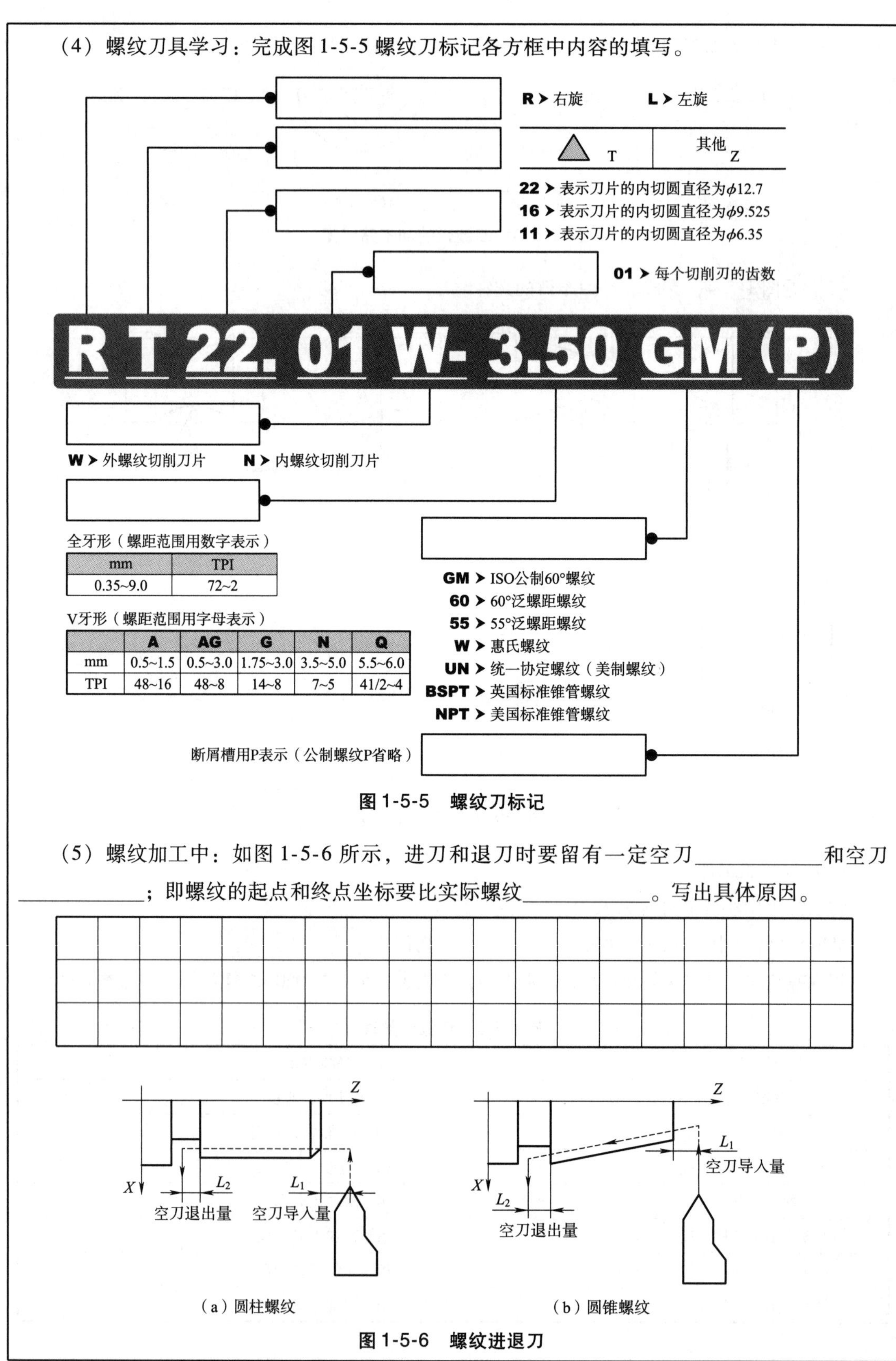

全牙形（螺距范围用数字表示）

mm	TPI
0.35~9.0	72~2

V牙形（螺距范围用字母表示）

	A	AG	G	N	Q
mm	0.5~1.5	0.5~3.0	1.75~3.0	3.5~5.0	5.5~6.0
TPI	48~16	48~8	14~8	7~5	41/2~4

图 1-5-5　螺纹刀标记

（5）螺纹加工中：如图 1-5-6 所示，进刀和退刀时要留有一定空刀__________和空刀__________；即螺纹的起点和终点坐标要比实际螺纹__________。写出具体原因。

（a）圆柱螺纹　（b）圆锥螺纹

图 1-5-6　螺纹进退刀

（6）夹具选择：加工该零件，选择____________装夹。

3. 加工工艺制订

（1）完成图示 1-5-1 螺纹轴零件的工艺卡填写。

工序号	工序内容	刀具名称	主轴转速	进给速度	背吃刀量	余量	备注
1	粗车零件外形						
2	精车零件外形						
3	切槽加工						
4	螺纹加工						

4. 知识拓展

（1）完成下列螺纹标记填空。

标记	种类	内外螺纹	大径	小径	导程	螺距	旋向	公差带		旋合长度
								中径	顶径	
Tr32 ×6lh-7e										
G11/2										
R11/2										
M20 ×2										

（2）螺纹的实际应用有哪些？作用是什么？

（3）学习过程中你遇到了哪些问题？

☼完成以上内容，请与老师沟通。

纠错

1. 学生工作演示。
2. 教师过程纠错及6S点评。

结果

1. 自我评价

□能够读懂零件图中尺寸要求。　□还不能够完全读懂零件图中尺寸要求。
□掌握圆弧加工方法。　□还不能够完全掌握圆弧加工方法。
□能够独立完成螺纹加工尺寸计算。　□还不能够独立完成螺纹加工尺寸计算。
□能够独立完成螺纹轴数控加工工艺制订。　□还不能够独立完成螺纹轴数控加工工艺制订。
□工作页已完成并提交。　□工作页未完成。　原因：________________。

2. 教师评价

（1）工作页。

□工作页完成质量____________。　□未完成。　原因：________________________________。

（2）知识应用。

□会设置螺纹加工每次进刀量。
□掌握螺纹加工刀具选择。
□能够完成螺纹轴数控加工工艺制订。
□未完成。　原因：____。

（3）素养评价。

□小组配合度好　□积极的学习态度　□查阅资料能力好　□安全意识

教师签字：　　**日期：**

工整抄写下面这句话：

志之难也，不在胜人，在自胜。

<table>
<tr><td rowspan="2">工作页</td><td>项目 5 螺纹轴数控加工——加工程序编制</td><td>姓名：</td><td>班级：</td></tr>
<tr><td>学习领域：数控车削编程加工技术</td><td>学号：</td><td>日期：</td></tr>
</table>

教学目标

1. 掌握圆弧插补方向的判断。
2. 掌握 G02、G03 圆弧插补指令。
3. 掌握 G32 螺纹加工指令。
4. 掌握 G92 螺纹循环指令。
5. 掌握 G76 螺纹循环指令。
6. 掌握螺纹轴数控程序编制。

导入 1. 切槽加工有哪些指令可以完成？

2. 你在普通车床上加工过圆弧吗？____________参照图 1-5-7，简述普通车床加工圆弧的方法及加工感受。

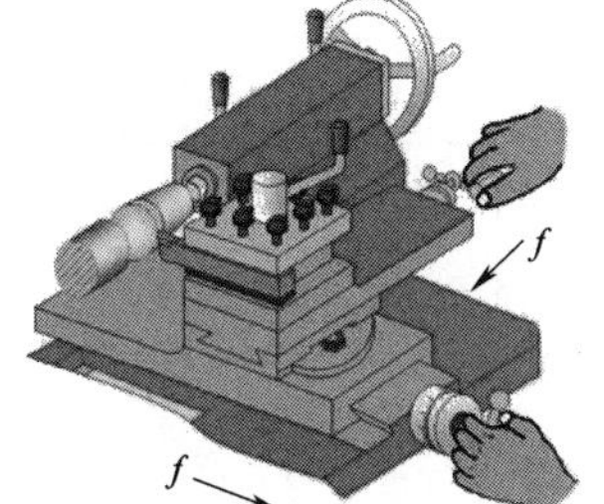

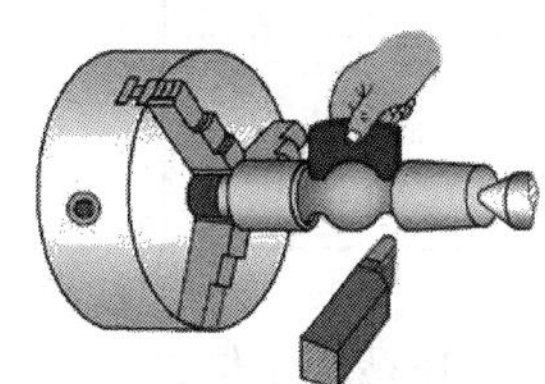
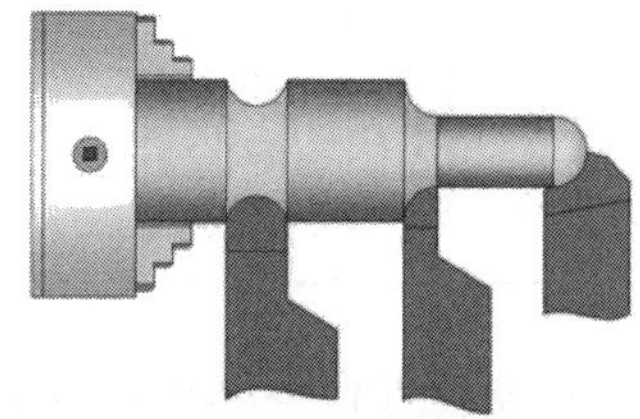

图 1-5-7 加工圆弧的方法

3. 简述普通加工三角外螺纹的方法及加工注意事项。

任务

完成图 1-5-1 所示外螺纹轴的数控加工程序编制。

行动

1. G02、G03 编程

（1）G02、G03 编程格式。

格式一：G02/G03 X（U）____ Z（W）____ I ____ K ____ F ____

格式二：G02/G03 X（U）____ Z（W） R ____ F ____

式中 G02 为____________，G03 为____________，X（U）、Z（W）为圆弧（　　）坐标；I、K 为圆心坐标（　　）圆弧起点坐标，在____________方向增量用 I 表示，在____________方向增量用 K 表示；R 表示半径，当圆弧____________大于 180°时，R 用____________，小于或等于 180°时，用正值。

（2）G02、G03 编程方向确定。在图 1-5-8 的方框内填上 G02 或 G03。

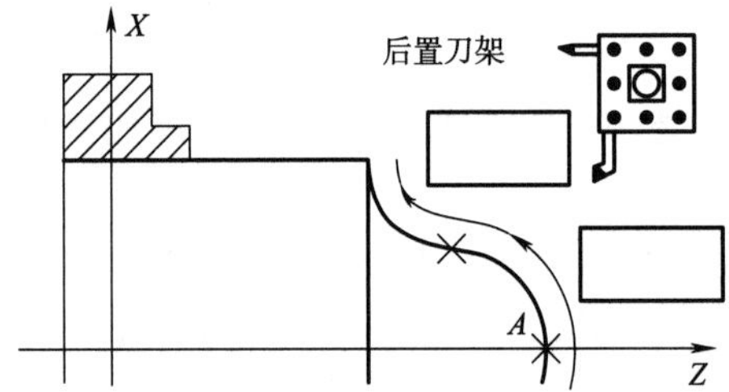

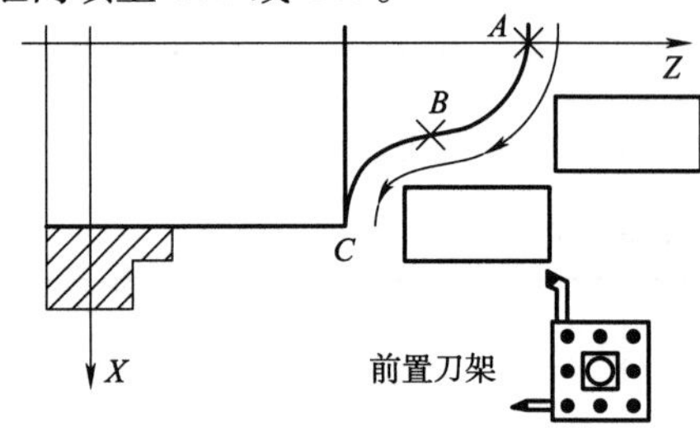

图 1-5-8　圆弧方向判断

（3）写出 G02、G03 的判断依据。

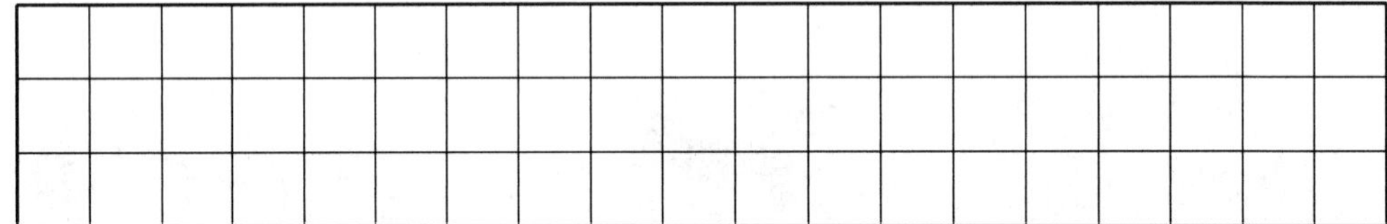

（4）完成图 1-5-9 中圆弧程序编制。包括起止位置。

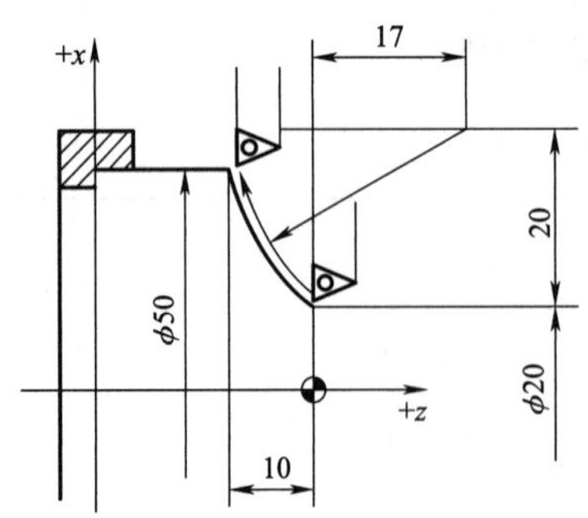

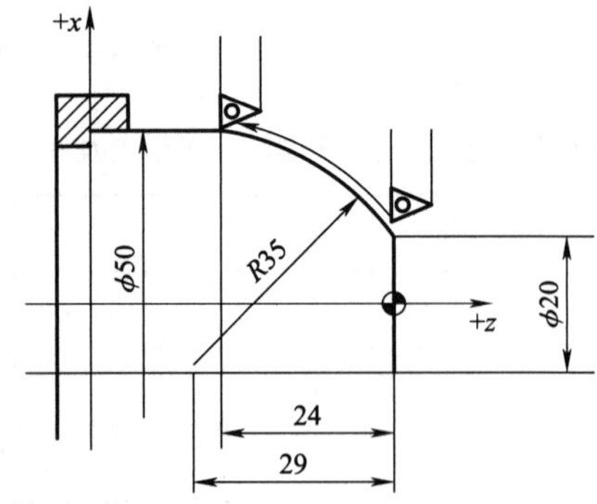

图 1-5-9　圆弧编程

在图 1-5-10 中，当圆弧 A 的起点为 P_1，终点为 P_2，圆弧插补程序段为（采用 R 和 IJ 两种编程形式）：

当圆弧 A 的起点为 P_2，终点为 P_1 时，圆弧插补程序段为（采用 R 和 IJ 两种编程形式）：

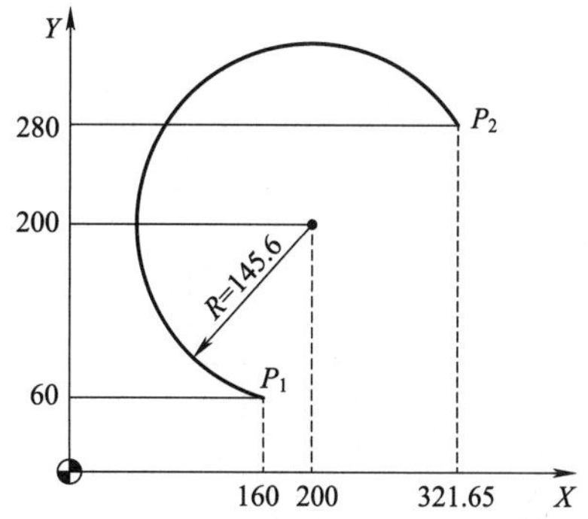

图 1-5-10　圆弧编程

2. G32 单行程螺纹/插补指令编程

（1）G32 编程格式。

格式：G32　X（U）____ Z（W）____ F；

式中　F——____________，单位是 mm；X（U）、Z（W）为____________，X（U）省略时为____________切削，Z（W）省略时为____________切削，X（U）、Z（W）都编入时可加工圆锥螺纹。该指令的运动轨迹如图 1-5-11 所示。

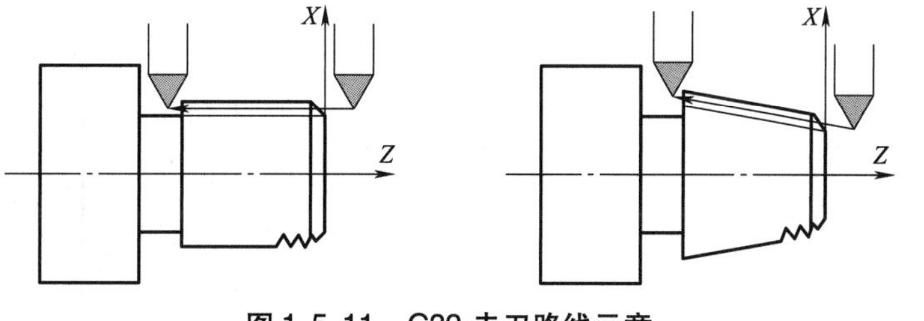

图 1-5-11　G32 走刀路线示意

（2）G32 编程应用。用 G32 加工图 1-5-12 中的 M20×1.5 圆柱螺纹，假设分两刀。

3. G92 单行程螺纹插补指令编程

（1）G92 编程格式，参照图 1-5-13。

格式：

G92　X（U）____ Z（W）____ F ____ R；

式中　X（U）、Z（W）为____________坐标值。F 为____________，R 为螺纹切削路线的____________。G92 为模态指令，具有自保性。

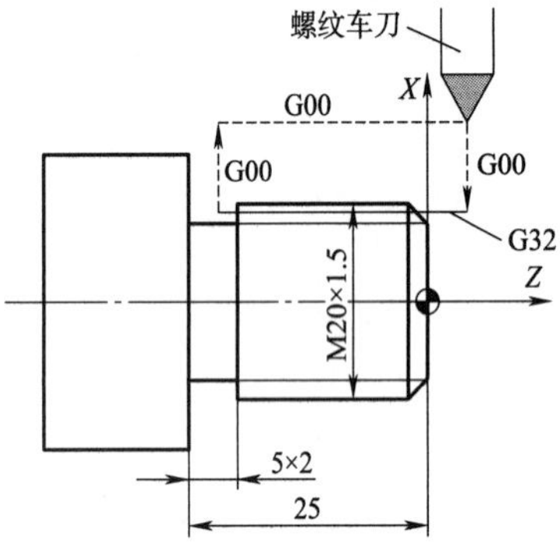

图 1-5-12　G32 螺纹编程应用 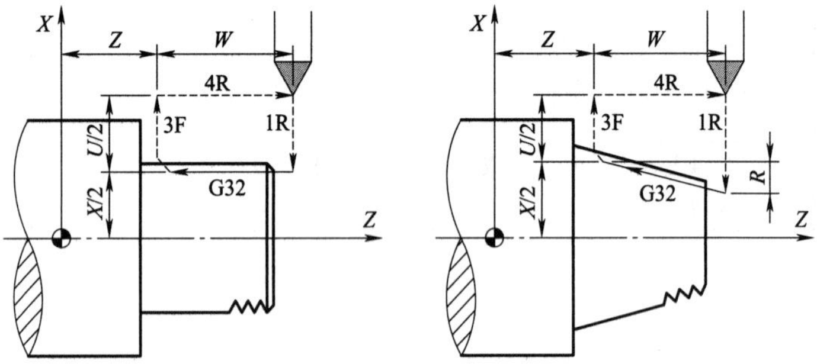　　图 1-5-13　G92 走刀路线示意

G92 指令实际上是把“____________ – ____________ – ____________ – ____________”四个动作作为一个循环。它在螺纹切削结束时有退尾倒角功能。

（2）G92 编程应用：用 G92 加工图 1-5-14 中 M20×1.5 圆柱螺纹，分四刀完成。

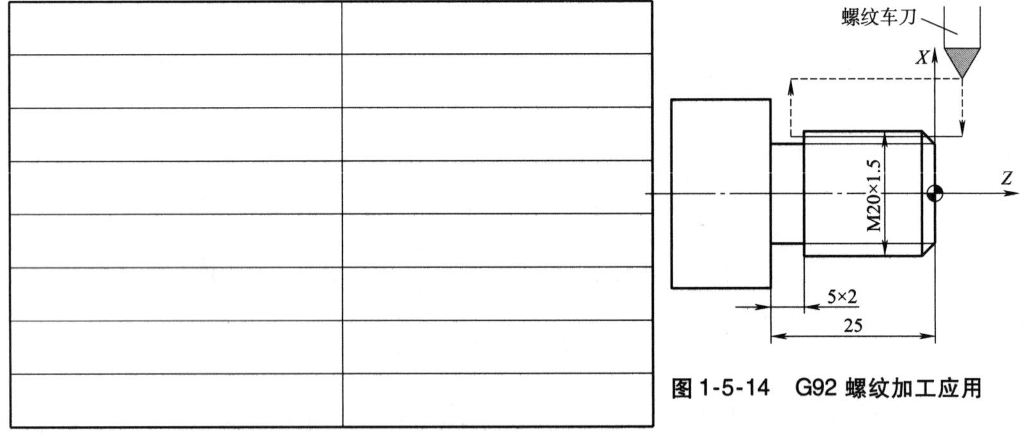

图 1-5-14　G92 螺纹加工应用

4. 螺纹轴外轮廓编程

参照图 1-5-15 和图 1-5-16，完成对应程序编写。

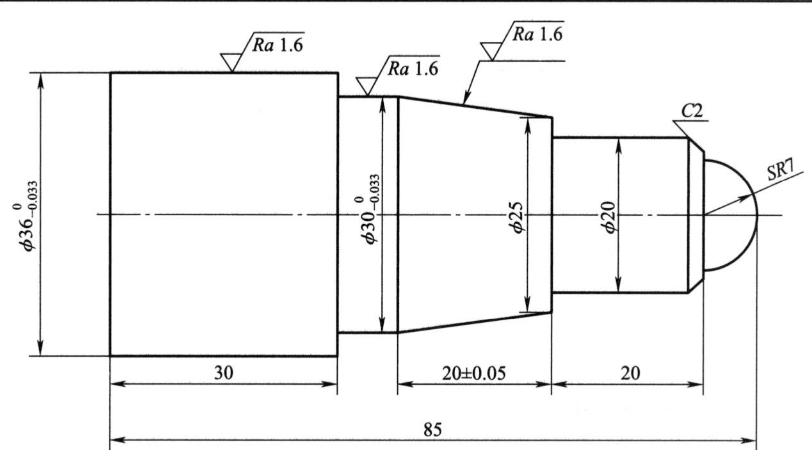

图 1-5-15　外轮廓加工图

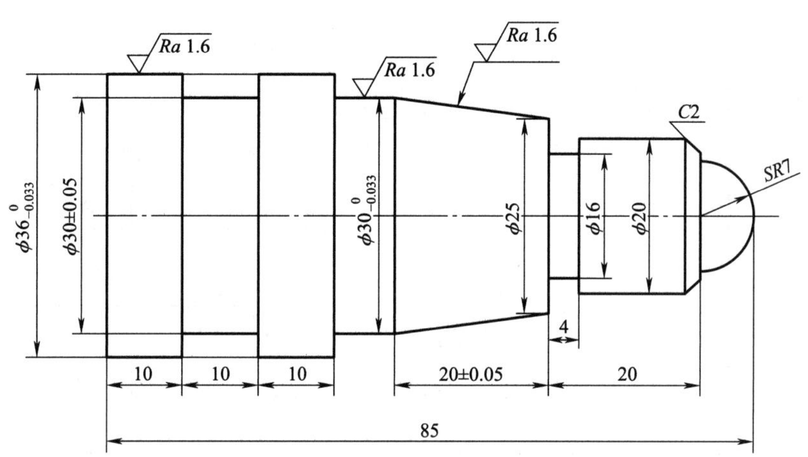

图 1-5-16　切槽加工图

（1）外轮廓程序。

N0010	

（2）切槽加工程序。

N0010	

（3）螺纹程序使用 G92 指令。参照图 1-5-17。

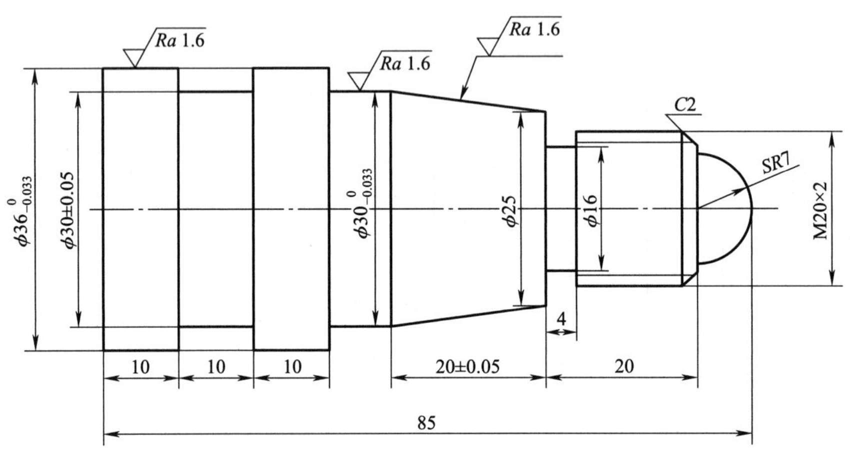

图 1-5-17　螺纹加工图形

N0010	

5. 知识拓展

（1）螺纹循环加工指令 G76，参照图 1-5-18。

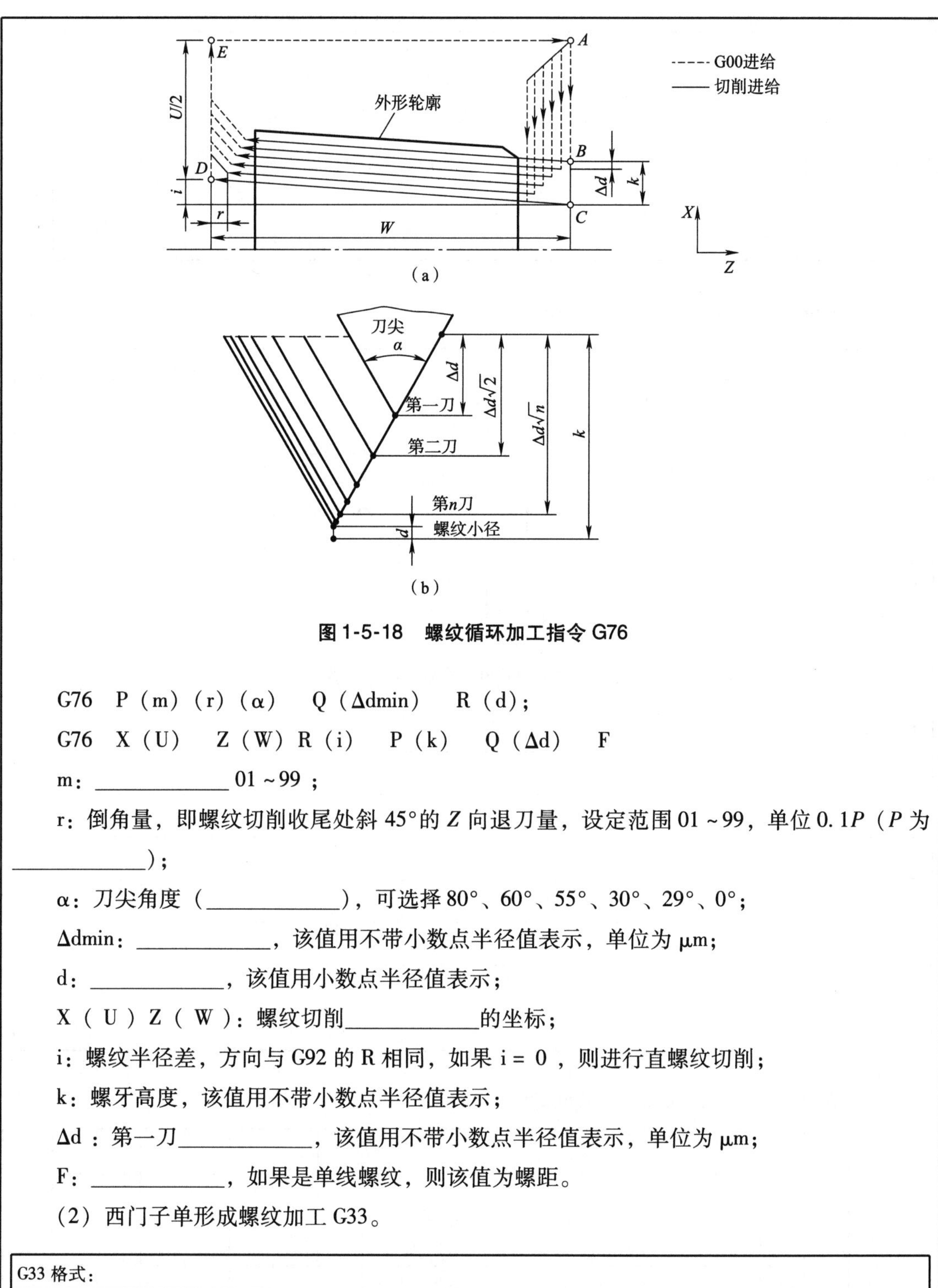

图 1-5-18　螺纹循环加工指令 G76

G76　P（m）（r）（α）　Q（Δdmin）　R（d）；

G76　X（U）　Z（W）R（i）　P（k）　Q（Δd）　F

m：____________ 01 ~ 99 ；

r：倒角量，即螺纹切削收尾处斜 45°的 Z 向退刀量，设定范围 01 ~ 99，单位 0.1P（P 为____________）；

α：刀尖角度（____________），可选择 80°、60°、55°、30°、29°、0°；

Δdmin：____________，该值用不带小数点半径值表示，单位为 μm；

d：____________，该值用小数点半径值表示；

X（U）Z（W）：螺纹切削____________的坐标；

i：螺纹半径差，方向与 G92 的 R 相同，如果 i = 0，则进行直螺纹切削；

k：螺牙高度，该值用不带小数点半径值表示；

Δd：第一刀____________，该值用不带小数点半径值表示，单位为 μm；

F：____________，如果是单线螺纹，则该值为螺距。

（2）西门子单形成螺纹加工 G33。

G33 格式：
格式中字符的含义：

（3）西门子螺纹加工训练指令 LCYC97。

①指令功能。

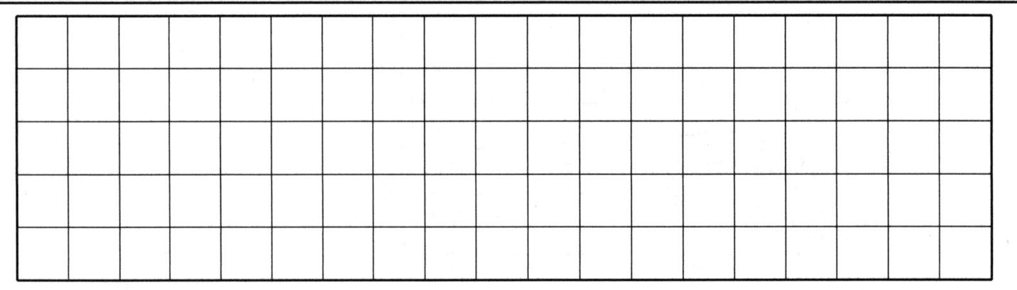

②指令格式及参数含义，参照图 1-5-19。

指令格式

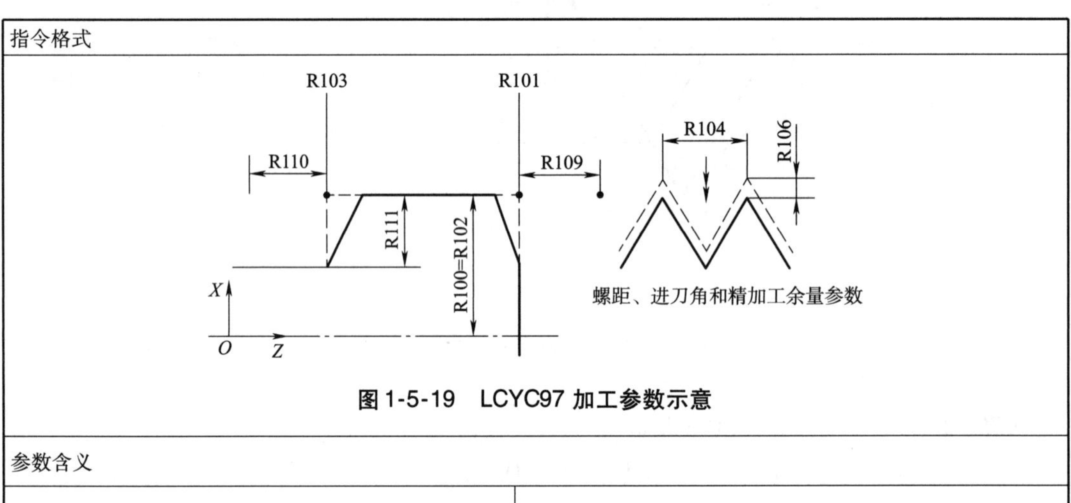

图 1-5-19　LCYC97 加工参数示意

参数含义	

（4）在学习过程中你遇到了哪些问题？

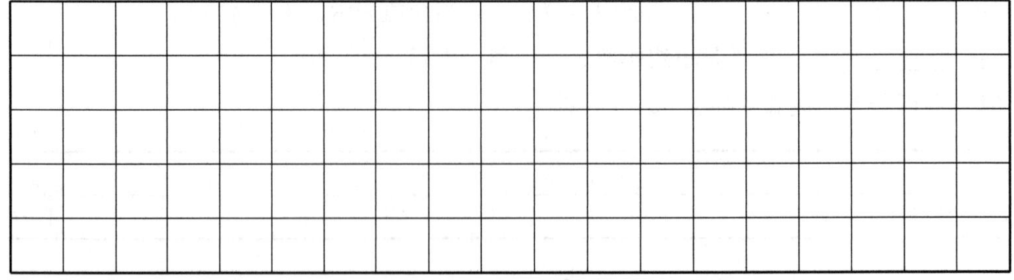

完成以上内容，请与老师沟通。

纠错

1. 学生工作演示。
2. 教师过程纠错及6S点评。

结果

1. 自我评价

□掌握G02、G03的含义及指令应用。 □还不能够掌握G02、G03的含义及指令应用。
□能够使用G92进行螺纹编程。 □还不能够使用G92进行螺纹编程。
□能够独立完成螺纹轴数控加工程序编制。□还不能够独立完成螺纹轴数控加工程序编制。

2. 教师评价

（1）工作页。
□工作页完成质量____________。 □未完成。 原因：____________________________。
（2）知识应用。
□能正确使用G02、G03进行程序编制。 □正确运用G92指令进行螺纹加工。
□理解圆弧加工过程。 □正确设置螺纹轴加工中各参数。
□理解螺纹加工过程。 □能够完成螺纹轴数控加工程序编制。
（3）素养评价。
□小组配合度好 □积极的学习态度 □查阅资料能力好 □安全意识

教师签字： **日期：**

工整抄写下面这句话：

天下兴亡，匹夫有责。

<table>
<tr><td rowspan="2">工作页</td><td>项目 5　螺纹轴数控加工——螺纹轴加工</td><td>姓名：</td><td>班级：</td></tr>
<tr><td>学习领域：数控车削编程加工技术</td><td>学号：</td><td>日期：</td></tr>
</table>

教学目标

1. 熟练数控车床基本操作。
2. 掌握螺纹刀对刀操作。
3. 掌握螺纹轴数控加工尺寸控制。

导入

螺纹加工需要多次进刀的原因是什么？

任务

完成图 1-5-1 所示螺纹轴的数控加工。

行动

1. 数控车床开机

列出需要开机检查的项目。

2. 毛坯安装

测量毛坯尺寸后，伸出部分比零件要求长出____________ mm。

3. 刀具安装

在方格中写出螺纹刀安装注意事项。

外圆车刀安装在____________刀位，切槽刀安装在____________刀位，螺纹刀安装在____________刀位。

4. 数控车床回零操作

（1）输入：____________按“循环启动”按钮后，*X* 轴回零。

（2）输入：____________按“循环启动”按钮后，*Z* 轴回零。

5. 数控车床对刀操作

外圆车刀、切槽刀、螺纹刀分别对刀。简述螺纹刀对刀过程。

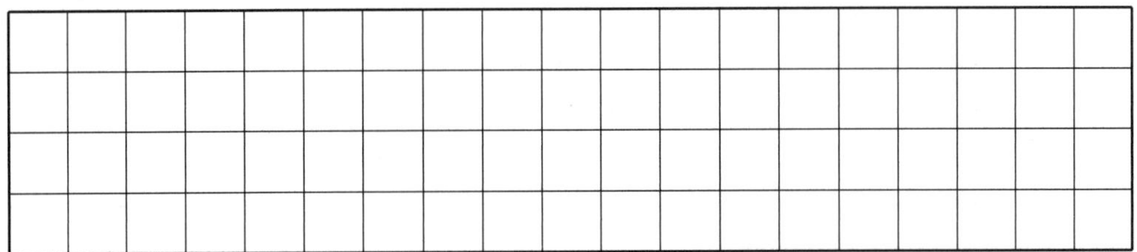

6. 螺纹轴数控加工程序输入与程序模拟

（1）在____________状态，进行程序输入。

（2）程序模拟：

①选择编辑方式____________，调出要校验的程序名。

②按下功能键 ____________，显示图 1-5-20 所示界面。

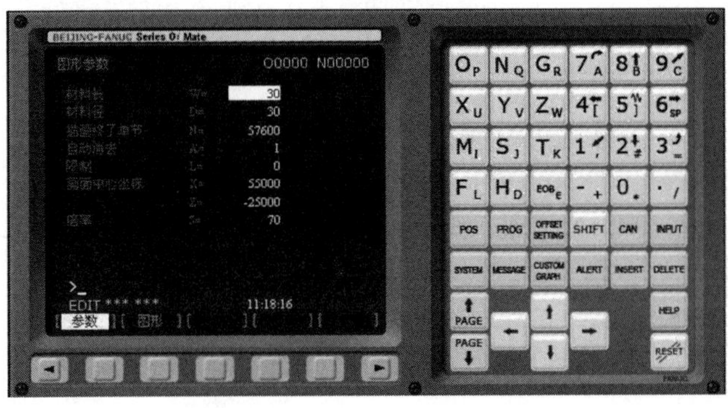

图 1-5-20　程序校验画面

③进行参数设置。

④按空运行键 ____________→按“程序测试”键。

⑤按“图形”软键→按自动方式按键→按循环启动，即可进行程序校验，同时在界面上会显示图形轨迹。

7. 零件加工

（1）外轮廓加工

①设置磨耗为____________。

②自动加工。

调整进给倍率在较低位置，打开单段，启动程序，当程序运行到正确定位时，取消单段，变为自动加工，直至结束。

③测量工件尺寸。

尺　寸	测量值	理论值	磨耗值
$\phi36_{-0.033}^{0}$			
$\phi30_{-0.033}^{0}$			
$\phi20$			
20			
30			

④修改磨耗值，再次运行程序进行精加工。

尺　寸	测量值	理论值	误　差
$\phi36_{-0.033}^{0}$			
$\phi30_{-0.033}^{0}$			
$\phi20$			
20			
30			

（2）槽加工

①测量工件尺寸。

尺　寸	测量值	理论值	磨耗值
10			
4			
$\phi30 \pm 0.05$			

②修改磨耗值，再次运行程序进行精加工。

尺　寸	测量值	理论值	误　差
10			
4			
$\phi30 \pm 0.05$			

（3）螺纹加工。

①螺纹测量方法学习。

②测量工件尺寸。

尺　寸	测量值	理论值	磨耗值
M20×2			

③修改磨耗值，再次运行程序进行精加工。

尺　　寸	测量值	理论值	误　　差
M20×2			

8. 项目考核

（1）素质考核。

项目	考核内容	评分标准	配分	得分
机床基本操作（6S）	物品摆放	按规定摆放	优	
		多数物品按规定摆放	良	
		少数物品按规定摆放	及格	
		不按规定摆放	不及格	
	机床、环境卫生	按规定清扫机床（干净）	优	
		按规定清扫机床（局部有异物）	良	
		按规定清扫机床（不干净）	及格	
		不能按规定清扫机床	不及格	
总评（自评）				

（2）零件加工质量考核

序号	项目	考核内容	评分标准	自评尺寸	互评尺寸	师评尺寸	配分	得分
1	外圆	$\phi36_{-0.033}^{0}$	超差不得分				10	
		$\phi30\pm0.05$	超差不得分				10	
		$\phi30_{-0.033}^{0}$	超差不得分				10	
		$\phi25$	超差不得分				5	
		$\phi16$	超差不得分				5	
2	长度	20±0.05	超差不得分				10	
		10	超差不得分				5	
		10	超差不得分				5	
		10	超差不得分				5	
		85	超差不得分				5	
		20	超差不得分				5	
		4	超差不得分				4	
3	螺纹	M20×2	超差不得分				10	
4	其他	3处 *Ra*1.6	不合格不得分				3	
		同轴度	超差不得分				2	
		*C*2倒角	超差不得分				2	
		技术安全	遵守技术安全				2	
5	时间	用时	规定时间内				2	
总得分								

温馨提示

（1）回参考点要求先回 X 轴，再回 Z 轴。

（2）程序输入注意切换为编辑状态。

（3）试切对刀操作时，切进退出方向一致，先记录数据，再移动刀具。

（4）自动加工时，注意调整倍率。

（5）规范操作，注意安全。

9. 问题分析

（1）你加工的螺纹尺寸合格吗？如果合格，分享一下你的做法；如果不合格，分析一下原因。

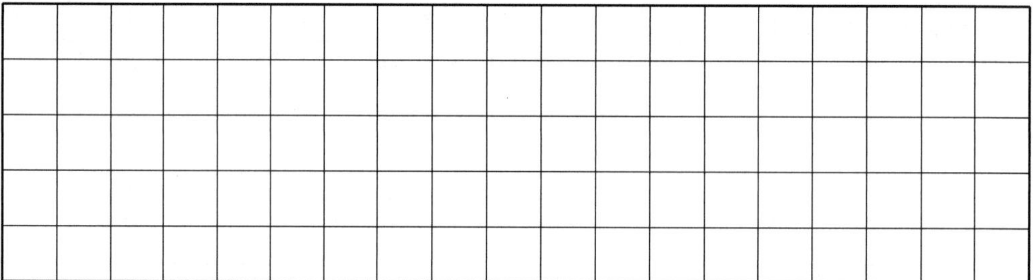

（2）在工作过程中你遇到了哪些问题？

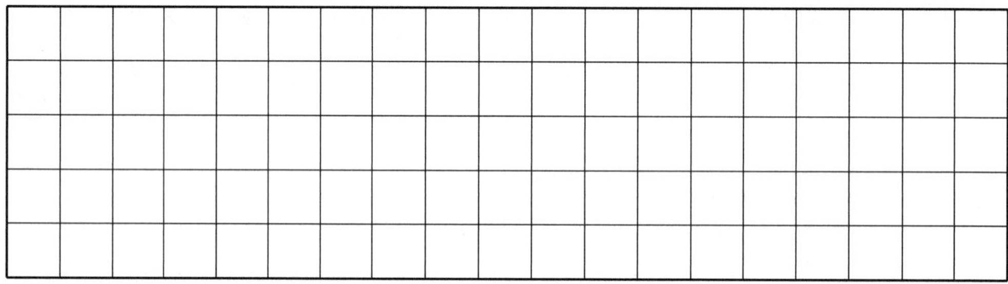

完成以上内容，请与老师沟通。

纠错

1. 学生工作演示。
2. 教师过程纠错及 6S 点评。

结果

1. 自我评价

□能够正确进行机床开关机。　　□还不能够正确进行机床开关机。

□能够独立完成螺纹刀对刀。　　□还不能独立完成螺纹刀对刀

□能够独立完成螺纹轴数控程序校验。 □还不能够独立完成螺纹轴数控程序校验。

□独立完成螺纹轴零件加工。 □还不能够独立完成螺纹轴零件加工。

2. 教师评价

(1) 工作页。

□工作页完成质量____________。□未完成。原因：________________________________。

(2) 实操技能。

□对刀操作步骤正确。 □加工过程中读数准确。

□自动加工过程控制正确。

(3) 6S 评价。

□工具摆放整齐 □工位清理干净 □机床回归参考点位置 □安全生产

教师签字： **日期：**

工整抄写下面这句话：

知之者不如好之者，好之者不如乐之者。

<table>
<tr><td rowspan="2">工作页</td><td>项目6　内孔件数控加工——加工工艺制订</td><td>姓名：</td><td>班级：</td></tr>
<tr><td>学习领域：数控车削编程加工技术</td><td>学号：</td><td>日期：</td></tr>
</table>

教学目标

1. 掌握内孔数控加工的刀具选择。
2. 掌握内孔数控加工的工艺编制。

导入

请根据图 1-6-1 制订内孔加工工艺。

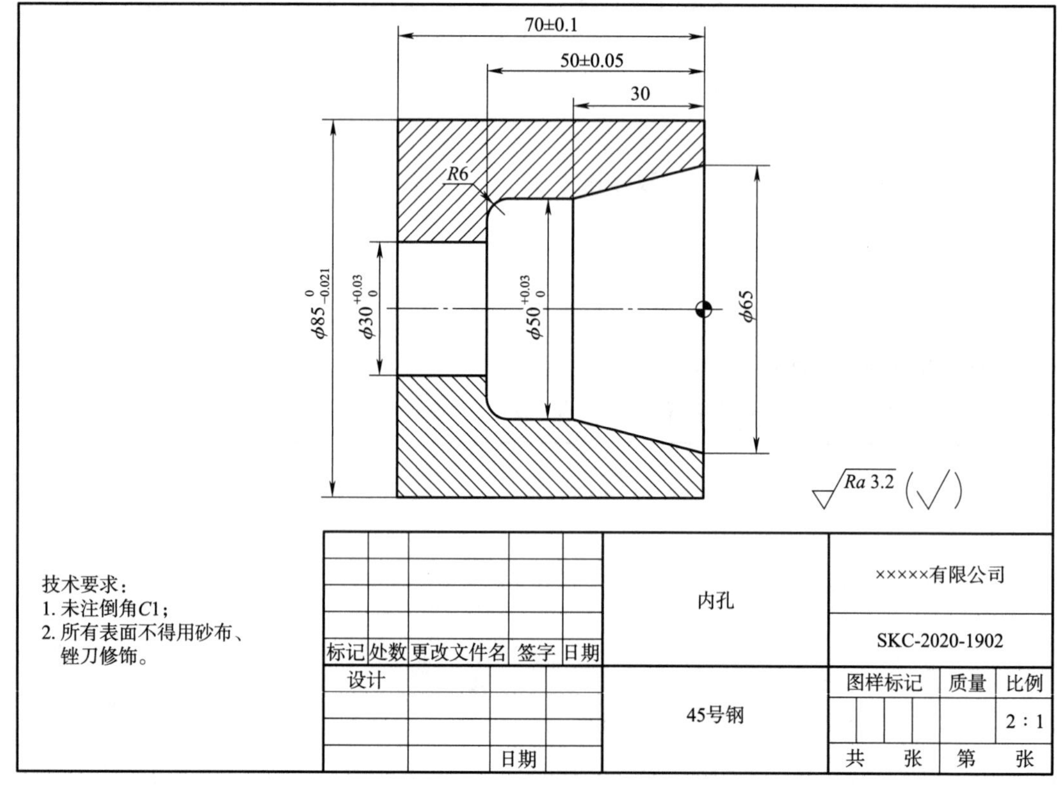

图 1-6-1　内孔零件图

任务

完成图 1-6-1 所示内孔零件的数控加工工艺制订。

行动

1. 分析图纸

该内孔零件表面由___________、___________、___________表面组成。零件总长为___________。该零件有斜面和圆弧，因此在加工时为保证零件尺寸精度需使用刀具半径补偿功能，加工该内孔时，刀具半径补偿指令应为___________；该内孔使用固定循环指令加工时余量为___________值。在加工内孔时，由于刀杆刚性___________，冷却液___________，因此背吃刀量要___________。

2. 加工工艺准备

（1）图示零件为内孔加工，加工时需先用小于 $\phi25$ 的钻头钻孔，镗孔刀加工各内孔表面。

（2）夹具选择：加工该零件，选择___________装夹。

（3）刀具选择：选择小于 $\phi25$ 的钻头 1 把；小于钻头直径的内孔镗刀。

（4）编程原点的确定：根据零件图尺寸标注基准即设计基准，考虑对刀方便，将该零件工件坐标原点设在右端面与主轴中心线的交点处。

（5）点坐标计算。

点坐标 1	点坐标 2	点坐标 3	点坐标 4	点坐标 5	点坐标 6

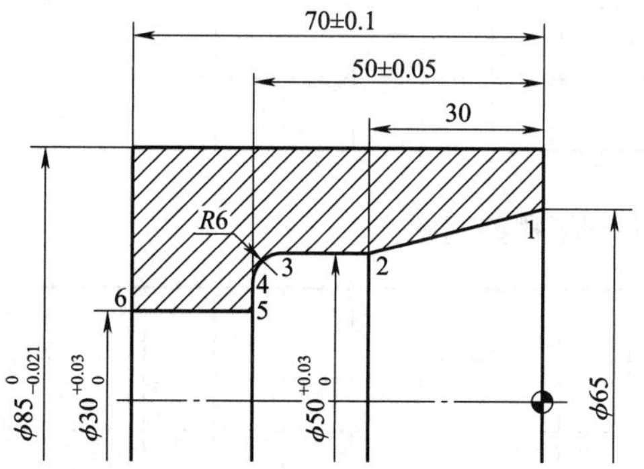

（6）制定切削参数，填写工艺卡片。

工序号	工序内容	刀具名称	主轴转速	进给速度	背吃刀量	余量	备注
1	车端面						
2	钻孔						
3	粗车内孔						
4	精车内孔						

3. 确定加工步骤

（1）三爪卡盘夹持 ϕ85 外圆，利用百分表找正后夹紧。

（2）用外圆偏刀将右侧端面车平后换钻头钻孔。

（3）采用复合循环指令粗、半精车内孔。

（4）测量。

（5）精车内孔。

（6）测量无误后卸件。

4. 知识拓展

（1）内孔车刀在安装时有哪些注意事项？

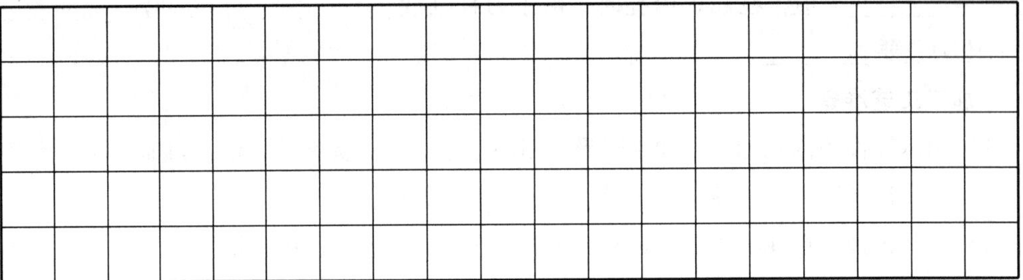

（2）内孔零件在加工中需要注意什么？

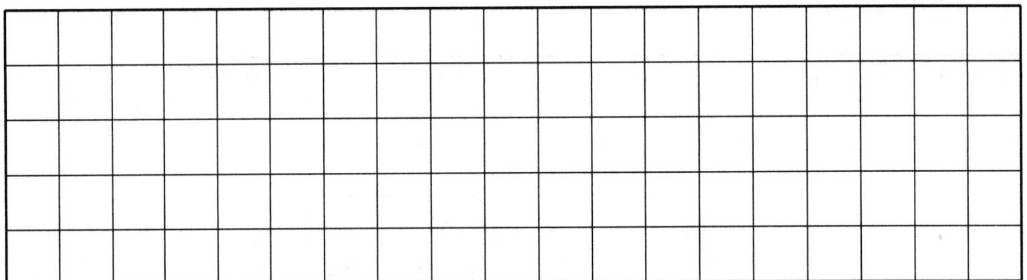

（3）在学习过程中你遇到了哪些问题？

完成以上内容，请与老师沟通。

纠错

1. 学生工作演示。

2. 教师过程纠错及 6S 点评。

结果

1. 自我评价

□能够读懂零件图中尺寸要求。 □还不能够完全读懂零件图中尺寸要求。

□掌握数控内孔车刀的安装方法（依据）。□还没有完全掌握数控内孔车刀的安装方法。

□能够独立完成内孔数控加工参数计算。 □还不能够独立完成内孔数控加工参数计算。

□能够独立完成内孔数控加工工艺制订。 □还不能够独立完成内孔数控加工工艺制订。

□工作页已完成并提交。 □工作页未完成。 原因：____________________。

2. 教师评价

（1）工作页。

□工作页完成质量____________。 □未完成。 原因：____________________________。

（2）知识应用。

□会查找尺寸公差表、会计算尺寸中差。

□掌握数控车加工内孔刀具选择。

□掌握加工参数计算。

□能够完成内孔数控加工工艺制订。

□未完成。 原因____。

（3）素养评价。

□小组配合度好 □积极的学习态度 □查阅资料能力好 □安全意识

教师签字： **日期：**

工整抄写下面这句话。

宝剑锋从磨砺出，梅花香自苦寒来。

工作页	项目6　内孔件数控加工——加工程序编制	姓名：	班级：
	学习领域：数控车削编程加工技术	学号：	日期：

教学目标

1. 掌握数控车削加工复合循环指令应用。
2. 掌握内孔数控程序编制。

导入

复合循环指令 G71 应用于什么场合？

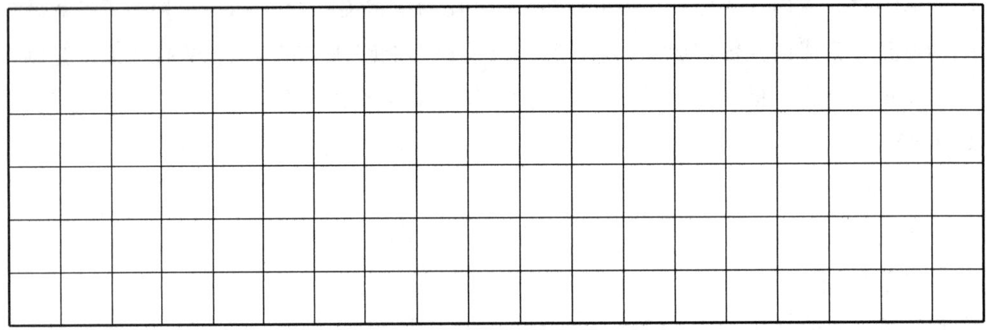

任务

完成图 1-6-1 所示内孔零件的数控加工程序编制。

行动

1. 指令学习

（1）外圆粗车复合循环指令（G71）。

①功能：如图 1-6-2 所示，该指令只需指定粗加工吃刀量、精加工余量和精加工路线，系统便可自动给出粗加工路线和加工次数，完成各外圆表面的粗加工。图中 *A* 为刀具循环起点，执行粗车循环时，刀具从 *A* 点移动到 *C* 点，粗车循环结束后，刀具返回 *A* 点。

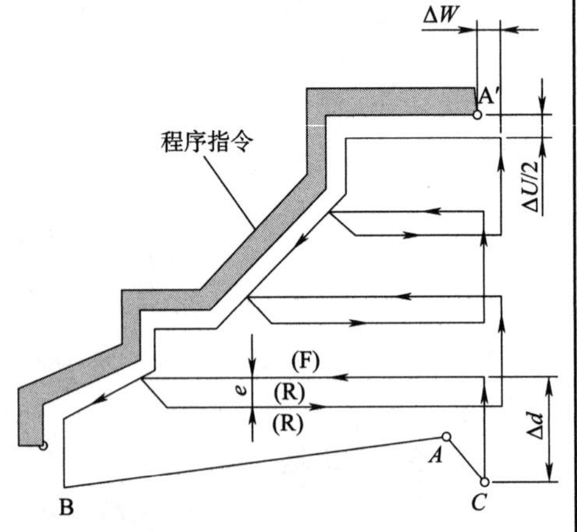

图 1-6-2　外圆粗循环刀具路径

②补全指令格式：

G71 U ____ R ____ F ____；

G71 P ____ Q ____ U ____ W ____ S ____ T（t）；

式中　G71——外圆粗车循环指令；

Δd——背吃刀量（每次切削量），半径值，指定时不加符号，一般 45 号钢件取 1 ~ 3 mm，铝件取 1.5 ~ 3 mm；

e——每次退刀量，半径值，一般取 0.5 ~1 mm；

ns——精加工路径第一程序段的顺序号；

nf——精加工路径最后程序段的顺序号；

Δu ——*X* 方向精加工余量，直径值，一般取 0.5 mm，加工内轮廓时，为负值；

Δw——*Z* 方向精加工余量，一般取 0.05 ~0.1 mm。

（2）精车循环指令（G70）。

①功能：精加工切除 G71 指令粗车留下的加工余量。

②指令格式：

G70 P（ns）Q（nf）；

式中　ns——精加工路径____________的顺序号；

nf——精加工路径____________的顺序号。

（3）图 1-6-3 所示为前置刀架刀具半径补偿形式，试问：图（a）是____________；图（b）是____________；图（c）是____________；图（d）是____________。

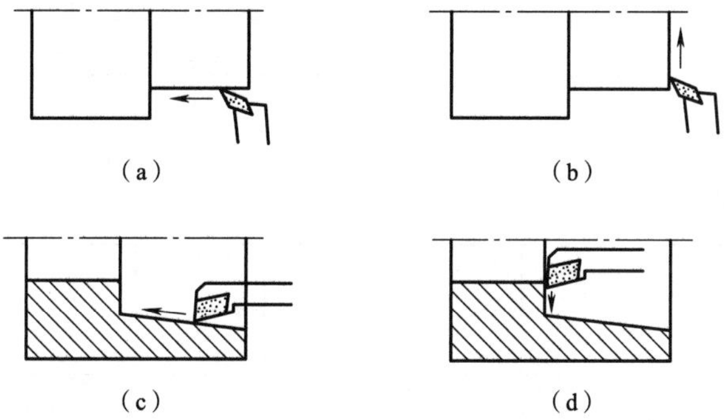

（a）　（b）

（c）　（d）

图 1-6-3　前置刀架刀具半径补偿形式

（4）加工圆弧顺、逆方向判断。

在数控车床上加工圆弧，使用圆弧插补指令 G02/G03 时，对圆弧顺、逆方向的判断按右手坐标系确定：沿圆弧所在平面（*XOZ* 平面）的垂直坐标轴（*Y* 轴）由正方向向负方向看去，顺时针方向为____________，逆时针方向为____________。

2. 程序编制准备

操作命令	指令语言
选择 1 号刀具 1 号刀补	
主轴转速 800 r/min	
每分钟进给量 50 mm	
每转进给量 0.1 mm	
逆时针圆弧	
刀具半径左补偿	

3. 内孔程序编制

4. 知识拓展

（1）孔加工的特点有哪些？

（2）使用复合循环指令 G71 需要注意哪些问题？

（3）在学习过程中你遇到了哪些问题？

完成以上内容，请与老师沟通。

纠错

1. 学生工作演示。
2. 教师过程纠错及6S点评。

结果

1. 自我评价

□能够合理设置内孔数控加工的坐标系。　□还不能够合理设置内孔数控加工的坐标系。
□能够正确使用G71/G70进行程序编制。　□还不能够正确使用G71/G70进行程序编制。
□能够独立完成内孔数控加工程序编制。　□还不能够独立完成内孔数控加工程序编制。
□工作页已完成并提交。　□工作页未完成。　原因：________________。

2. 教师评价

（1）工作页。
□工作页完成质量____________。　□未完成。　原因：____________________________。
（2）知识应用。
□能正确写出点的坐标。　□正确运用G71/G70指令。
□能够完成内孔数控加工程序编制。
（3）素养评价。
□小组配合度好　□积极的学习态度　□查阅资料能力好　□安全意识

教师签字：　　**日期：**

工整抄写下面这句话：

不求快，不求多，不间断。

工作页	项目6　内孔件数控加工——内孔件加工	姓名：	班级：
	学习领域：数控车削编程加工技术	学号：	日期：

教学目标

1. 掌握内孔对刀步骤。
2. 掌握内孔加工尺寸控制。

导入

数控车床加工孔的方法有哪些？

任务

完成图 1-6-1 所示内孔零件的数控加工。

行动

1. 工、量具表填写

根据工艺安排，完成表 1-6-1 所示工、量具表的填写。

表 1-6-1　工、量具表

序号	工、量具名称	规　格	数　量	需 领 用

2. 毛坯安装

（1）用游标卡尺测量毛坯，要求毛坯尺寸__________零件成品尺寸。

（2）根据零件图要求装夹工件。

3. 刀具安装

本次加工需要外圆偏刀、内孔镗刀，安装刀具时应注意哪些事项？

4. 数控车床回零操作

（1）输入：__________按“循环启动”后，Z 轴回零。

（2）输入：__________按“循环启动”后，X 轴回零。

5. 数控车床内孔试切法对刀操作

（1）内孔车刀 Z 轴对刀方法：

①内孔镗刀刀具接近工件端面，如图 1-6-4（a）所示。

②主轴__________转，利用手摇轮沿 $-Z$ 方向切至工件端面，切削下屑，如图 1-6-4（b）所示。

③沿__________轴方向退出，如图 1-6-4（c）所示。主轴__________转，然后单击__________，找到补正，找到__________，选择 G001 番号对应的 Z 轴，输入__________后单击测量，完成 Z 轴对刀。

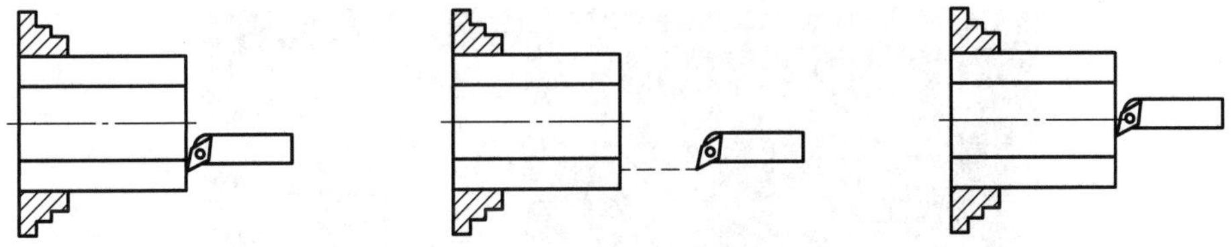

（a）车刀接近工件端面　（b）刀具切削工件端面下屑即可　（c）沿 X 方向退刀

图 1-6-4　内孔车刀 Z 轴对刀

（2）内孔车刀 X 轴对刀方法：

①主轴__________转，利用手摇轮沿 $-Z$ 移动刀具，使刀具进入孔口约 5 mm 处，手摇轮沿 $+X$ 切至工件内孔表面，切削下屑后沿 $+Z$ 轴退出孔口右端面 3 ~ 5 mm，如图 1-6-5（a）所示。

②沿__________轴方向吃刀 1 ~ 2 mm，如图 1-6-5（b）所示。

③利用手摇轮匀速移动 $-Z$ 轴切工件内孔表面，足够测量即可，如图 1-6-5（c）所示。

④沿 $+Z$ 轴退出孔口右端面合适的位置，如图 1-6-5（d）所示。主轴停转，使用游标卡尺测量被切削部分，量取数值后，单击__________，找到补正，找到__________，选择 G001 番号对应的 X 轴，输入测量的数据后单击__________，完成 X 轴对刀。

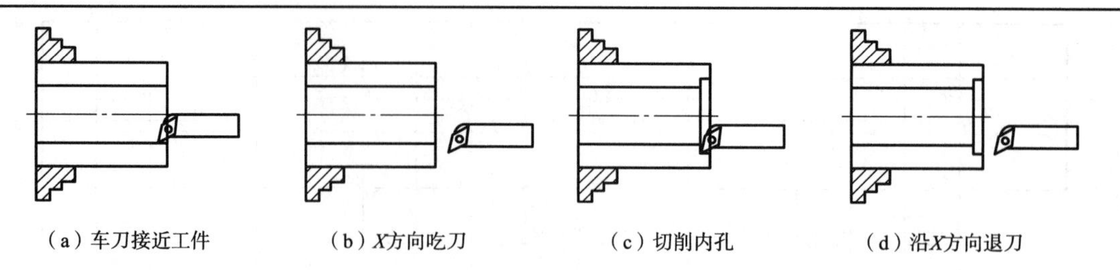

图 1-6-5　内孔车刀 X 轴对刀

6. 内孔零件数控加工程序输入与程序模拟

参照图 1-6-6，完成下列问题填写。

（1）在____________状态，进行程序输入。

（2）程序模拟：

①选择编辑方式____________，调出要校验的程序名。

②按下功能键____________，显示图示画面。

③进行参数设置。

④按“空运行”键 ____________→按“程序测试”键。

⑤按“图形”软键→按“自动方式”键→按“循环启动”键，即可进行程序校验，同时在画面上会显示图形轨迹。

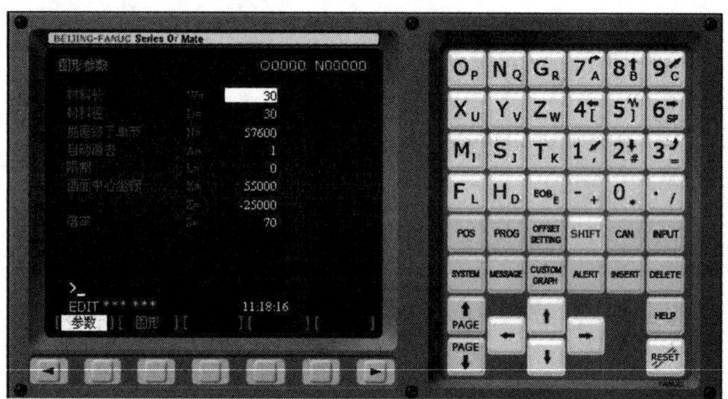

图 1-6-6　程序校验画面

7. 零件加工

（1）操作前准备。你在开始操作前做好安全准备了吗？请对照表 1-6-2 进行安全自检，并将结果记录在表中。

表 1-6-2　安全自检表

自检问题	记　录
工作服穿好了吗？	是□　否□
手套及饰品都摘掉了吗？	是□　否□

续表

自检问题	记　录
护目镜戴好了吗?	是□　否□
知道急停按钮是哪个吗?	是□　否□
知道怎样切断数控车床的电源吗?	是□　否□

（2）设置磨耗值，在内孔镗刀对应的磨损补偿 X 处输入 -0.5 mm。

（3）自动加工过程：选择要加工的零件程序，单段打开，调整进给倍率100%、调整主轴转速100%、快速倍率25%，打开切削液，按“循环启动”键进行加工。

（4）测量工件尺寸。

内孔的测量方法有内径千分尺测量、内径百分表测量、塞规测量。

①内径千分尺测量。当孔径较小时，可以使用内径千分尺测量孔径，如图1-6-7所示。

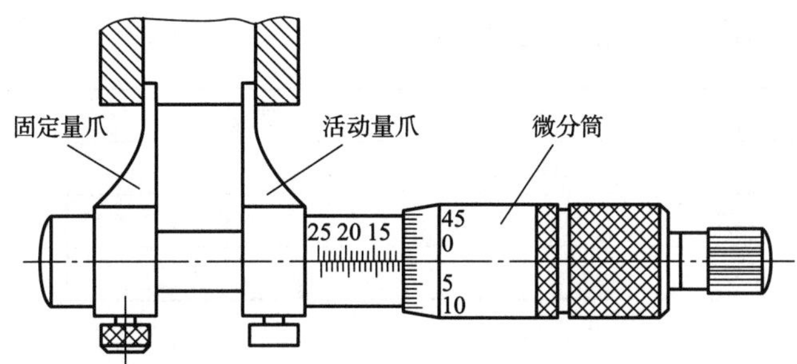

图1-6-7　内径千分尺测量孔径

②内径百分表测量。采用内径百分表测量零件时，应根据零件内孔直径，用外径千分尺将内径百分表校“零”后，进行测量，测量方法如图1-6-8所示，取测得的最小值为孔的实际尺寸。

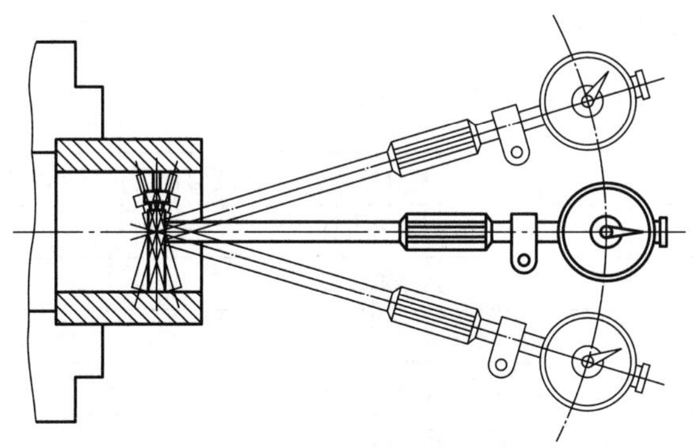

图1-6-8　内径百分表测量孔径

③塞规测量。塞规由通端、止端和柄部组成，如图1-6-9所示。测量时，当通端可塞进孔内，而止端进不去时，孔径为合格。

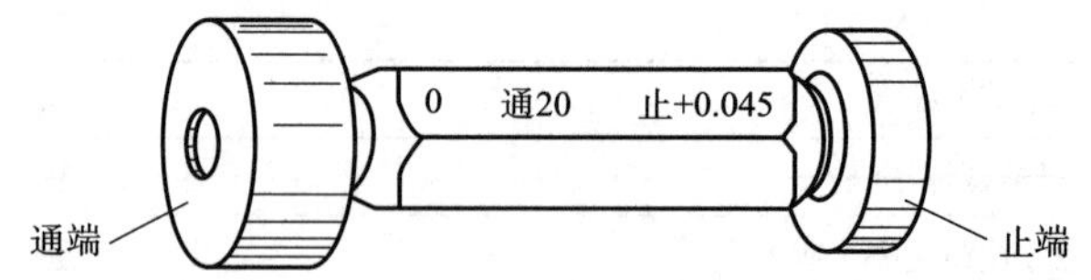

图 1-6-9　塞规测量孔径

选用合适的测量工具测量工件尺寸并填写下表。

尺　寸	理 论 值	测 量 值	磨 耗 值
$\phi 50^{+0.03}_{0}$			
$\phi 30^{+0.03}_{0}$			
$\phi 85^{0}_{-0.021}$			

（5）修改磨耗值，再次运行程序进行精加工。

尺　寸	理 论 值	测 量 值	误　差
$\phi 50^{+0.03}_{0}$			
$\phi 30^{+0.03}_{0}$			
$\phi 85^{0}_{-0.021}$			

温馨提示

（1）回参考点要求先回 X 轴，再回 Z 轴。

（2）加工内孔时注意先退 X 轴，再退 Z 轴。

（3）内孔加工时由于刀杆刚性差，冷却困难，因此背吃刀量不要太大。

（4）使用钻头钻孔时要经常退钻头排屑。

（5）规范操作，注意安全。

（6）加工完成后，填写内孔数控加工考核表。

序号	项目	考核内容	评分标准	自评尺寸	互评尺寸	师评尺寸	配分	得分
1	外圆	$\phi 85^{0}_{-0.021}$	超差不得分				10	
	内孔	$\phi 30^{+0.03}_{0}$	超差不得分				10	
		$\phi 50^{+0.03}_{0}$	超差不得分				10	
		$\phi 65$	超差不得分				5	
		$R6$	超差不得分				5	
2	长度	70 ±0.1	超差不得分				10	
		50 ±0.05	超差不得分				10	
		30	超差不得分				5	
3	表面粗糙度	$Ra3.2$	不合格不得分				5	

4	安全	技术安全	遵守技术安全				20	
5	时间	用时	规定时间内				10	
总得分								

（7）整理机床

项目	考核内容	评分标准	配分	得分
机床基本操作（6S）	物品摆放	按规定摆放	优	
		多数物品按规定摆放	良	
		少数物品按规定摆放	及格	
		不按规定摆放	不及格	
	机床、环境卫生	按规定清扫机床（干净）	优	
		按规定清扫机床（局部有异物）	良	
		按规定清扫机床（不干净）	及格	
		不能按规定清扫机床	不及格	
总评（自评）				

8. 问题分析

（1）你加工的内孔零件尺寸合格吗？如果合格，分享一下你的做法；如果不合格，分析一下原因。

（2）在工作过程中你遇到了哪些问题？

完成以上内容，请与老师沟通。

纠错

1. 学生工作演示。
2. 教师过程纠错及 6S 点评。

结果

1. 自我评价

□能够正确进行机床开关机。　　□还不能够正确进行机床开关机。
□独立完成回零操作。　　□还不能独立完成回零操作。
□能够独立完成内孔数控程序校验。　　□还不能够独立完成内孔数控程序校验。
□独立完成零件加工。　　□还不能独立完成零件加工。

2. 教师评价

（1）工作页。

□工作页完成质量____________。　□未完成。　原因：____________________________。

（2）实操技能。

□对刀操作步骤正确。　　□加工过程中读数准确。
□自动加工过程控制正确。

（3）6S 评价。

□工具摆放整齐　□工位清理干净　□机床回归参考点位置　□安全生产

教师签字：　　　　**日期：**

工整抄写下面这句话：

想是问题，做是答案；
输在犹豫，赢在行动。

工作页	项目 7　内螺纹件数控加工——加工工艺制订	姓名：	班级：
	学习领域：数控车削编程加工技术	学号：	日期：

教学目标

1. 掌握内孔、内螺纹数控加工的工艺编制。
2. 掌握内螺纹的尺寸计算。

导入

根据图 1-7-1 制订加工工艺。

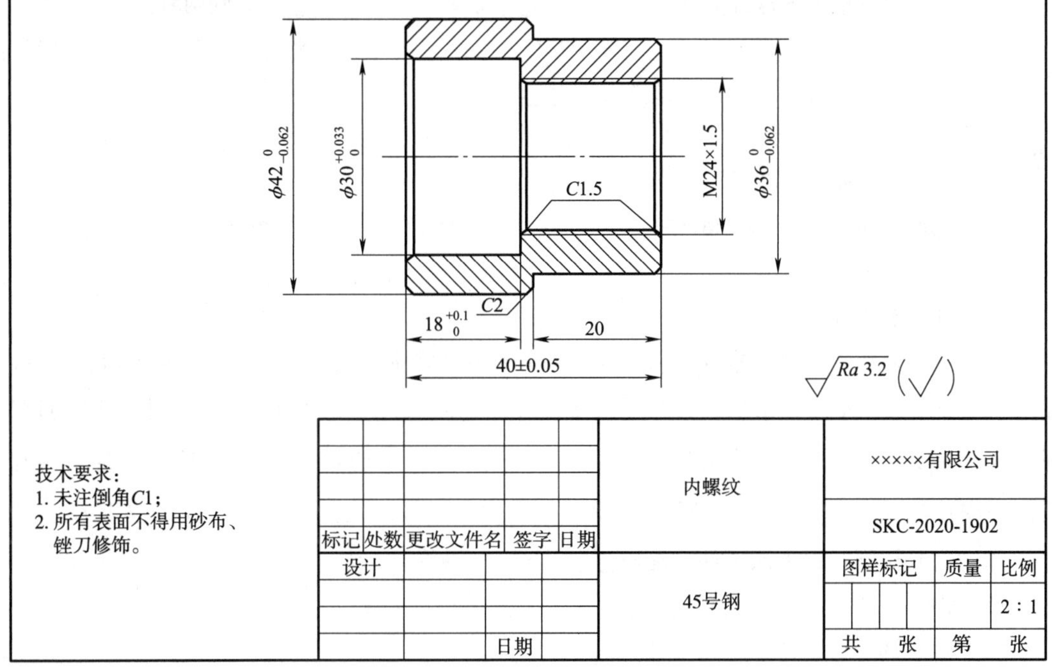

图 1-7-1　内螺纹件零件图

任务

完成图 1-7-1 所示内孔零件的数控加工工艺制订。

行动

1. 分析图纸

该零件任务表面由____________、____________、____________表面组成。零件总长为____________。

数控车床上加工套类工件以外圆定位时，常用____________、____________、____________装夹。

套类零件位置精度的保证方法有____________原则、____________原则两种。

内孔车刀主偏角应____________或等于 90°，为保证把孔底车平且不发生干涉，刀杆尺寸选择____________，切削用量也应该选择____________。

图中 M24 × 1.5 代表____________。该螺纹大径是____________，螺纹小径是____________，螺纹总深度是____________。

三角螺纹的牙型角度是____________。加工螺纹的指令有____________、____________、____________。

2. 加工工艺准备

（1）工艺路线的制订：本任务采用粗、精分开原则安排工艺，零件按要求装夹后，①利用偏刀将一侧端面车平后，②粗、精车零件 $\phi36^{0}_{-0.062}$、$\phi42^{0}_{-0.062}$ 外圆及倒角；③选择 $\phi18$ 的钻头钻孔深度大于 45 mm；④装夹 $\phi36^{0}_{-0.062}$ 圆柱面车端面，保证全长 40 ± 0.05 后准备加工内孔；⑤选择内孔车刀粗、精加工螺纹底孔、$\phi30^{+0.033}_{0}$ 及内孔倒角；⑥选择螺纹车刀加工内螺纹。

（2）夹具选择：加工该零件，选择____________装夹。

（3）刀具选择：选择____________、____________、____________、____________。

（4）量具选择：选择____。

（5）编程原点的确定：根据零件图尺寸标注基准即设计基准，考虑对刀方便，将该零件工件坐标原点设在右端面与主轴中心线的交线处。

（6）点坐标计算。

外圆点坐标计算（见图 1-7-2）。

点坐标 1	点坐标 2	点坐标 3	点坐标 4	点坐标 5	点坐标 6

内孔点坐标计算（见图 1-7-3）。

点坐标 7	点坐标 8	点坐标 9	点坐标 10	点坐标 11	点坐标 12

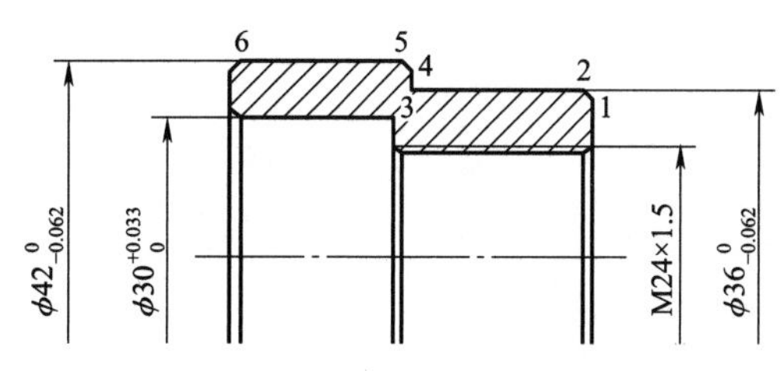

图 1-7-2 外圆坐标点

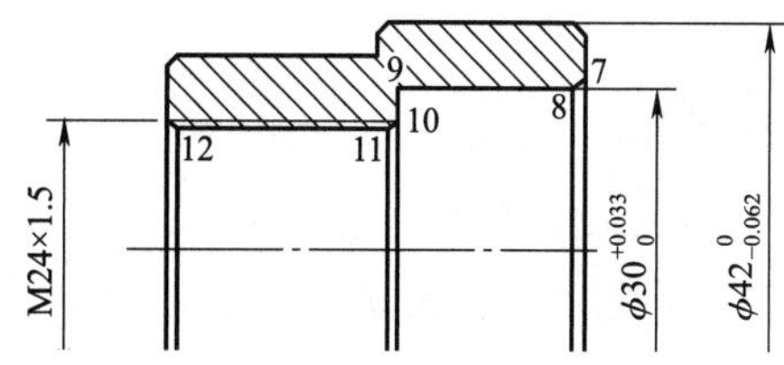

图 1-7-3 内孔坐标点

（7）制定切削参数，填写工艺卡片

工序号	工序内容	刀具名称及刀号	主轴转速 S /（r/min）	进给速度 F /（mm/r）	背吃刀量 α_p /mm	余量	备注
1	车端面						
2	粗车外圆						
3	精车外圆						
4	钻孔						
5	车端面、保证全长						
6	粗车内孔						
7	精车内孔						
8	螺纹加工						

3. 知识拓展

（1）安装内螺纹车刀时的注意事项有哪些？

（2）什么是工序？

（3）在学习过程中你遇到了哪些问题？

完成以上内容，请与老师沟通。

纠错

1. 学生工作演示。
2. 教师过程纠错及6S点评。

结果

1. 自我评价

□能够读懂零件图中尺寸要求。 □还不能够完全读懂零件图中尺寸要求。

□掌握数控内螺纹车刀的安装方法（依据）。 □还没有完全掌握数控内螺纹车刀的安装方法。

□能够独立完成零件数控加工参数计算。 □还不能够独立完成零件数控加工参数计算。

□能够独立完成零件数控加工工艺制订。 □还不能够独立完成零件数控加工工艺制订。

□工作页已完成并提交。 □工作页未完成。 原因：________________。

2. 教师评价

（1）工作页。

□工作页完成质量____________。 □未完成。 原因：____________________________。

（2）知识应用。

□会查找尺寸公差表、会计算尺寸中差。

□掌握数控车床加工内螺纹刀具选择。

□掌握加工参数计算。

□未完成。 未完成原因：____。

（3）素养评价。

□小组配合度好 □积极的学习态度 □查阅资料能力好 □安全意识

教师签字： **日期：**

工整抄写下面这句话：

光景不待人，须臾发成丝。

工作页	项目 7　内螺纹件数控加工——加工程序编制	姓名：	班级：
	学习领域：数控车削编程加工技术	学号：	日期：

教学目标

1. 掌握数控车削螺纹加工指令应用。
2. 掌握零件数控程序编制。

导入

螺纹切削指令有哪些？

任务

完成图 1-7-1 所示内螺纹零件的数控加工程序编制。

行动

1. 指令学习

（1）螺纹车削加工指令 G32。

G32 指令可车削____________、____________、____________三种螺纹。G32 指令进刀方式是____________。

用 G32 指令编写螺纹加工程序时，车刀的____________、____________、____________均要写入程序中。

G32 X（U）____________ Z（W）____________ F ____________ 中 X、Z 代表____________，F 为____________。

（2）螺纹车削循环指令 G92。

G92 指令的格式是____________。

（3）复合螺纹切削循环指令 G76。

G76 指令用于____________。G76 指令的进刀方式是____________。

写出 G76 P（m）（r）（a）Q（Δd_{min}）R（d）;

G76 X（U）________ Z（W）________ R（i）P（k）Q（Δd）F（f）中m代表________，r代表________，a代表________，Δd_{min}代表________，d代表________，i代表________，k代表________，Δd代表________，F代表________。

（4）螺纹加工要按照逐层________的方式加工。

2. 程序编制准备

操作命令	指令语言
选择1号刀具1号刀补	
主轴转速800 r/min	
每分钟进给量50 mm	
每转进给量0.2 mm	
螺纹指令	

3. 零件程序编制

（空间不足时，请附页）

4. 知识拓展

（1）影响加工精度的主要因素有哪些？

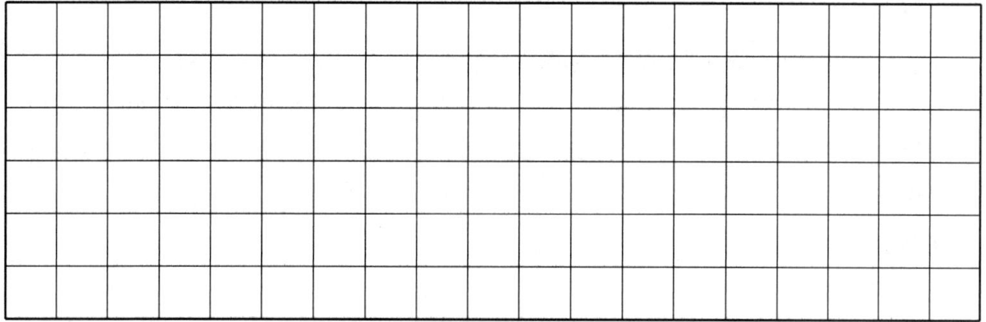

（2）粗、精加工的目的是什么？

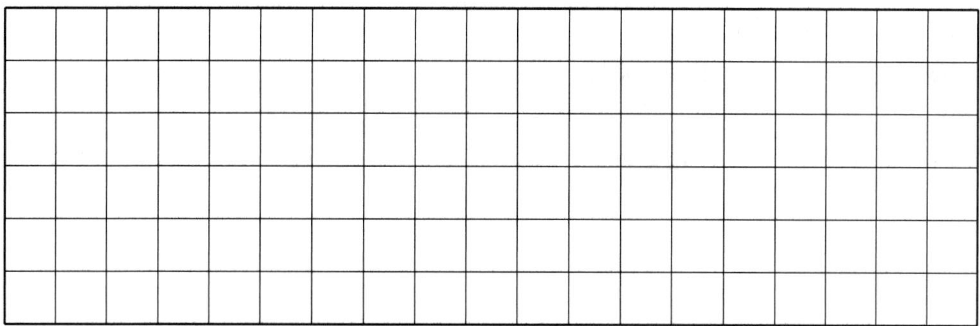

（3）在学习过程中你遇到了哪些问题？

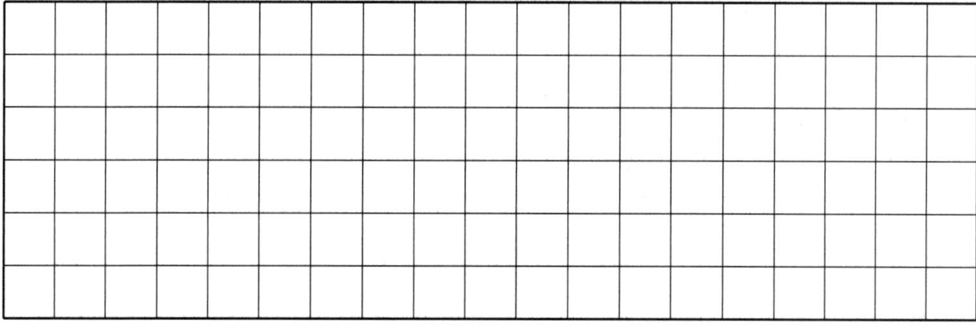

完成以上内容，请与老师沟通。

1. 学生工作演示。
2. 教师过程纠错及6S点评。

结果

1. 自我评价

□能够合理设置零件数控加工的坐标系。　□还不能够合理设置零件数控加工的坐标系。

□能够正确使用 G92 进行程序编制。　□还不能够正确使用 G92 进行程序编制。

□能够独立完成零件数控加工程序编制。　□还不能够独立完成零件数控加工程序编制。

□工作页已完成并提交。　□工作页未完成。　原因：________________。

2. 教师评价

（1）工作页。

□工作页完成质量____________。　□未完成。　原因：____________________________。

（2）知识应用。

□能正确写出点的坐标。　□正确运用螺纹指令。

□能够完成零件数控加工程序编制。

（3）素养评价。

□小组配合度好　□积极的学习态度　□查阅资料能力好　□安全意识

教师签字：　　　　　　**日期：**

工整抄写下面这句话：

自弃者扶不起，自强者击不倒。

工作页	项目 7　内螺纹件数控加工——内螺纹加工	姓名：	班级：
	学习领域：数控车削编程加工技术	学号：	日期：

教学目标

1. 掌握内螺纹对刀步骤。
2. 掌握加工尺寸控制方法。

导入

简述机械加工工艺过程的概念。

任务

完成图 1-7-1 内螺纹零件数控加工。

行动

1. 工、量具领取

领取需使用的工、量具，并填写表 1-7-1。

表 1-7-1　工、量具表单

序号	工、量具名称	规　　格	数　　量	需 领 用

2. 毛坯安装

（1）用游标卡尺测量毛坯，要求毛坯尺寸____________零件成品尺寸。

（2）根据零件图要求装夹工件。

3. 刀具安装

本次加工需要外圆偏刀、内孔镗刀、内螺纹车刀，简述内螺纹车刀的安装过程。

4. 数控车床回零操作

（1）输入：____________按循环启动后，*Z* 轴回零。

（2）输入：____________按循环启动后，*X* 轴回零。

5. 数控车床内孔试切法对刀操作

（1）内孔车刀 *Z* 轴对刀方法

①内螺纹刀具向孔内移动，如图 1-7-4（a）所示。

②主轴____________转，利用手摇轮沿 +*X* 方向移动刀具，使刀尖角角平分线与工件端面对齐，如图 1-7-4（b）所示。

③沿____________轴方向退出，如图 1-7-4（c）所示。主轴____________转，然后单击____________，找到补正，找到____________，选择内螺纹刀具对应的 *Z* 轴，输入____________后单击测量，完成 *Z* 轴对刀。

（a）车刀接近工件端面　(b) 刀尖角角平分线与工件端面对齐　(c)沿*Z*方向退刀

图 1-7-4　内螺纹车刀 *Z* 轴对刀

（2）内螺纹车刀 *X* 轴对刀方法：

①主轴____________转，利用手摇轮沿 −*Z* 方向移动刀具，使刀具进入孔口约 5 mm 处，如图 1-7-5（a）所示。

②手摇轮沿 +*X* 切至工件内孔表面，如图 1-7-5（b）所示。

③切削下屑后沿 +*Z* 退出孔口右端面至合适的位置，如图 1-7-5（c）所示。主轴停转，测量被切削部分，量取数值后，单击____________，找到补正，找到____________，选择对应番号的 *X* 轴，输入测量的数据后单击____________，完成 *X* 轴对刀。

（a）车刀移动至孔内3~5 mm　（b）*X*方向吃刀　（c）沿*Z*方向退刀

图 1-7-5　内螺纹车刀 *X* 轴对刀

6. 内螺纹件数控加工程序输入与程序模拟

（1）在____________状态，进行程序输入。

（2）程序模拟：

①选择编辑方式____________，调出要校验的程序名。

②按下功能键____________，显示图示画面。

③进行参数设置。

④按空运行键 ____________→按程序测试键。

⑤按“图形”软键→按自动方式按键 →按循环启动，即可进行程序校验，同时在画面上显示图形轨迹。

7. 零件加工

（1）操作前准备。你在开始操作前做好安全准备了吗？对照表 1-7-2 进行安全自检，并将结果记录在表中。

表 1-7-2　安全自检表

自检问题	记　录
工作服穿好了吗？	是□　否□
手套及饰品都摘掉了吗？	是□　否□
护目镜戴好了吗？	是□　否□
知道急停按钮是哪个吗？	是□　否□
知道怎样切断数控车床的电源吗？	是□　否□

（2）设置磨耗值，在内孔镗刀对应的磨损补偿 X 处输入 -0.5 mm。

（3）自动加工过程：选择要加工的零件程序，单段打开，调整进给倍率 100%、调整主轴转速 100%、快速倍率 25%，打开切削液，单击循环启动按钮进行加工。

（4）测量内螺纹尺寸。

检测三角形内螺纹一般采用综合测量法。检测时，采用螺纹塞规测量，如图 1-7-6 所示。

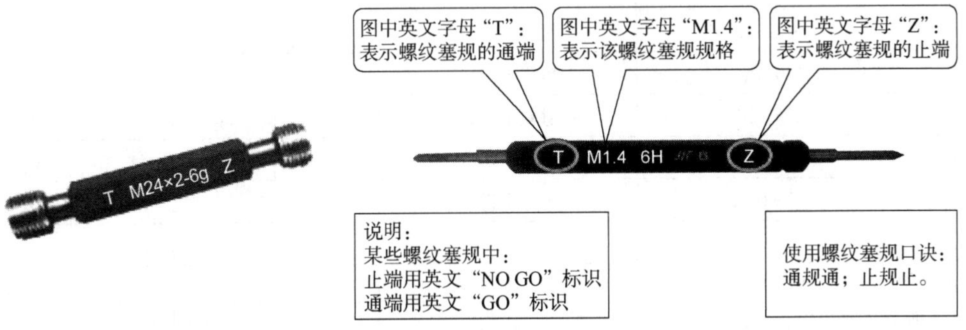

图 1-7-6　螺纹塞规

使用前：螺纹塞规应经相关检验计量机构检测计量合格，方可投入生产现场使用。

使用时：应注意被测螺纹公差等级及偏差代号与螺纹塞规标识的公差等级、偏差代号相同。

如果被测螺纹能够与螺纹通规旋合通过，且与螺纹止规不完全旋合通过（螺纹止规只允许与被测螺纹两段旋合，旋合量不得超过两个螺距），就表明被测螺纹的作用中径没有超过其最大实体牙型的中径，且单一中径没有超出其最小实体牙型的中径，那么就可以保证旋合性和连接强度，则被测螺纹中径合格。

选用合适的测量工具测量工件尺寸并填写下表。

尺　　寸	理论值	测量值	磨耗值
$\phi42_{-0.062}^{0}$			
$\phi36_{-0.062}^{0}$			
$\phi30_{0}^{+0.03}$			

（5）修改磨耗值，再次运行程序进行精加工。

尺　　寸	理论值	测量值	误　　差
$\phi42_{-0.062}^{0}$			
$\phi36_{-0.062}^{0}$			
$\phi30_{0}^{+0.03}$			

温馨提示

（1）回参考点要求先回 X 轴，再回 Z 轴。

（2）加工内孔时注意先退 X 轴，再退 Z 轴。

（3）螺纹加工时不能变速，不能变换进给速度。

（4）机械夹固式螺纹刀在选择刀片时应注意螺纹的螺距。

（5）规范操作，注意安全。

（6）加工完成后，填写内孔数控加工考核表。

序号	项目	考核内容	评分标准	自评尺寸	互评尺寸	师评尺寸	配分	得分
1	外圆	$\phi42_{-0.062}^{0}$	超差不得分				10	
	内孔	$\phi36_{-0.062}^{0}$	超差不得分				10	
		$\phi30_{0}^{+0.03}$	超差不得分				10	
2	长度	$18_{0}^{+0.1}$	超差不得分				10	
		40 ±0.05	超差不得分				10	
		20	超差不得分				5	
3	内螺纹	M24 ×1.5	超差不得分				15	
4	表面粗糙度	*Ra*3.2	不合格不得分				5	
5	安全	技术安全	遵守技术安全				15	
6	时间	用时	规定时间内				10	
总得分								

（7）整理机床。

项目	考核内容	评分标准	配分	得分
机床基本操作（6S）	物品摆放	按规定摆放	优	
		多数物品按规定摆放	良	
		少数物品按规定摆放	及格	
		不按规定摆放	不及格	
	机床、环境卫生	按规定清扫机床（干净）	优	
		按规定清扫机床（局部有异物）	良	
		按规定清扫机床（不干净）	及格	
		不能按规定清扫机床	不及格	
总评（自评）				

8. 问题分析

（1）你加工的内孔零件尺寸合格吗？如果合格，分享一下你的做法；如果不合格，分析一下原因。

（2）在工作过程中你遇到了哪些问题？

完成以上内容，请与老师沟通。

纠错

1. 学生工作演示。
2. 教师过程纠错及6S点评。

结果

1. 自我评价

☐能够正确进行机床开关机。　　☐还不能够正确进行机床开关机。
☐独立完成回零操作。　　☐还不能独立完成回零操作。
☐能够独立完成内孔数控程序校验。　　☐还不能够独立完成内孔数控程序校验。
☐独立完成零件加工。　　☐还不能独立完成零件加工。

2. 教师评价

（1）工作页。
☐工作页完成质量＿＿＿＿＿＿。　☐未完成。　原因：＿＿＿＿＿＿＿＿＿＿＿＿＿＿＿＿。
（2）实操技能。
☐对刀操作步骤正确。　　☐加工过程中读数准确。
☐自动加工过程控制正确。
（3）6S评价。
☐工具摆放整齐　☐工位清理干净　☐机床回归参考点位置　☐安全生产

教师签字：　　　　**日期：**

工整抄写下面这句话：

世上无难事，只要肯登攀。

工作页	项目 8　外部轮廓自动编程加工——零件造型	姓名：	班级：
	学习领域：数控车削编程加工技术	学号：	日期：

教学目标

1. 掌握数控自动编程软件的工作场合。
2. 掌握数控自动编程软件的编程步骤。
3. 掌握 CAXA 数控车自动编程软件的外部轮廓 CAD 零件造型方法。

导入

1. 结合前面几个项目的学习内容，将数控编程步骤内容的相关选项填写到下面的流程图框格中。

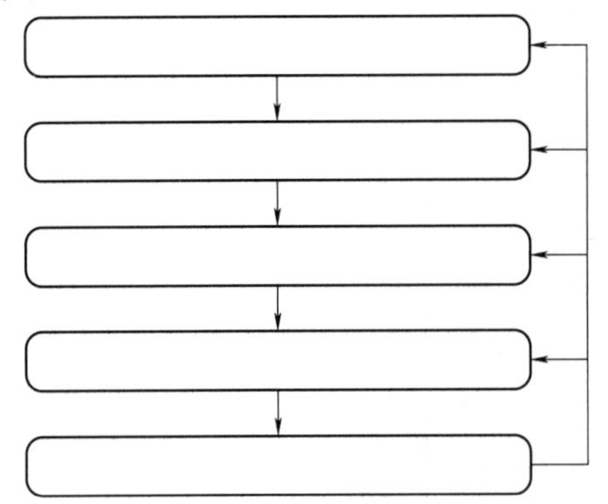

选　　项	数控编程步骤
A	数字处理
B	程序输入
C	零件图工艺分析
D	编写程序
E	首件试切及程序修改

2. 图 1-8-1 所示为手柄零件图，其特点为圆弧连接较多，简述其程序编制主要使用哪些指令，以及各节点坐标的计算方法。

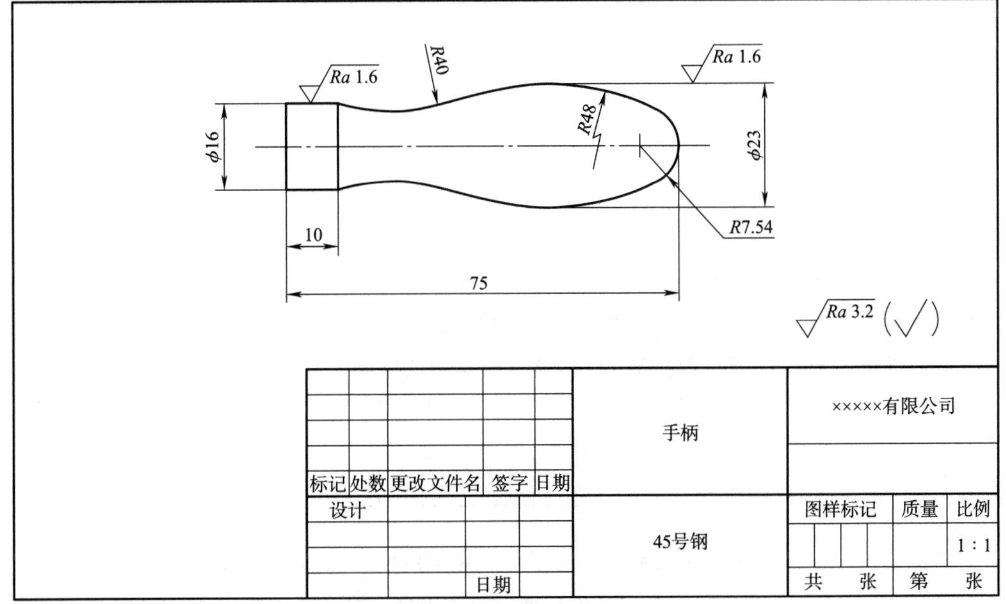

图 1-8-1　手柄零件图

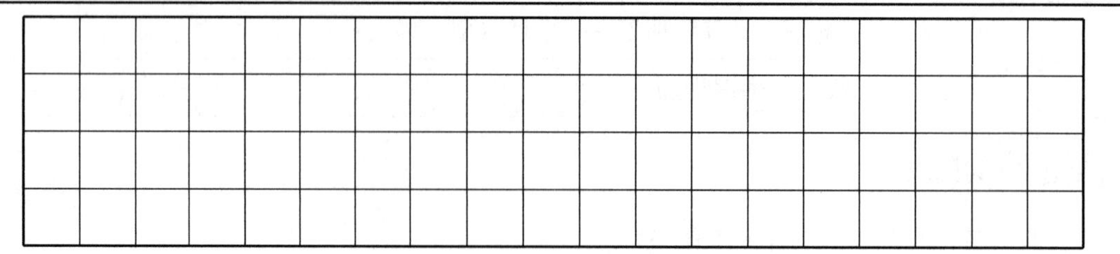

3. 数控车自动编程软件适用于形状复杂、计算复杂、编程量大的工作场合，查阅相关资料，将数控自动编程软件编程步骤内容的相关选项填写到下面流程图框格中。

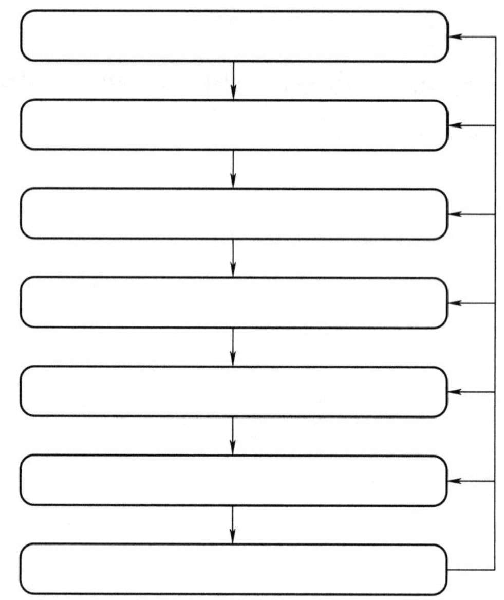

选　　项	数控编程步骤
A	建模：绘制加工轨迹
B	工艺参数输入
C	零件图工艺分析
D	编写程序
E	生成加工程序
F	刀具轨迹验证、仿真
G	刀具轨迹生成

4. 检索网络资料，查阅目前主流的自动编程软件有哪些？

5. 安装 CAXA 数控车自动编程软件，结合 AutoCAD 软件学习的相关内容，熟悉软件操作界面，图 1-8-2 所示为 CAXA 数控车自动编程软件。讨论本软件与 AutoCAD 软件有哪些共同之处？

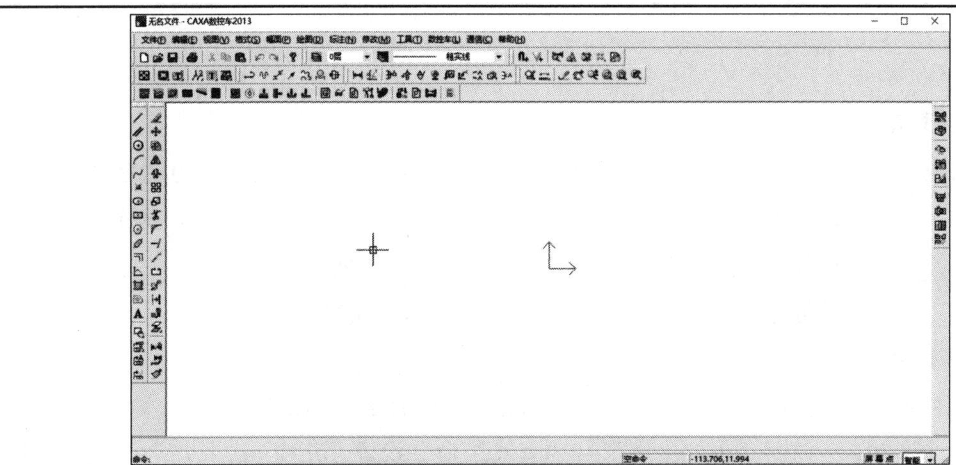

图 1-8-2　CAXA 数控车软件操作界面

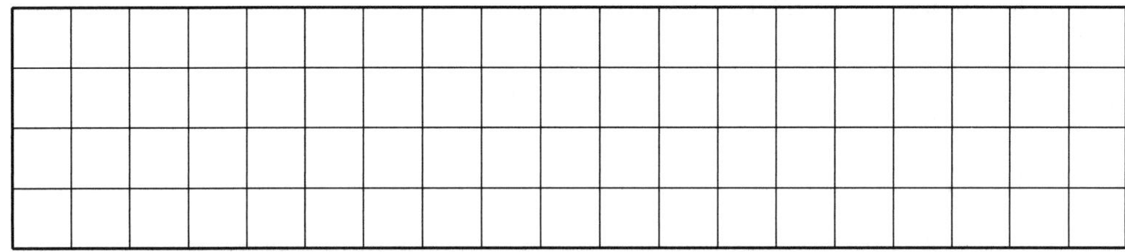

熟悉 CAXA 数控车自动编程软件界面，绘制螺纹轴零件图，如图 1-8-3 所示。

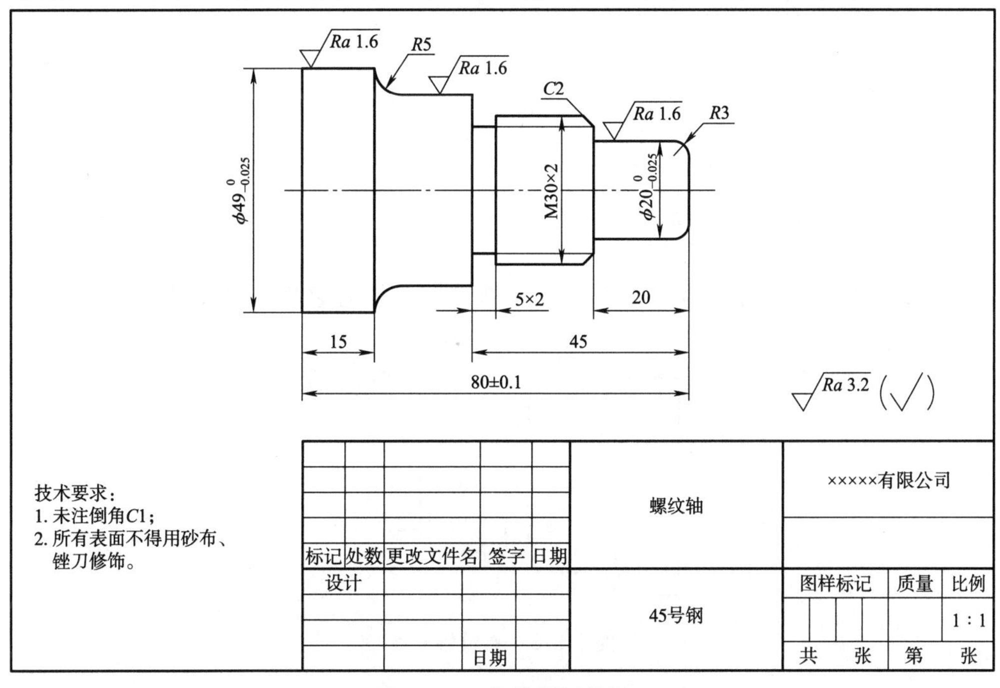

图 1-8-3　螺纹轴零件图

行动

1. 分析图纸

该零件材料为____________，包含外轮廓、____________、____________几处结构，其外径 $\phi49_{-0.025}^{\ 0}$、$\phi20_{-0.025}^{\ 0}$ 中值尺寸分别为____________、____________；螺纹大径尺寸为____________、螺纹小径尺寸为____________。毛坯直径取____________，长度取____________，确定装夹方式为____________（一次装夹或二次装夹）。

2. 轮廓建模

结合零件图尺寸，使用 CAXA 的 CAD 模块功能绘制被加工表面轮廓。

（1）绘制外轮廓：选择“曲线生成”→“直线”命令设置“正交”“长度”选项后，指定直线长度，绘制轴线、轮廓线，如图 1-8-4 所示。选择“过渡”→“圆角”及“倒角”命令，绘制圆角、倒角结构，如图 1-8-5 所示。

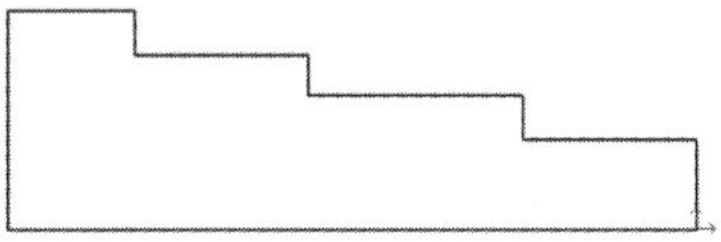

图 1-8-4　外轮廓线

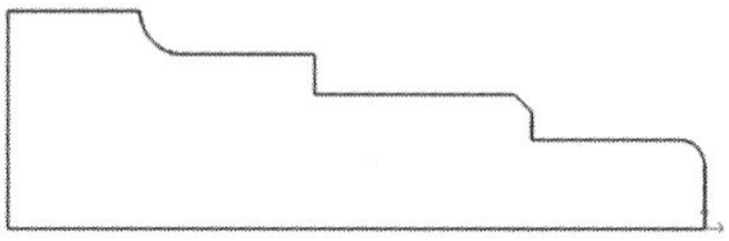

图 1-8-5　外轮廓倒角

（2）绘制退刀槽：选择“等距线”命令，输入距离后拾取目标曲线，拾取所需方向，做平行线，完成宽度 5、深度 2 的退刀槽绘制，如图 1-8-6 所示。

（3）绘制螺纹：根据螺纹尺寸计算结果绘制螺纹小径，如图 1-8-7 所示。

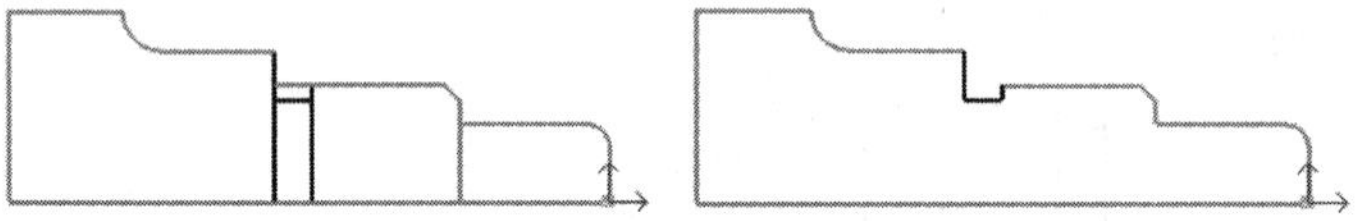

图 1-8-6　绘制退刀槽

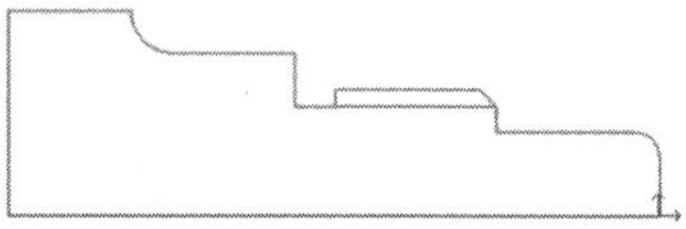

图 1-8-7　绘制螺纹

（4）选择“几何变换”→“平面镜像”命令，选择对象后，完成对称图形绘制，如图 1-8-8 所示。

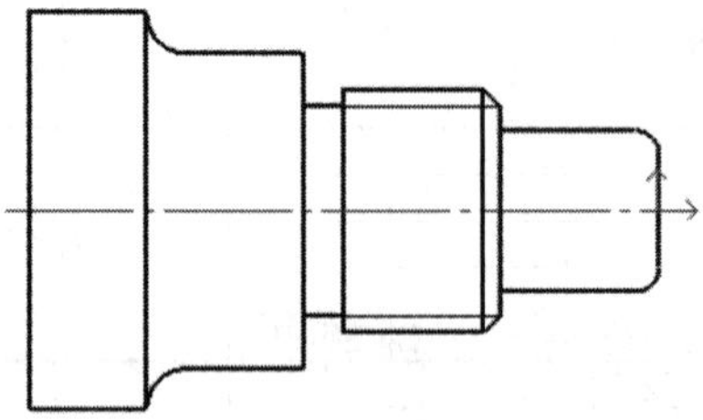

图 1-8-8　螺纹轴零件

3. 知识拓展

（1）CAXA 数控车软件图层需要预先设置吗？为什么？

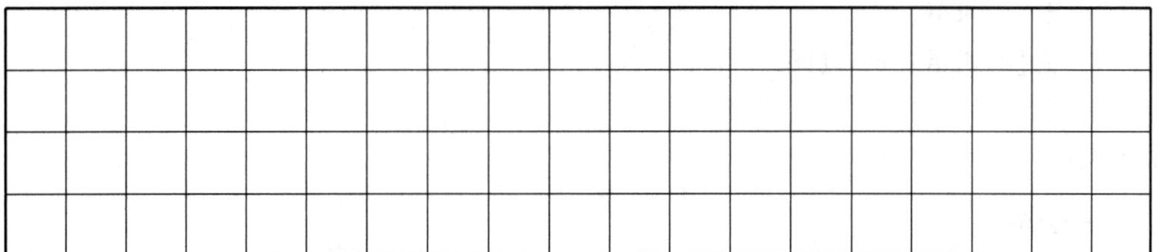

（2）在绘制图形时，图形位置即工件坐标系原点位置可以在绘图区随意绘制吗？为什么？

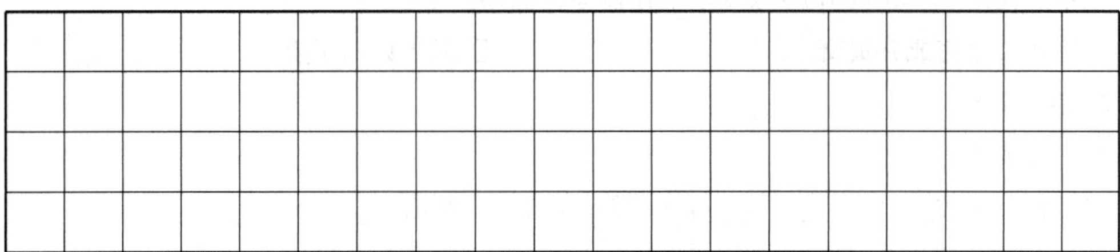

（3）为了提升编程效率，所画图形内容是否可以简化？

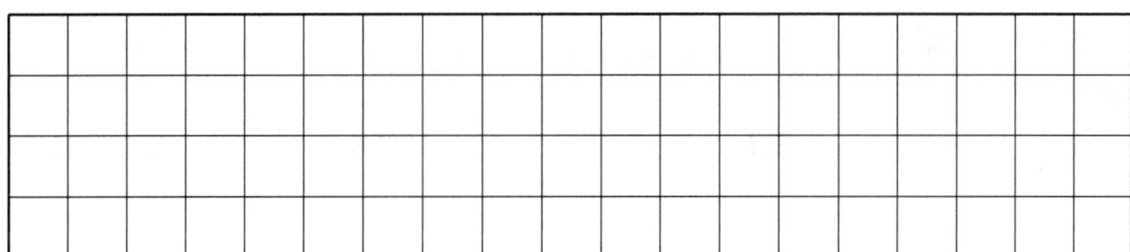

（4）CAXA 数控车软件在画回转体结构图形时有无便捷命令？

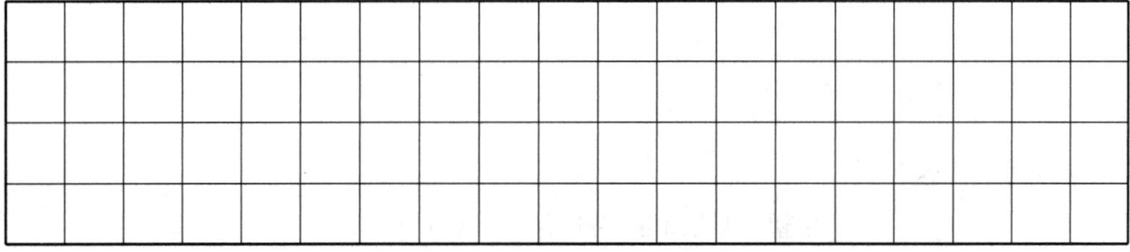

注意：绘制直线时应开启正交功能；

绘制图形时删除重叠线条；

绘制连接线段时避免出现断点。

完成以上内容，请与老师沟通。

纠错

1. 学生工作演示。
2. 教师过程纠错及6S点评。

结果

1. 自我评价

□掌握数控自动编程软件的编程步骤。 □未掌握数控自动编程软件的编程步骤。

□能使用CAXA的CAD模块功能绘制零件图形。

□不能使用CAXA的CAD模块功能绘制零件图形。

□工作页已完成并提交。 □工作页未完成。 原因：________。

2. 教师评价

(1) 工作页。

□工作页完成质量________。 □未完成。 原因：________________。

(2) 知识应用。

□会查阅网络资源检索所需信息。

□掌握CAXA数控车CAD模块功能绘制零件图形的方法。

□未完成。 原因：________________________。

(3) 素养评价。

□小组配合度好 □积极的学习态度 □查阅资料能力好 □安全意识

教师签字： **日期：**

工整抄写下面这句话：

希望，只有和勤奋作伴，才能如虎添翼。

<table>
<tr><td rowspan="2">工作页</td><td>项目 8　外部轮廓自动编程加工——刀轨设置</td><td>姓名：</td><td>班级：</td></tr>
<tr><td>学习领域：数控车削编程加工技术</td><td>学号：</td><td>日期：</td></tr>
</table>

教学目标

1. 掌握轴类零件工件工艺分析方法。
2. 掌握 CAXA 数控车轴类零件的粗、精加工及参数设置方法。
3. 掌握 CAXA 数控车轴类零件的切槽、螺纹加工及参数设置方法。

导入

1. 载入前一节课所绘螺纹轴零件模型，如图 1-8-9 所示，根据工艺要求使用 CAXA 数控车软件的轮廓粗车、轮廓精车、切槽、车螺纹功能完成刀具轨迹设置，如图 1-8-10 所示，为程序后置处理及生成奠定基础。

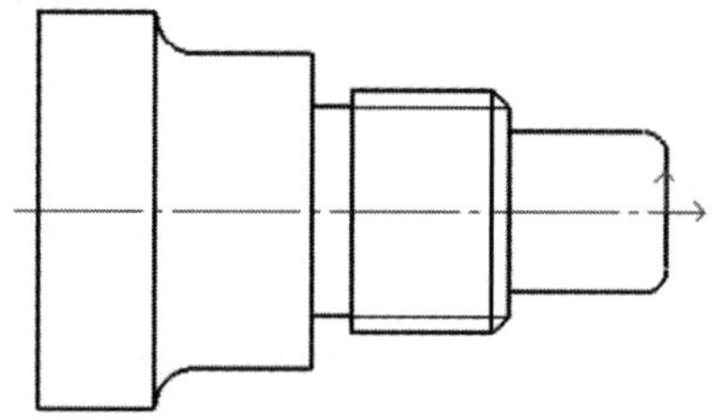

图 1-8-9　螺纹轴零件模型

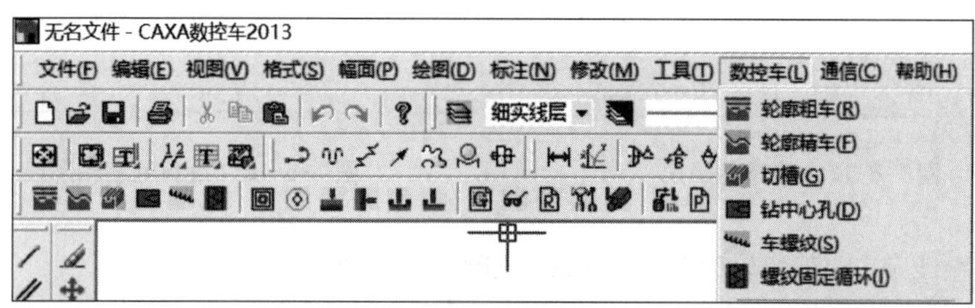

图 1-8-10　CAXA 数控车软件“数控车”命令

2. 简述螺纹轴零件加工方法，及具体工艺内容。

任务

1. 完成螺纹轴的数控加工工艺制订。
2. 使用 CAXA 数控车软件拾取螺纹轴轮廓粗车、轮廓精车、切槽、车螺纹的加工轨迹。

行动

1. 工艺分析

结合毛坯材料及加工条件，选择合适刀具，并确定加工参数填写下表。

工序号	工序内容	刀具名称	主轴转速	进给速度	背吃刀量	余量
1	轮廓粗车	35°外圆车刀	600 r/min	0. 25 mm/r	2 mm	0. 5 mm
2	轮廓精车					
3	切槽					
4	车螺纹					

2. 刀具轨迹处理

（1）拾取轮廓粗车轨迹及其毛坯：

①拾取轮廓粗车轨迹：

载入螺纹轴零件模型，并提取轮廓粗车加工内容，如图 1-8-11 所示。

结合毛坯尺寸（直径 50），绘制毛坯轮廓线，如图 1-8-12 所示。

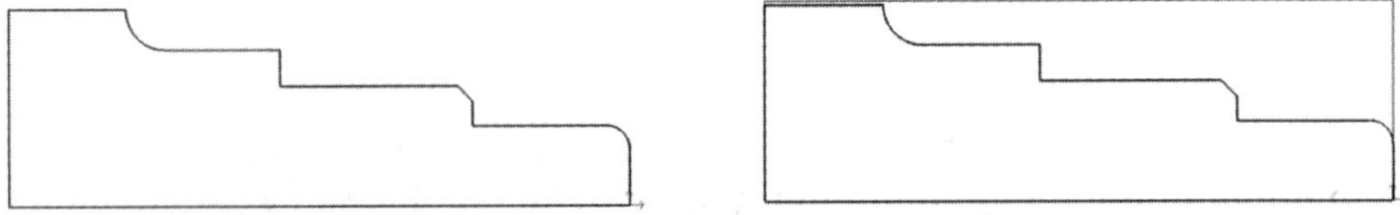

图 1-8-11　粗车轮廓线　　图 1-8-12　绘制毛坯轮廓线

删除多余线条，只保留轮廓线及毛坯线，如图 1-8-13 所示。

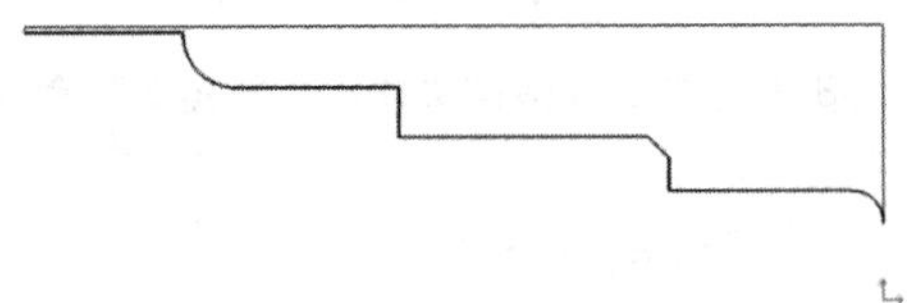

图 1-8-13　粗车轮廓线及毛坯区域

选择“数控车”→“轮廓粗车”命令，或单击快捷图标，按照拟定工艺分析具体参数结果，将具体数值输入到指定位置（加工参数、进退刀方式、切削用量及轮廓车刀），如图 1-8-14（a）所示。

参数设置后，按照软件左下角命令提示行指示“拾取被加工工件表面轮廓”，见图 1-8-14（b），拾起始轮廓线，如图 1-8-15 所示，并指定加工方向（光标位置方向）。

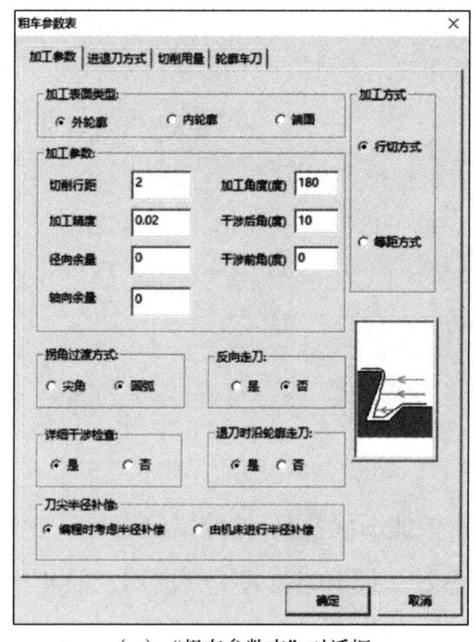

（a）“粗车参数表”对话框

1: 限制链拾取　2: 链拾取精度 0.0001
拾取被加工工件表面轮廓:

（b）左下角提示行

图 1-8-14　轮廓粗车

拾取限制曲线，即轮廓线终止位置（光标位置），如图 1-8-16 所示。

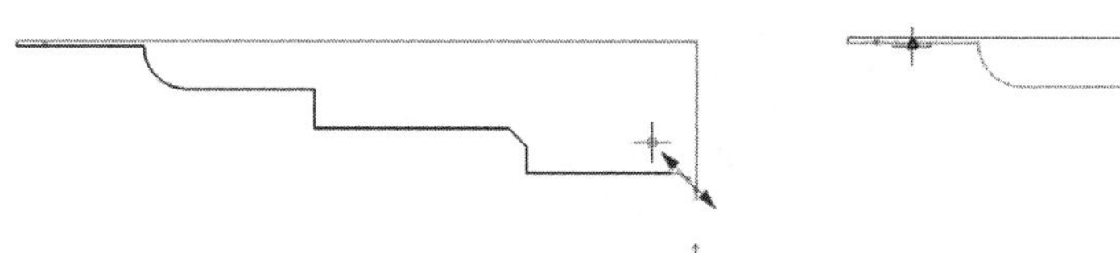

图 1-8-15　拾取被加工表面轮廓位置　　**图 1-8-16　拾取轮廓限制曲线**

②拾取毛坯轮廓：

拾取毛坯起始位置（光标位置），并指定毛坯封闭轨迹方向，如图 1-8-17 所示。

拾取限制曲线，即轮廓线终止位置（光标位置），如图 1-8-18 所示。

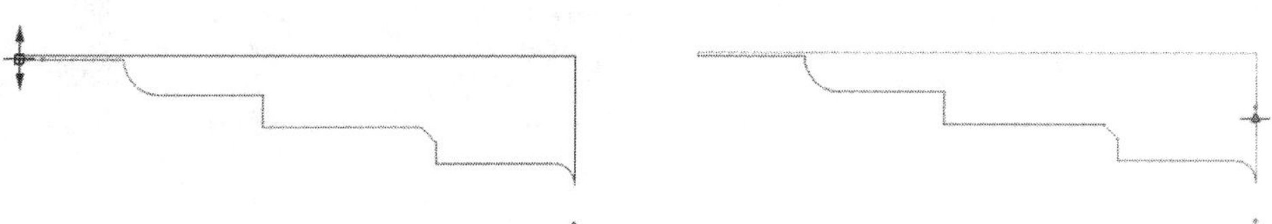

图 1-8-17　拾取毛坯起始位置　　**图 1-8-18　拾取毛坯限制曲线**

输入进退刀点，可在端面位置处近似拾取，或可输入具体坐标，如图 1-8-19 所示。

生成粗车加工轨迹，并将本轨迹复制，如图 1-8-20 所示。

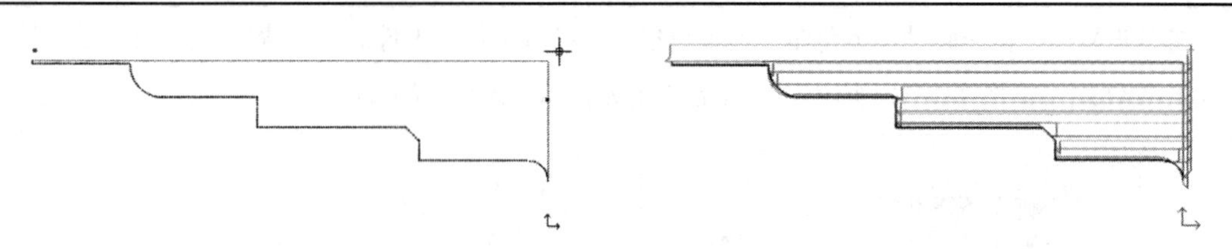

图 1-8-19　在工件外侧拾取进退刀点位置

图 1-8-20　粗车加工轨迹

注意：

- 用户坐标系与工件坐标系原点位置应一致；
- 零件整体模型应复制，以防丢失后重复绘制；
- 需要指出的是此处切削行距为背吃刀量数值。

（2）拾取轮廓精车轨迹：

载入螺纹轴零件模型，并提取轮廓精车加工内容，如图 1-8-21 所示。

选择“数控车”→“轮廓精车”命令，或单击快捷图标，按照拟定工艺分析具体参数结果，将具体数值输入到对话框指定位置（加工参数、进退刀方式、切削用量及轮廓车刀），如图 1-8-22 所示。

拾取被加工表面轮廓，如图 1-8-23（a）所示。拾取所需方向，并拾取限制曲线，如图 1-8-23（b）所示光标位置方向。拾取进退刀点，如图 1-8-23（c）所示。生成刀具轨迹，如图 1-8-23（d）所示。

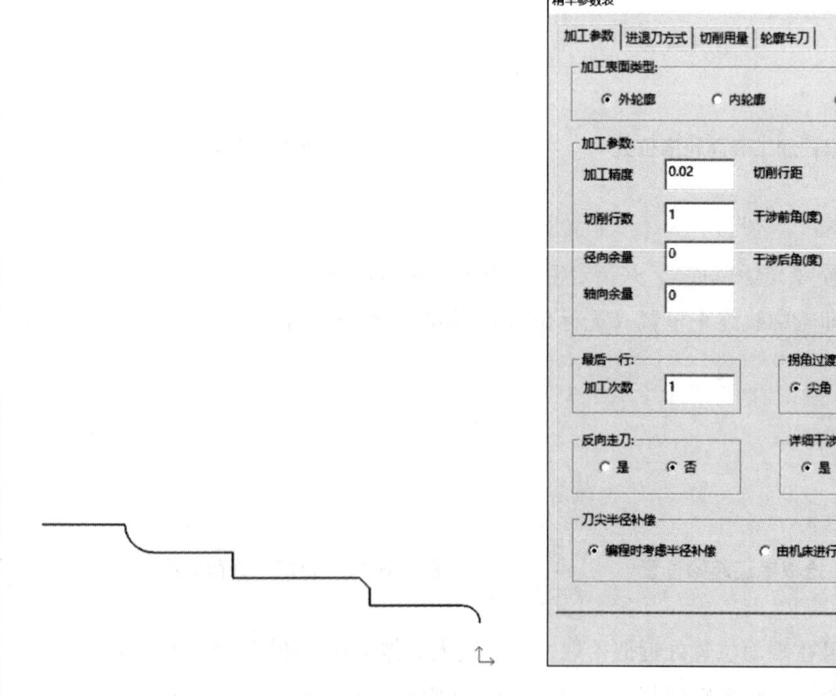

图 1-8-21　螺纹轴精车轮廓线

图 1-8-22　精车参数表对话框

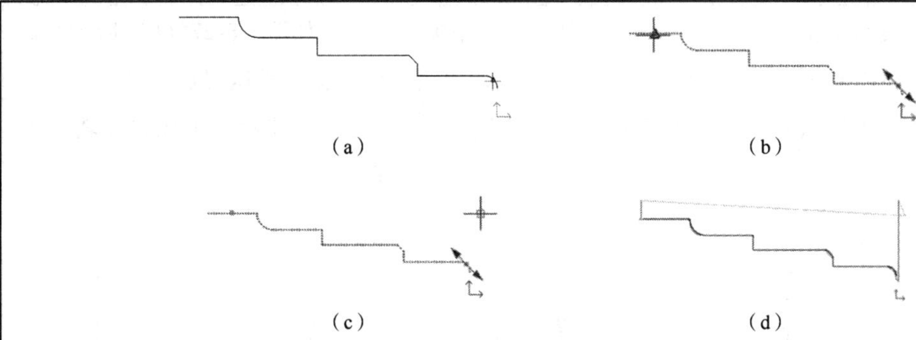

图 1-8-23　生成精车轨迹

(3) 拾取切槽轨迹：

载入螺纹轴零件模型，如图 1-8-24 所示，并提取切槽加工内容，如图 1-8-25 所示。

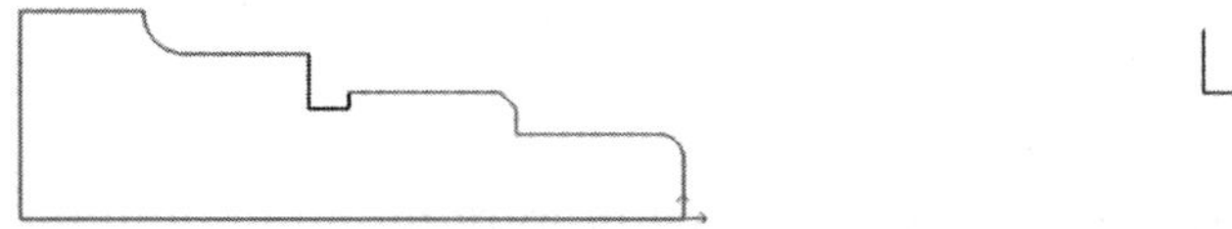

图 1-8-24　载入螺纹轴零件模型　　　　图 1-8-25　提取切槽

选择“数控车”→“切槽”命令，或单击快捷图标，按照拟定工艺分析具体参数结果，将具体数值输入到指定位置（切槽加工参数、切削用量及切槽刀具），如图 1-8-26 所示。

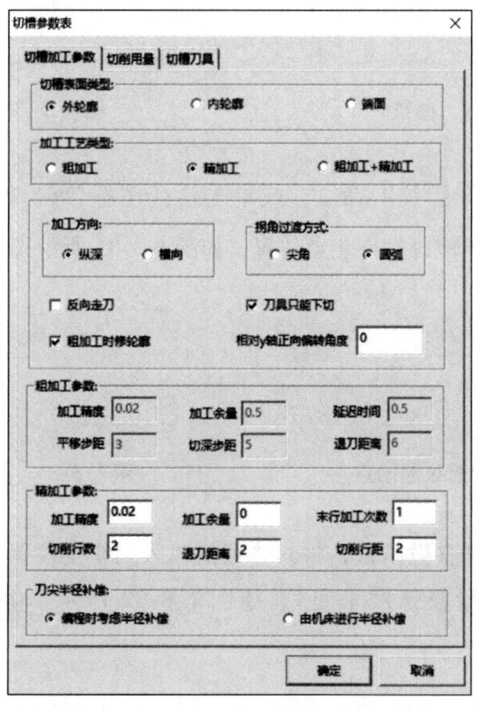

图 1-8-26　切槽参数表

拾取被加工表面轮廓，如图1-8-27（a）所示。拾取所需方向，如图1-8-27（b）所示光标位置方向。拾取限制曲线，如图1-8-27（c）所示光标位置方向。输入进退刀点，单击工件外侧为支点，如图1-8-27（d）所示光标位置方向，或可输入进退刀点坐标。生成刀具轨迹如图1-8-27（e)所示。

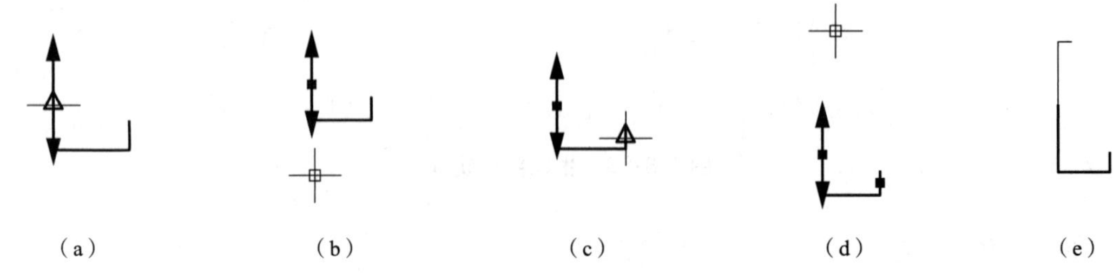

图1-8-27　生成切槽轨迹

（4）拾取螺纹轨迹：

载入螺纹轴零件模型，并提取螺纹加工内容，如图1-8-28所示。

为了保证螺纹加工的有效长度效果，需要将螺纹大径的两个端点做适当延长，螺纹的起始点和终止点位置，如图1-8-29所示。

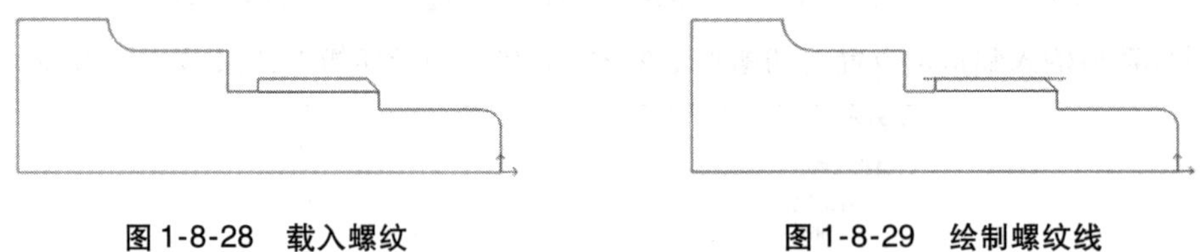

图1-8-28　载入螺纹　　图1-8-29　绘制螺纹线

选择"数控车"→"车螺纹"命令，或单击快捷图标。拾取螺纹起始点位置，如图1-8-30所示光标位置。拾取螺纹终止点位置，如图1-8-31所示光标位置。

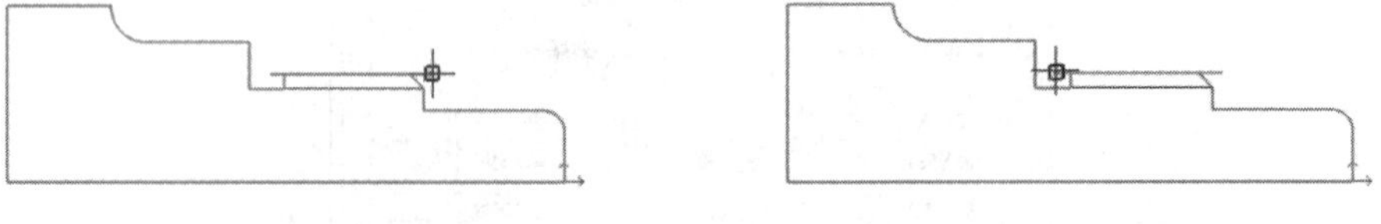

图1-8-30　拾取螺纹起始点　　图1-8-31　拾取螺纹终止点

按照拟定工艺分析具体参数结果，将具体数值输入到指定位置（螺纹参数、螺纹加工参数、进退刀方式、切削用量及螺纹车刀），如图1-8-32所示。生成刀具轨迹如图1-8-33所示。

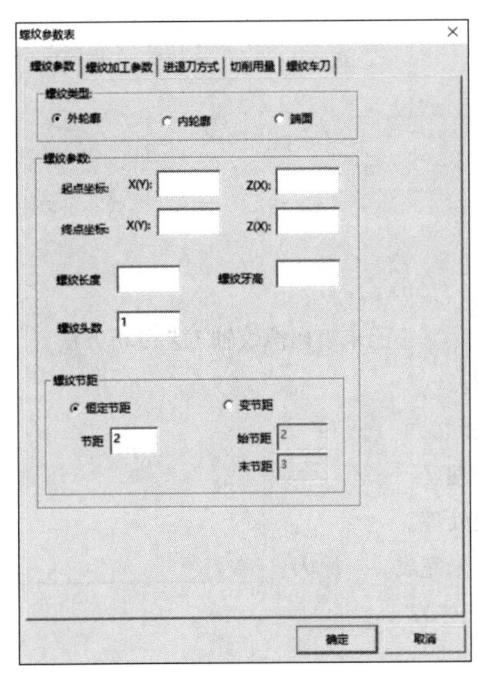

图 1-8-32　“螺纹参数表”对话框

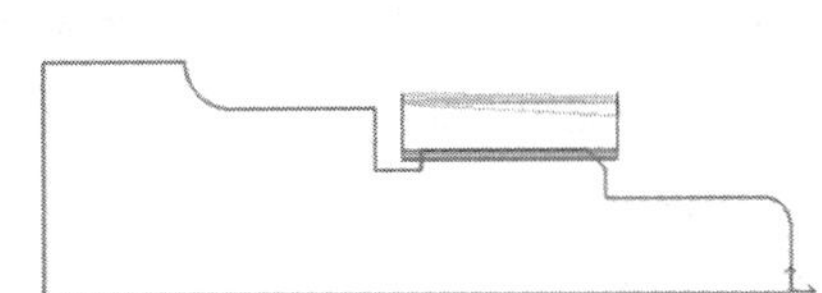

图 1-8-33　螺纹刀具轨迹图

3. 知识拓展

（1）简述轮廓粗车与 G71 指令的相似之处。

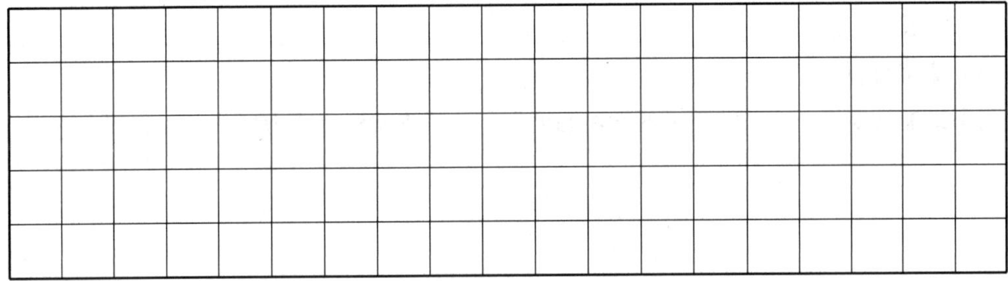

（2）简述螺纹小径及牙高的计算方法。

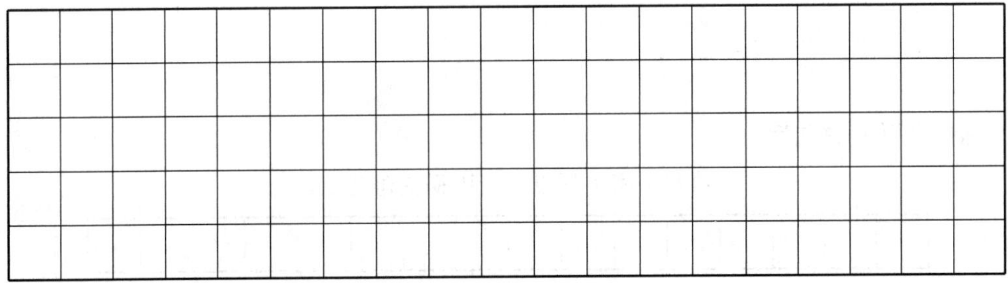

完成以上内容，请与老师沟通。

纠错

1. 学生工作演示。

2. 教师过程纠错及6S点评。

结果

1. 自我评价

□掌握螺纹轴工艺分析方法。 □未掌握螺纹轴工艺分析方法。

□能完成螺纹轴零件的粗、精加工轨迹处理。

□不能完成螺纹轴零件的粗、精加工轨迹处理。

□能完成螺纹轴零件的切槽、车螺纹轨迹处理。

□不能完成螺纹轴零件的切槽、车螺纹轨迹处理。

□工作页已完成并提交。 □工作页未完成。 原因：____________________。

2. 教师评价

（1）工作页。

□工作页完成质量__________。 □未完成。 原因：____________________。

（2）知识应用。

□会查阅网络资源检索所需信息。

□掌握CAXA轨迹处理的技巧。

□未完成。 原因：______________________________。

（3）素养评价。

□小组配合度好 □积极的学习态度 □查阅资料能力好 □安全意识

教师签字： **日期：**

工整抄写下面这句话：

苟利国家生死以，岂因祸福避趋之。

工作页	项目 8　外部轮廓自动编程加工——程序处理	姓名：	班级：
	学习领域：数控车削编程加工技术	学号：	日期：

教学目标

1. 掌握 CAXA 数控车轴类零件的后置处理方法。
2. 掌握 CAXA 数控车轴类零件的程序生成方法。

导入

1. 载入前一节课已生成的螺纹轴零件，各刀具轨迹如图 1-8-34 所示。其中，图 1-8-34（a）为轮廓粗车，图 1-8-34（b）为轮廓精车，图 1-8-34（c）为切槽，图 1-8-34（d）为车螺纹。对出现的错误进行修改。

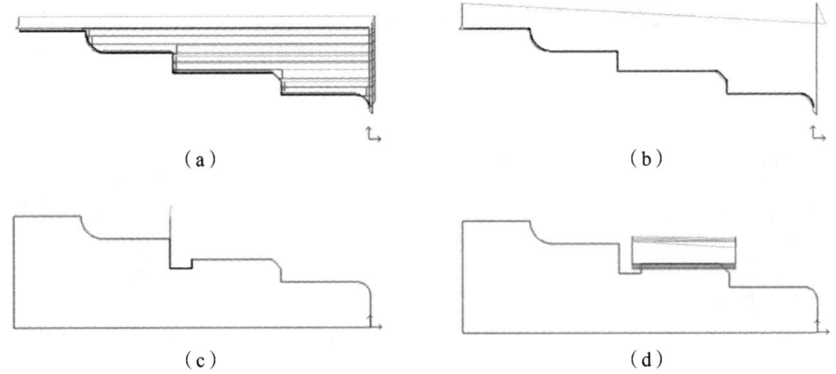

（a）　（b）　（c）　（d）

图 1-8-34　螺纹轴加工各刀具轨迹图

2. 检索网络资源，查阅数控后置处理的作用。

3. 实地考察并记录实训机床及其操作系统型号。

任务

1. 对各程序轨迹进行验证仿真并修改。

2. 根据机床系统要求，使用 CAXA 数控车软件的后置处理功能，生成粗精车、切槽、螺纹代码程序。

行动

1. 轨迹验证仿真并修改参数

CAXA 数控车软件自带仿真验证功能，通过选择“数控车”→“轨迹仿真”命令，如图 1-8-35 所示，或单击快捷图标对加工轨迹进行验证，该功能有动态、静态、二维实体三种验证效果，如图 1-8-36 所示。

如仿真验证结果轨迹图形出现问题时，可对加工轨迹图形进行修改。如仿真验证结果参数出现问题时，可对加工参数进行对应修改，方法为选择“数控车”→“修改参数”命令，或单击快捷图标，如图 1-8-37 所示。

图 1-8-35　轨迹仿真命令

图 1-8-36　三种验证效果

图 1-8-37　修改参数

(1) 轮廓粗车轨迹验证仿真（见图 1-8-38）。

选择“数控车”→“轨迹仿真”命令，或单击快捷图标，拾取轮廓粗车刀具轨迹后并确认。如出现问题及时对加工轨迹图形或加工参数进行对应修改。

(2) 轮廓精车轨迹验证仿真（见图 1-8-39）。

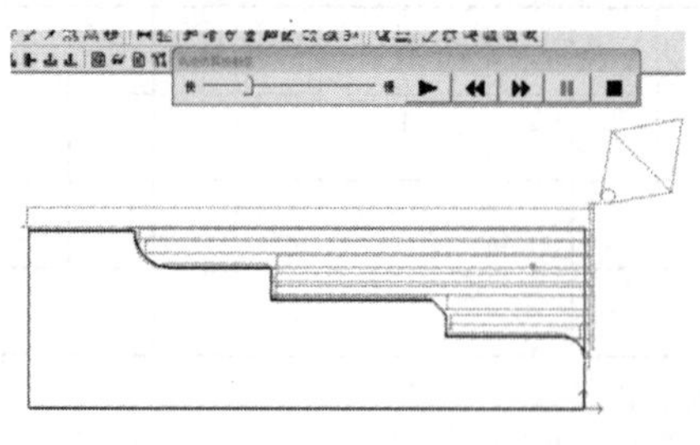

图 1-8-38　轮廓粗车轨迹验证仿真

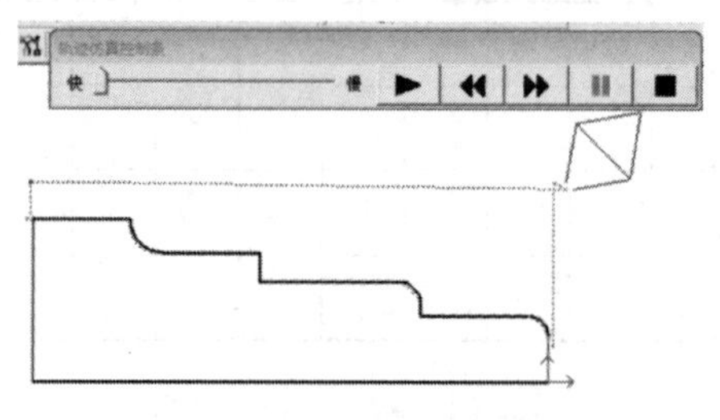

图 1-8-39　轮廓精车轨迹验证仿真

（3）切槽轨迹验证仿真（见图1-8-40）。

（4）车螺纹轨迹验证仿真（见图1-8-41）。

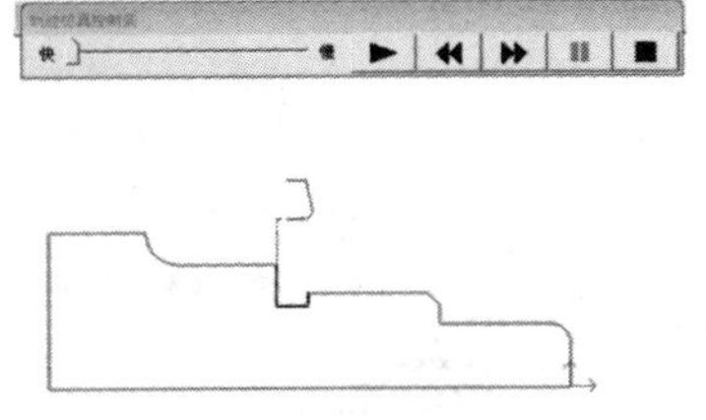

图1-8-40　切槽轨迹验证仿真

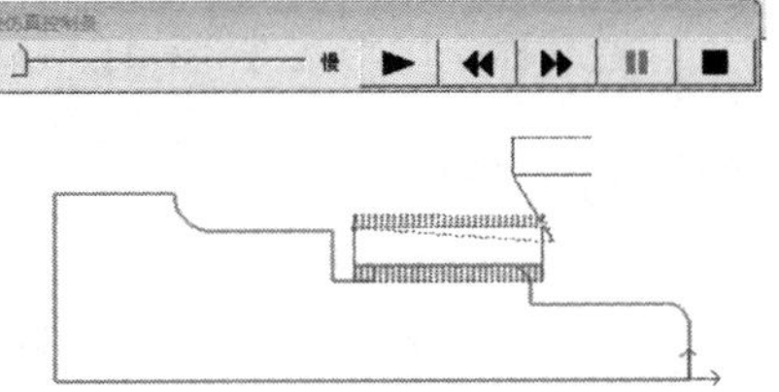

图1-8-41　车螺纹轨迹验证仿真

已完成以上内容的同学，检视工件坐标系原点是否每次都重新设置，如果没有，思考将对下一步的后置处理程序造成什么样的影响。

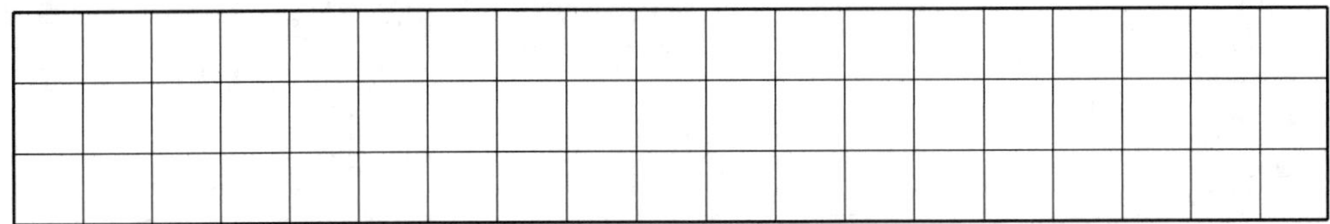

2. 后置处理

把刀位数据文件转换成指定数控机床能执行的数控程序的过程称为后置处理。

结合实训机床情况，将数控系统型号填写到下列方框中。

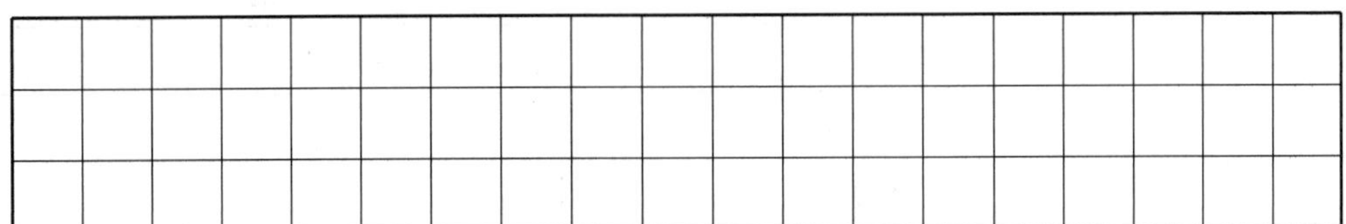

选择“数控车”→“后置设置”命令，或单击快捷图标 P，如图1-8-42所示。进入“后置处理设置”对话框，根据机床数控系统要求设置具体参数，如图1-8-43所示。

图1-8-42　选择“后置设置”命令

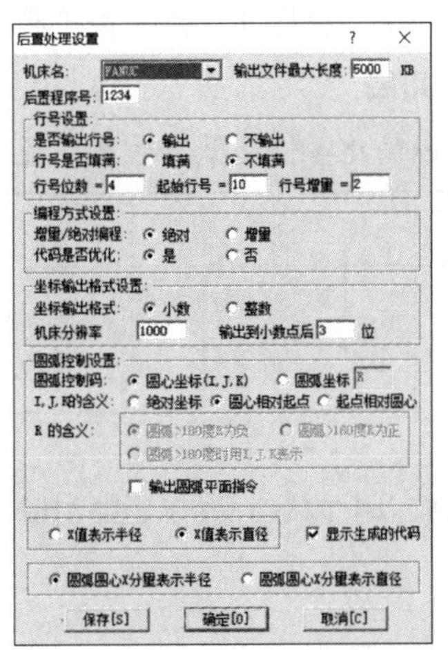

图1-8-43　“后置处理设置”对话框

3. 代码生成

选择“数控车”→“代码生成”命令，或单击快捷图标，选择机床对应系统后拾取刀具轨迹并确认，生成程序代码文件，如图 1-8-44 所示。

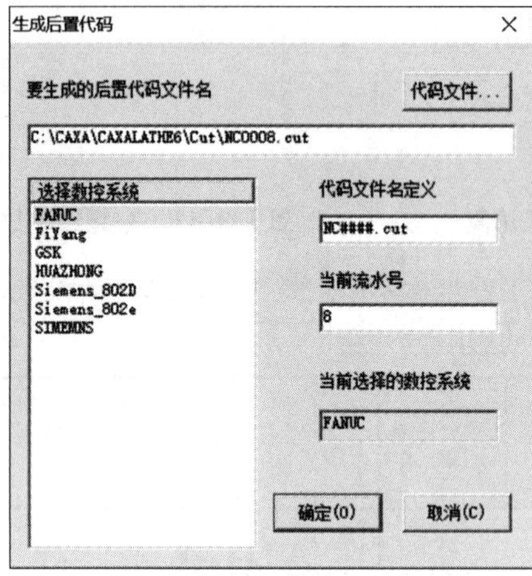

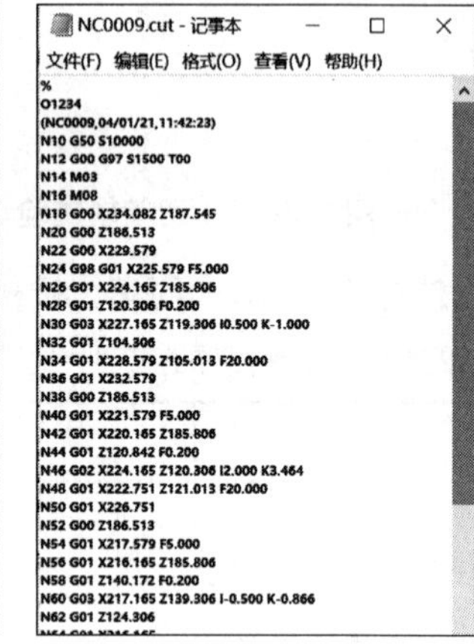

图 1-8-44 代码生成

已完成以上内容的同学，请将不同加工轨迹的文件名记录到下表中。

序号	工 步 内 容	程 序 名
1	轮廓粗车	
2	轮廓精车	
3	切槽	
4	车螺纹	

4. 仿真验证

将生成的加工程序导入到数控机床仿真软件中，进行仿真验证。

5. 知识拓展

是否可以简化零件造型及后置处理部分内容，你有什么好的想法？

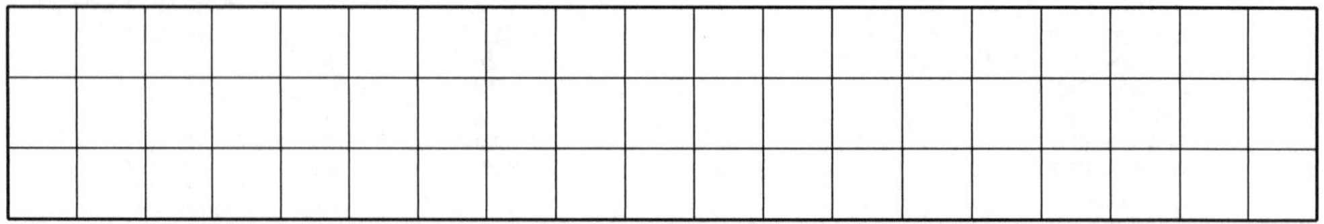

完成以上内容，请与老师沟通。

纠错

1. 学生工作演示。
2. 教师过程纠错及6S点评。

结果

1. 自我评价

□能对轨迹进行修改处理。　　□不能对轨迹进行修改处理。

□能针对实训设备特点进行后置处理。　　□不能针对实训设备特点进行后置处理。

□能生成加工轨迹并仿真加工。　　□不能生成加工轨迹并仿真加工。

□工作页已完成并提交。　　□工作页未完成。　原因：________________。

2. 教师评价

（1）工作页。

□工作页完成质量____________。　□未完成。　原因：____________________________。

（2）知识应用。

□会查阅网络资源检索所需信息。

□会设置用户坐标系。

□未完成。　原因：____。

（3）素养评价。

□小组配合度好　　□积极的学习态度　　□查阅资料能力好　　□安全意识

教师签字：　　　　**日期：**

工整抄写下面这句话：

书山有路勤为径，学海无崖苦作舟。

工作页	项目9　内部轮廓自动编程加工——零件造型	姓名：	班级：
	学习领域：数控车削编程加工技术	学号：	日期：

掌握 CAXA 数控车自动编程软件的内部轮廓 CAD 零件造型方法。

导入

1. 内部轮廓加工时要预先加工出底孔，简述钻孔尺寸与内孔刀具的关系。

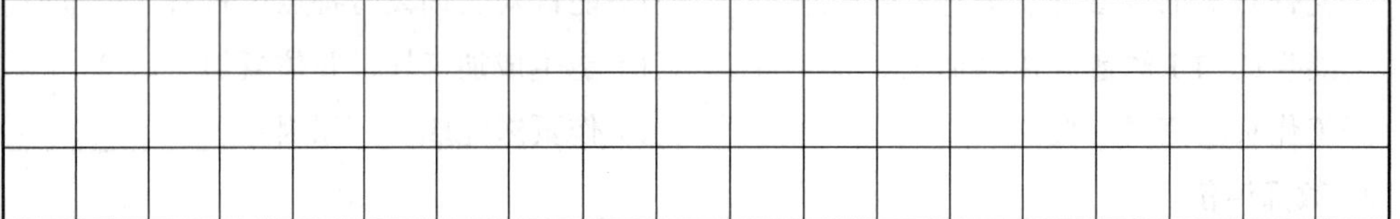

2. 图 1-9-1 所示为螺纹套立体图，其特点为内部轮廓加工，其中哪些部位需要加工？

图 1-9-1　螺纹套立体图

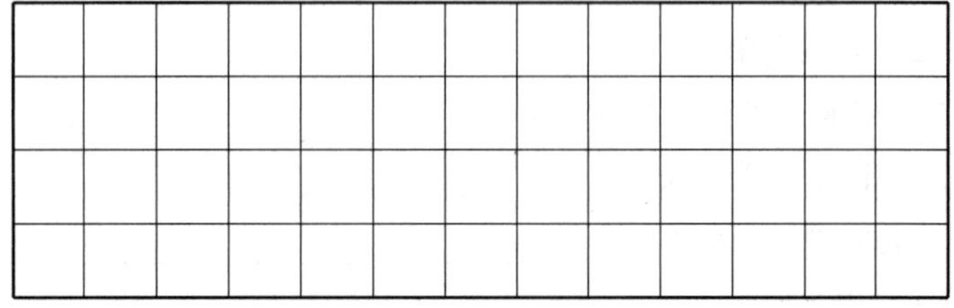

熟悉 CAXA 数控车自动编程软件界面，绘制螺纹套零件图，如图 1-9-2 所示。

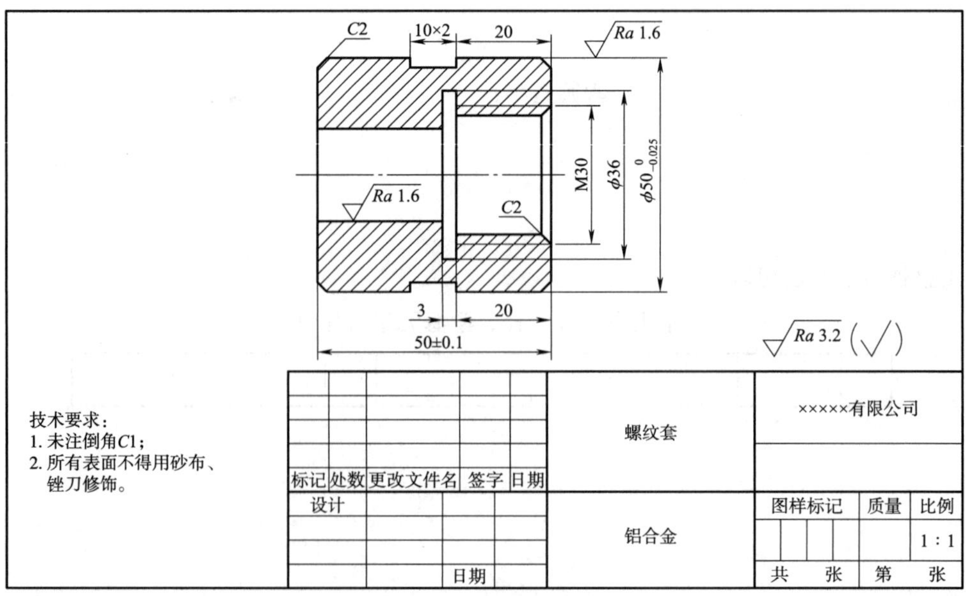

图 1-9-2　螺纹套零件图

行动

1. 分析图纸

该零件材料为铝合金，其外径 $\phi49_{-0.025}^{0}$、$\phi20_{-0.025}^{0}$ 中值尺寸分别为__________、__________；M30 螺纹螺距为__________、螺纹大径尺寸为__________、螺纹小径尺寸为__________。毛坯直径取__________，长度取__________，确定装夹方式为__________（一次装夹或二次装夹）。

2. 轮廓建模

结合零件图尺寸，使用 CAXA 数控车的 CAD 模块功能绘制被加工表面轮廓。

（1）绘制外轮廓

选择“绘图”→“孔/轴”命令，选择轴，插入点，指定外轮廓轴的起点，输入起始直径及终止直径为 50，输入轴长度 50，如图 1-9-3（a）所示。

选择“修改”→“过渡”命令，绘制长度 2，角度为 45°的倒角，如图 1-9-3（b）所示。

绘制退刀槽：选择“等距线”命令，输入距离后拾取目标曲线，拾取所需方向，绘制平行线，完成宽度 10，深度 2 的退刀槽，如图 1-9-3（c）所示。

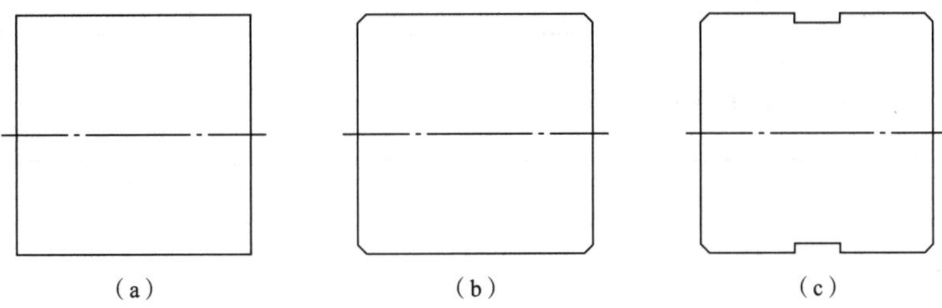

图 1-9-3 绘制外轮廓

（2）绘制内轮廓。

绘制内孔：选择“绘图”→“孔/轴”命令，选择孔，指定外轮廓轴的起点，输入起始直径及终止直径为 20，输入轴长度 50，如图 1-9-4 所示。

绘制退刀槽：选择“等距线”命令，输入距离后拾取目标曲线，拾取所需方向，绘制平行线，完成宽度 3，直径 36 的退刀槽，如图 1-9-5（a）所示。

选择“修改”→“裁剪”/“删除”命令/，修剪掉多余边，如图 1-9-5（b）所示。

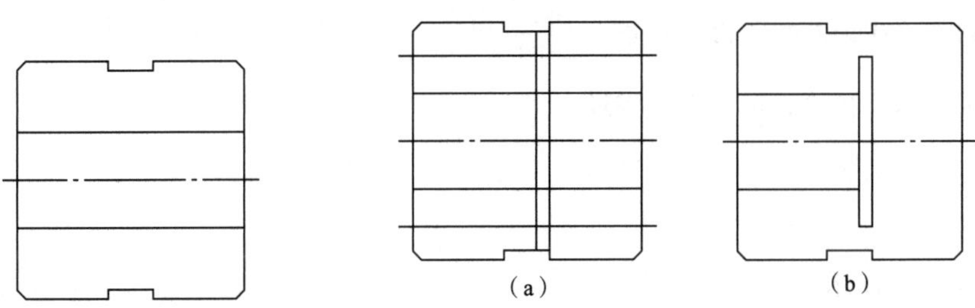

图 1-9-4 绘制直径 20 的孔

图 1-9-5 绘制内退刀槽

（3）绘制螺纹。

根据螺纹尺寸计算结果绘制螺纹小径，绘制倒角，并绘制螺纹大径，如图 1-9-6 所示。

（4）绘制剖面线。

选择“绘图”→“剖面线”命令，绘制剖面线，完成螺纹套零件，如图 1-9-7 所示。

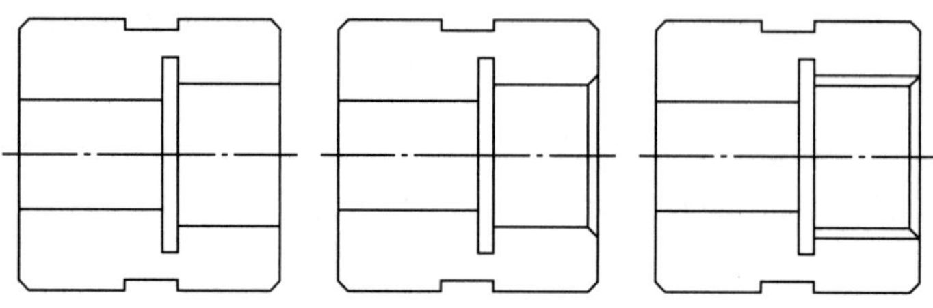

图 1-9-6　绘制内螺纹

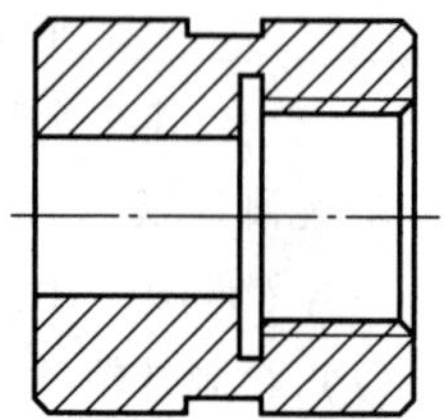

图 1-9-7　螺纹套零件

3. 知识拓展

（1）裁剪去除掉多余边时，可以使用过渡-尖角功能进行简化操作吗？请尝试。

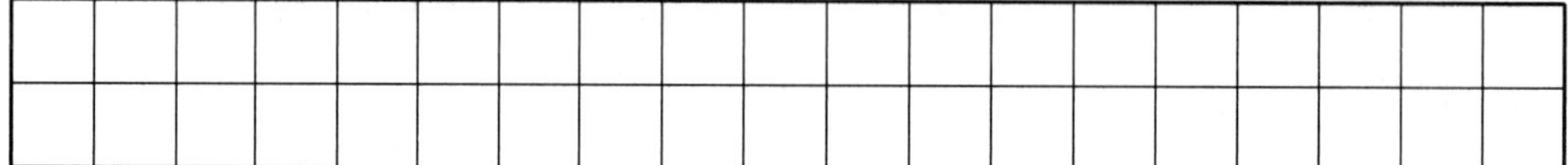

（2）内螺纹的公称直径是螺纹大径还是螺纹小径？

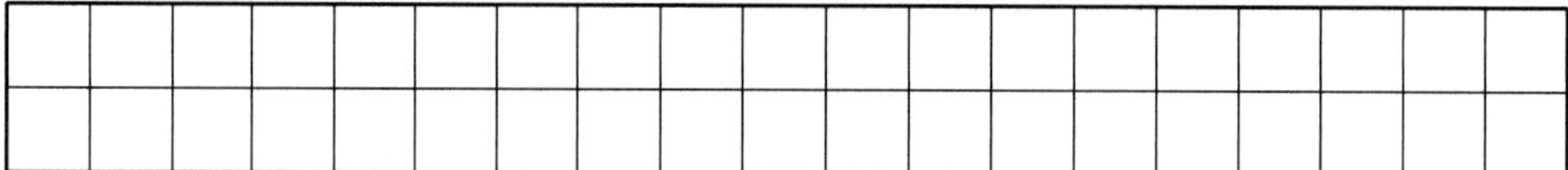

（3）为了螺纹后续加工，有无必要同时绘制出螺纹大径及螺纹小径？为什么？

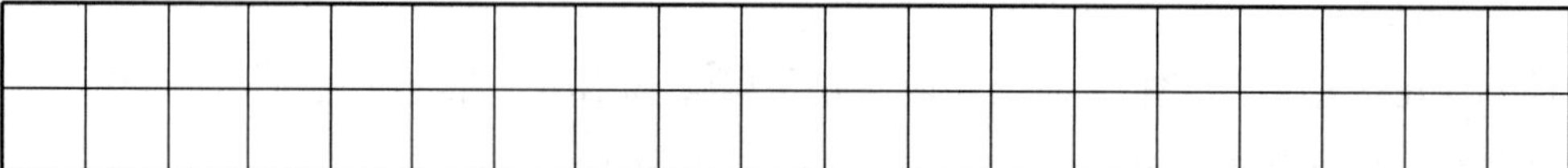

注意：

- 绘制直线时开启正交功能；
- 绘制图形时删除重叠线条；
- 绘制连接线段时避免出现断点。

完成以上内容，请与老师沟通。

纠错

1. 学生工作演示。
2. 教师过程纠错及 6S 点评。

结果

1. 自我评价

☐掌握数控自动编程软件的编程步骤。 ☐未掌握数控自动编程软件的编程步骤。

☐能使用 CAXA 的 CAD 模块功能绘制零件图形。

☐不能使用 CAXA 的 CAD 模块功能绘制零件图形。

☐工作页已完成并提交。 ☐工作页未完成。 原因：________________。

2. 教师评价

（1）工作页。

☐工作页完成质量________。☐未完成。 原因：________________。

（2）知识应用。

☐会查阅网络资源检索所需信息。

☐掌握 CAXA 数控车的 CAD 模块功能绘制零件图形的方法。

☐未完成。 原因：________________________。

（3）素养评价。

☐小组配合度好 ☐积极的学习态度 ☐查阅资料能力好 ☐安全意识

教师签字： **日期：**

工整抄写下面这句话：

不积跬步，无以至千里；不积小流，无以成江海。

工作页	项目9　内部轮廓自动编程加工——刀轨设置	姓名：	班级：
	学习领域：数控车削编程加工技术	学号：	日期：

教学目标

1. 掌握轴类零件工件工艺分析方法。
2. 掌握 CAXA 数控车内部轮廓零件的粗、精加工及参数设置方法。
3. 掌握 CAXA 数控车内部轮廓零件的切槽、螺纹加工及参数设置方法。

导入

1. 载入前一节课所绘制螺纹套零件模型（见图 1-9-7），根据工艺要求使用 CAXA 数控车软件的轮廓粗车、轮廓精车、切槽、车螺纹功能完成刀具轨迹设置，为程序后置处理及生成奠定基础。

2. 简述螺纹套零件加工方法，及具体工艺内容。

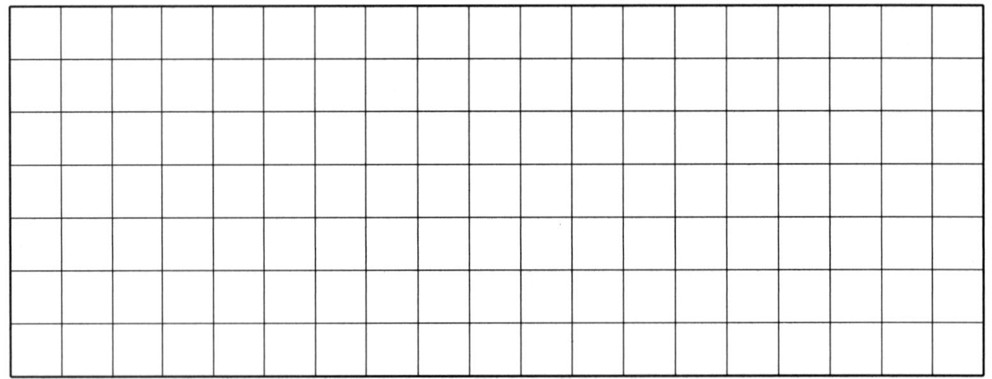

任务

1. 完成螺纹套的数控加工工艺制订。
2. 使用 CAXA 数控车软件拾取螺纹套轮廓粗车、轮廓精车、切槽、车螺纹的加工轨迹。

行动

1. 工艺分析

结合毛坯材料及加工条件，选择合适刀具，并确定加工参数填写下表。

工序号	工序内容	刀具名称	主轴转速	进给速度	背吃刀量	余量
1	外轮廓精车					
2	切槽					
3	内轮廓粗车					

续表

工序号	工序内容	刀具名称	主轴转速	进给速度	背吃刀量	余量
4	内轮廓精车					
5	切内退刀槽					
6	车内螺纹					

2. 刀具轨迹处理

（1）拾取外轮廓加工轨迹。

载入螺纹套零件模型，并提取外轮廓车削加工内容，如图 1-9-8 所示。

请分析，外圆加工余量较小时，可以省略粗车直接精车吗？

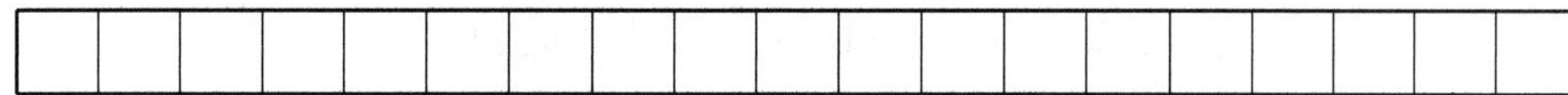

选择“数控车”→“轮廓精车”命令，或单击快捷图标，按照拟定工艺分析具体参数结果，将具体数值输入到指定位置（加工参数、进退刀方式、切削用量及轮廓车刀），如图 1-9-9 所示。

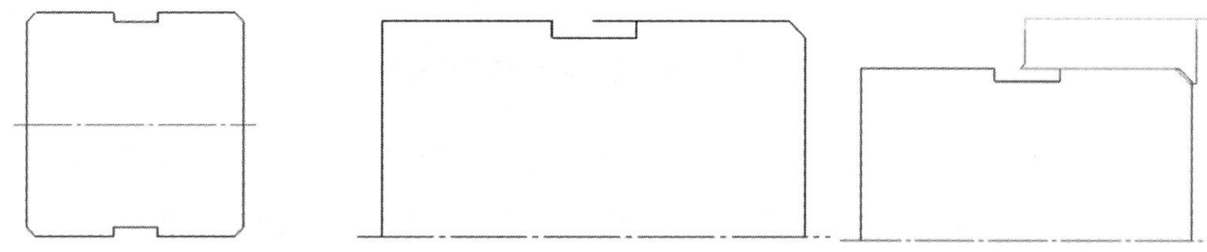

图 1-9-8　提取外轮廓线　　**图 1-9-9　绘制右侧加工轨迹并加工**

掉头装夹，使用轮廓精车命令精车零件另一侧端面及外圆，如图 1-9-10 所示。

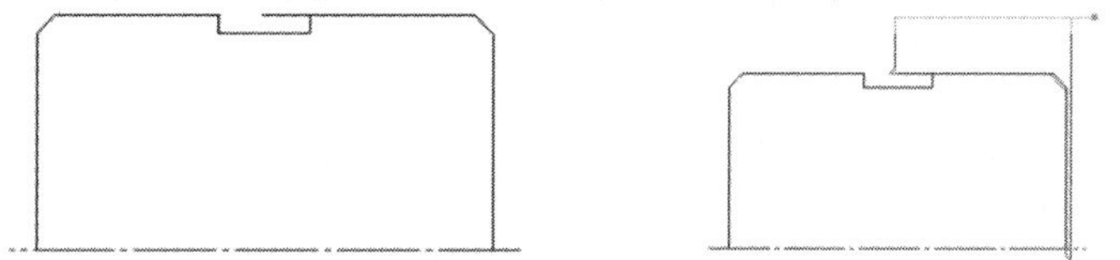

图 1-9-10　绘制左侧加工轨迹并加工

拾取切槽轨迹：载入螺纹轴零件模型，并提取切槽加工内容，如图 1-9-11（a）所示。

选择“数控车”→“切槽”命令，或单击快捷图标，按照拟定工艺分析具体参数结果，将具体数值输入到指定位置（切槽加工参数、切削用量及切槽刀具），如图 1-9-11（b）所示。

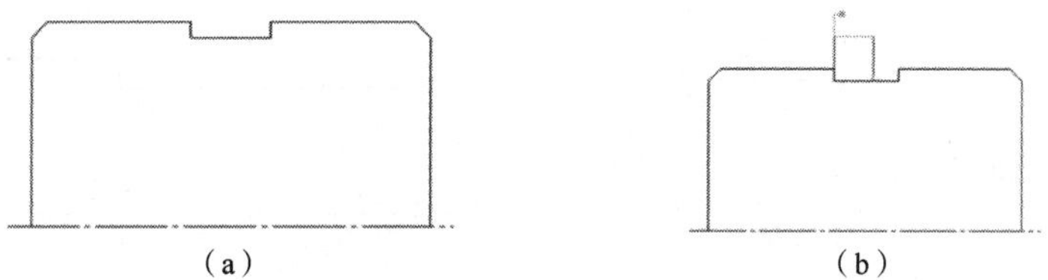

（a）　　（b）

图 1-9-11　绘制螺纹轴切槽轨迹并加工

精车外圆表面为什么需要掉头分两次加工？接刀点在什么位置较合理？

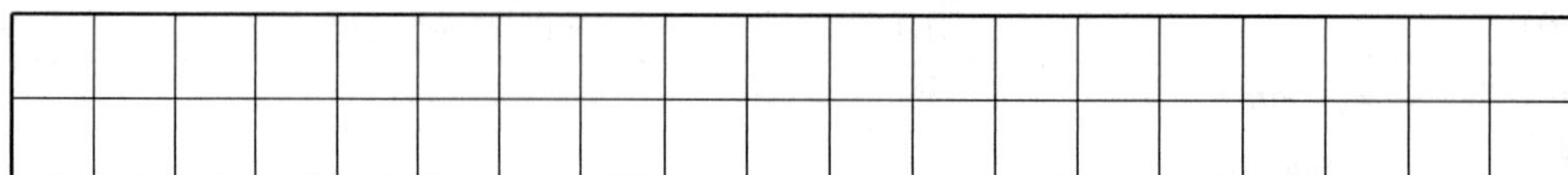

（2）拾取内轮廓加工轨迹。

机床尾座安装19钻头钻底孔，便于内孔车刀加工，如图1-9-12所示。

①拾取内轮廓粗车轨迹及毛坯。

载入螺纹轴零件模型，并提取内轮廓粗车加工内容，如图1-9-13（a）所示。由于底孔已经加工完毕，绘制一条距轴线8 mm的平行线，约束内轮廓粗车毛坯加工区域，如图1-9-13（b）所示。进一步提取内轮廓粗车毛坯及轨迹线，如图1-9-13（c）所示。

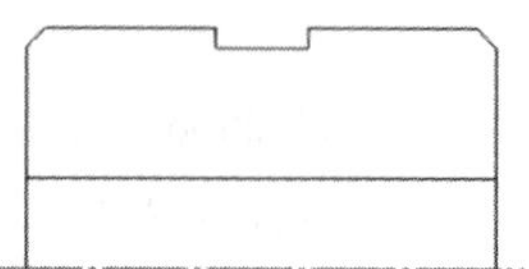

图1-9-12　底孔完成图

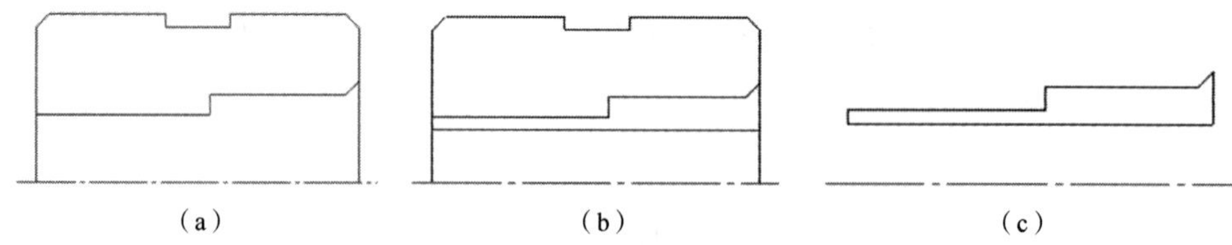

（a）　（b）　（c）

图1-9-13　绘制内轮廓粗车轨迹

选择“数控车”→“轮廓粗车”命令，或单击快捷图标，按照拟定工艺分析具体参数结果，将具体数值输入到指定位置（加工参数、进退刀方式、切削用量及轮廓车刀），如图1-9-14所示。加工轨迹如图1-9-15所示。

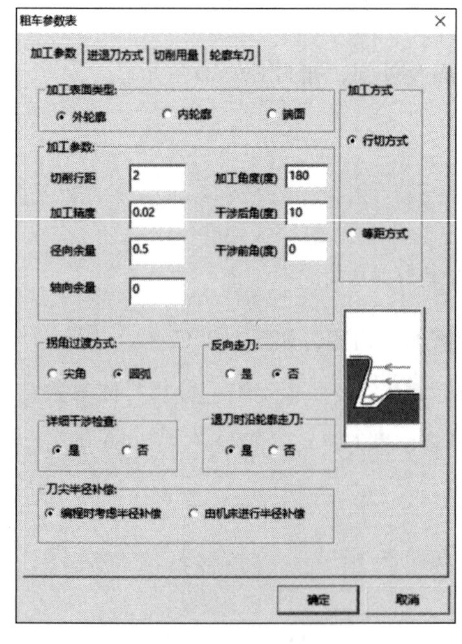

图1-9-14　粗车参数表

图1-9-15　粗车加工轨迹

约束内轮廓粗车毛坯区域的线条尺寸，是否应根据内孔车刀刀柄选取，为什么？简述你所选取的内孔车刀具体型号。

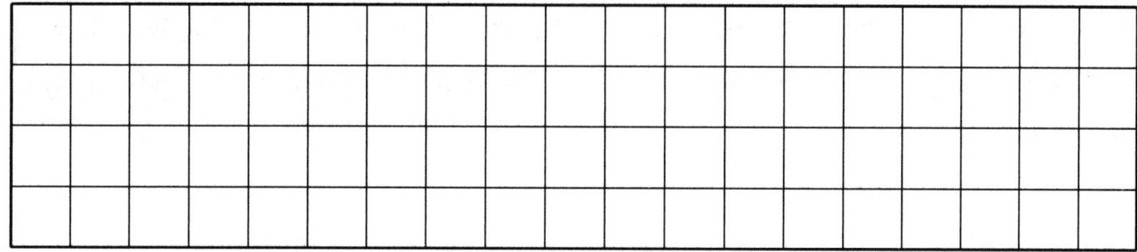

②拾取内轮廓精车轨迹。

载入螺纹套零件模型，并提取轮廓精车加工内容，如图 1-9-16 所示。

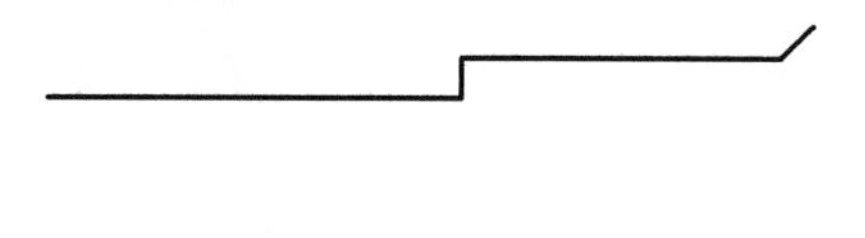

图 1-9-16　绘制轮廓精车轨迹

选择“数控车”→“轮廓精车”命令，或单击快捷图标，按照拟定工艺分析具体参数结果，将具体数值输入到指定位置（加工参数、进退刀方式、切削用量及轮廓车刀），如图 1-9-17 所示。加工轨迹如图 1-9-18 所示。

精车参数表

加工参数 | 进退刀方式 | 切削用量 | 轮廓车刀

加工表面类型：
◉ 外轮廓　○ 内轮廓　○ 端面

加工参数：
加工精度 0.02　切削行距 2
切削行数 1　干涉前角(度) 0
径向余量 0　干涉后角(度) 10
轴向余量 0

最后一行：
加工次数 1

拐角过渡方式：
◉ 尖角　○ 圆弧

反向走刀：
○ 是　◉ 否

详细干涉检查：
◉ 是　○ 否

刀尖半径补偿：
◉ 编程时考虑半径补偿　○ 由机床进行半径补偿

确定　取消

图 1-9-17　精车参数表

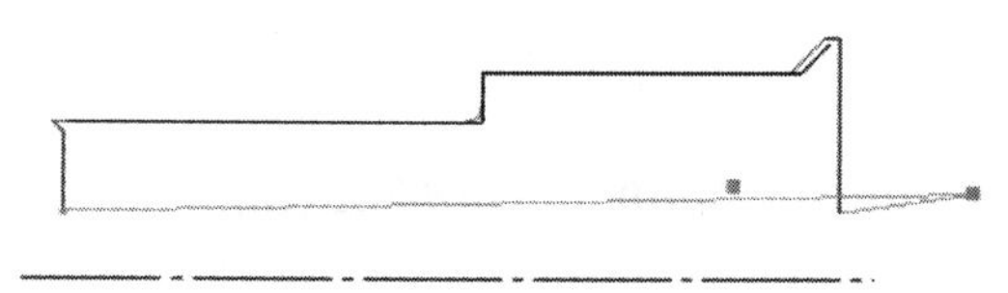

图 1-9-18　精车加工轨迹

③拾取切槽轨迹。

载入螺纹轴零件模型，并提取切槽加工内容，如图 1-9-19 所示。

选择“数控车”→“切槽”命令，或单击快捷图标，按照拟定工艺分析具体参数结果，将具体数值输入到指定位置（切槽加工参数、切削用量及切槽刀具），如图 1-9-20 所示。加工轨迹如图 1-9-21 所示。

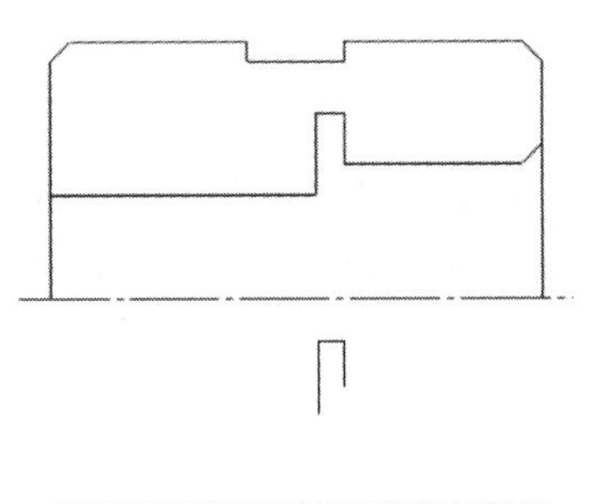

图 1-9-19　绘制内退刀槽并提取轨迹

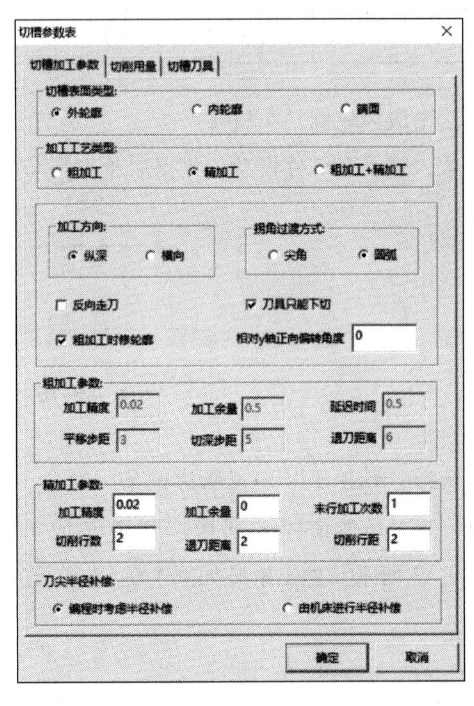

图 1-9-20　切槽参数表

（3）拾取螺纹轨迹。

载入螺纹轴零件模型，并提取螺纹加工内容，如图 1-9-22 所示。

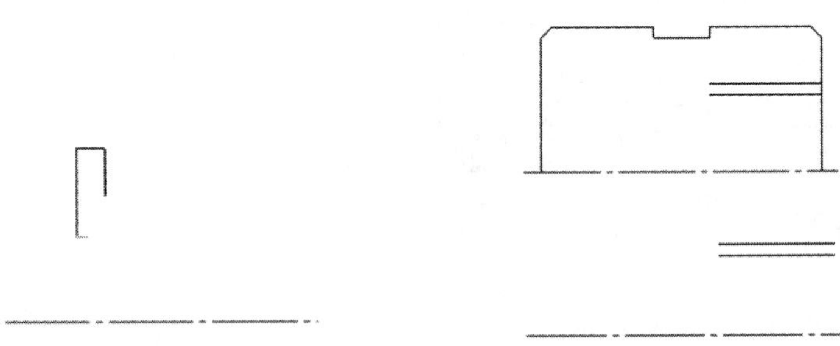

图 1-9-21　切槽加工轨迹

图 1-9-22　绘制内螺纹并提取轨迹

为了保证螺纹加工的有效长度，需要将螺纹大径的两个端点适当延长，即螺纹的起始点和终止点位置。

选择“数控车”→“车螺纹”命令，或单击快捷图标。拾取螺纹起始点位置，按照拟定工艺分析具体参数结果，将具体数值输入到指定位置（螺纹参数、螺纹加工参数、进退刀方式、切削用量及螺纹车刀），如图 1-9-23 所示。加工轨迹如图 1-9-24 所示。

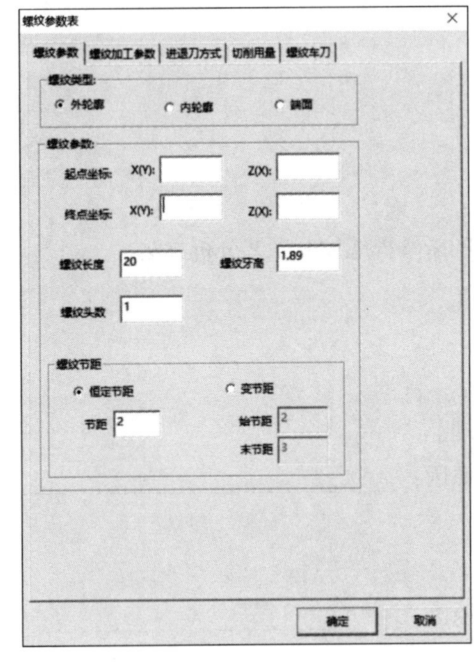

图 1-9-23　螺纹参数表

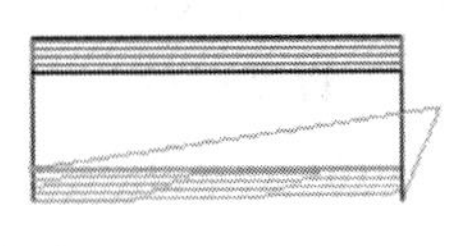

图 1-9-24　内螺纹

结合机械制图螺纹相关知识内容，确定 M30 螺纹的螺距、大径、小径以及牙高尺寸。

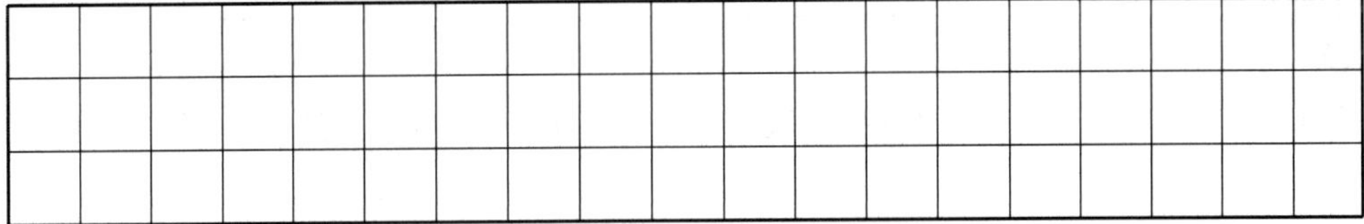

注意：

- 切槽加工如果刀刃宽度与沟槽宽度一致时，切槽刀具刀刃宽度可酌情减小；
- 螺纹起始终止点应适当延伸，保证螺纹有限长度。

3. 知识拓展

外圆加工时可否不设置沟槽结构？为什么？

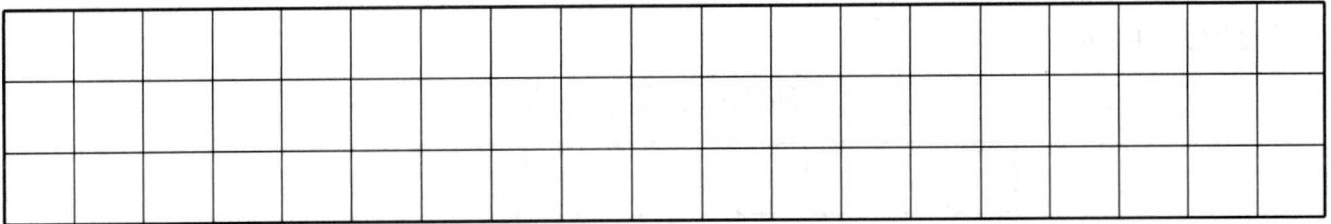

完成以上内容，请与老师沟通。

纠错

1. 学生工作演示。
2. 教师过程纠错及6S点评。

结果

1. 自我评价

□掌握螺纹套工艺分析方法。　□未掌握螺纹套工艺分析方法。

□能完成螺纹套零件的粗、精加工轨迹处理。

□不能完成螺纹套零件的粗、精加工轨迹处理。

□能完成螺纹套零件的切槽、车螺纹的轨迹处理。

□不能完成螺纹套零件的切槽、车螺纹的轨迹处理。

□工作页已完成并提交。　□工作页未完成。　原因：________________。

2. 教师评价

（1）工作页。

□工作页完成质量________。□未完成。　原因：________________。

（2）知识应用。

□会查阅网络资源检索所需信息。

□掌握CAXA轨迹处理的技巧。

□未完成。　原因：________________。

（3）素养评价。

□小组配合度好　□积极的学习态度　□查阅资料能力好　□安全意识

教师签字：　　　　**日期：**

工整抄写下面这句话：

己所不欲，勿施于人。

<table>
<tr><td rowspan="2">工作页</td><td>项目9　内部轮廓自动编程加工——程序处理</td><td>姓名：</td><td>班级：</td></tr>
<tr><td>学习领域：数控车削编程加工技术</td><td>学号：</td><td>日期：</td></tr>
</table>

教学目标

1. 掌握 CAXA 数控车套类零件的后置处理方法。

2. 掌握 CAXA 数控车套类零件的程序生成方法。

导入

载入前一节课已生成的螺纹套零件各刀具轨迹，如图 1-9-25 所示。图 1-9-25（a）所示为内轮廓粗车；图 1-9-25（b）所示为内轮廓精车；图 1-9-25（c）所示为切槽；图 1-9-25（d）所示为车内螺纹。对出现的错误进行修改。

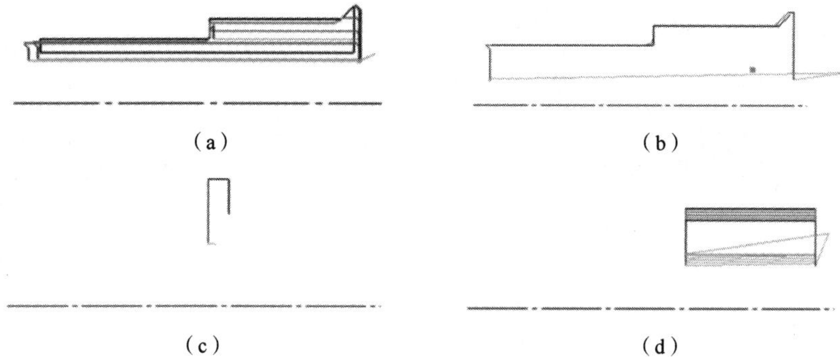

图 1-9-25　螺纹套加工各刀具轨迹图

任务

1. 对各程序轨迹进行验证仿真并修改。

2. 根据机床系统要求，使用 CAXA 数控车软件的后置处理功能，生成粗精车、切槽、螺纹代码程序。

行动

1. 轨迹验证仿真并修改参数

CAXA 数控车软件自带仿真验证功能，选择“数控车”→“轨迹仿真”命令，或单击快捷图标对加工轨迹进行验证，该功能有动态、静态、二维实体三种验证效果，参见图 1-8-35 和图 1-8-36。

如仿真验证结果轨迹图形出现问题时，可对加工轨迹图形进行修改。如仿真验证结果参数出现问题时，可对加工参数进行对应修改，方法为选择“数控车”→“修改参数”命令，或单击快捷图标，参见图 1-8-37。

（1）外轮廓精车轨迹验证（见图1-9-26）。

选择“数控车”→“轨迹仿真”命令，或单击快捷图标，拾取外轮廓精车刀具轨迹后并确认。如出现问题，及时对加工轨迹图形或加工参数进行对应修改。

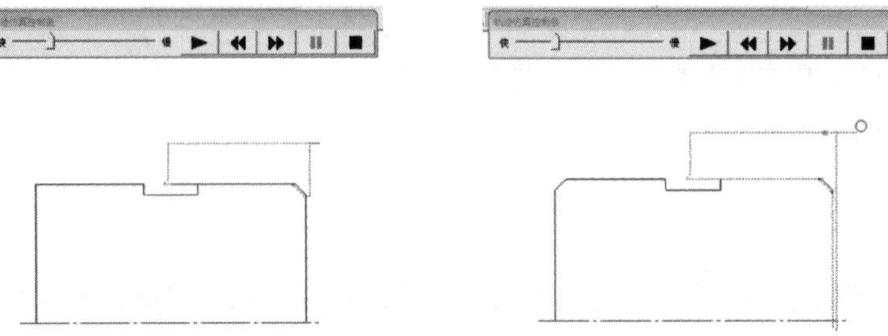

图1-9-26　右侧及左侧外轮廓精车轨迹验证仿真

（2）外轮廓切槽轨迹验证仿真（见图1-9-27）。

（3）内轮廓粗车轨迹验证（见图1-9-28）。

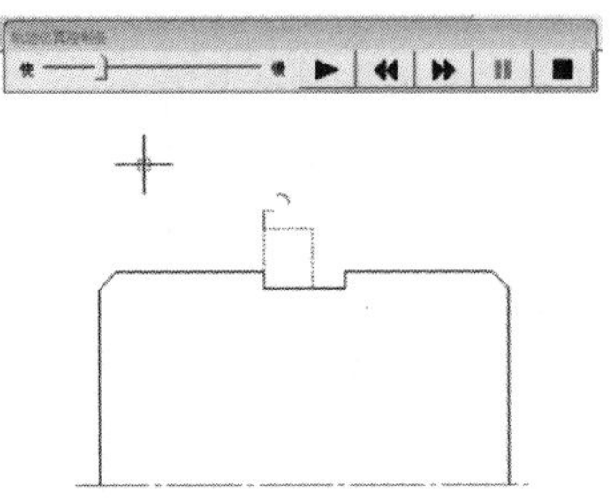

图1-9-27　外轮廓切槽轨迹验证仿真

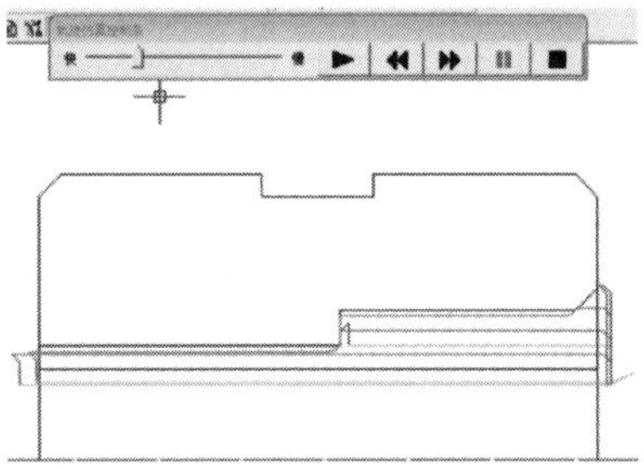

图1-9-28　内轮廓粗车轨迹验证仿真

（4）内轮廓精车轨迹验证仿真（见图1-9-29）。

（5）内轮廓切槽轨迹验证仿真（见图1-9-30）。

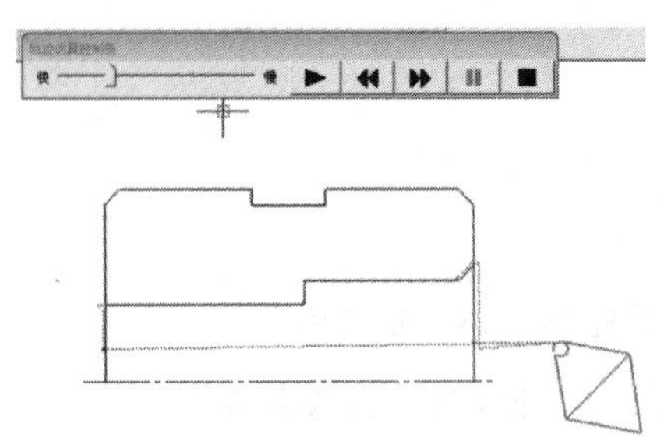

图1-9-29　内轮廓精车轨迹验证仿真

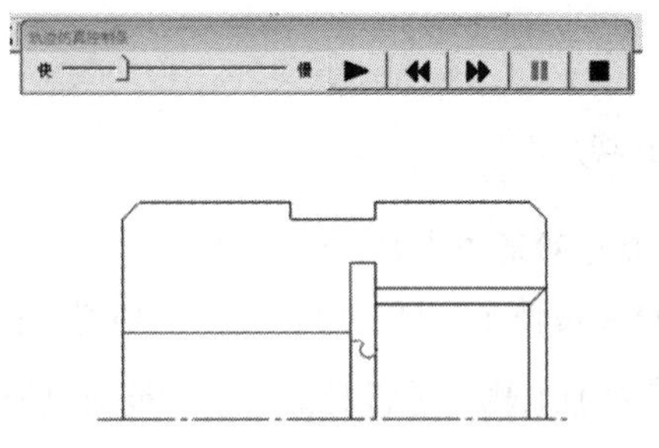

图1-9-30　内轮廓切槽轨迹验证仿真

（6）内轮廓螺纹轨迹验证仿真（见图1-9-31）。

2. 后置处理

把刀位数据文件转换成指定数控机床能执行的数控程序的过程称为后置处理。

选择“数控车”→“后置设置”命令，或单击快捷图标，进入后置处理设置对话框，根据机床数控系统要求设置具体参数。参见图 1-8-42 和图 1-8-43。

图 1-9-31　内螺纹轨迹验证仿真

3. 代码生成

参见图 1-8-44，选择“数控车”→“代码生成”命令，或单击快捷图标，选择机床对应系统后拾取刀具轨迹并确认，生成程序代码文件，如图 1-9-32 所示。

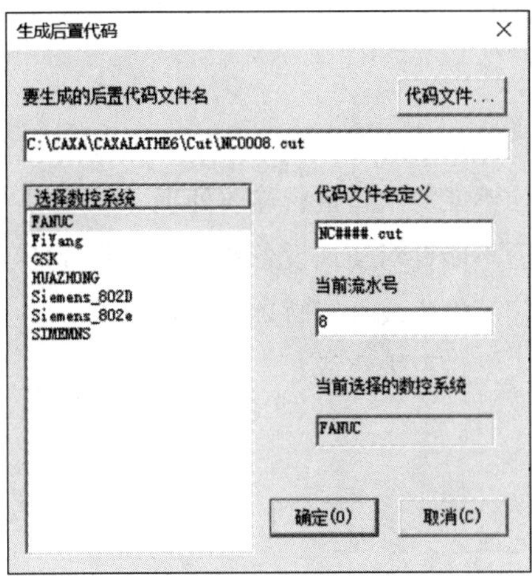

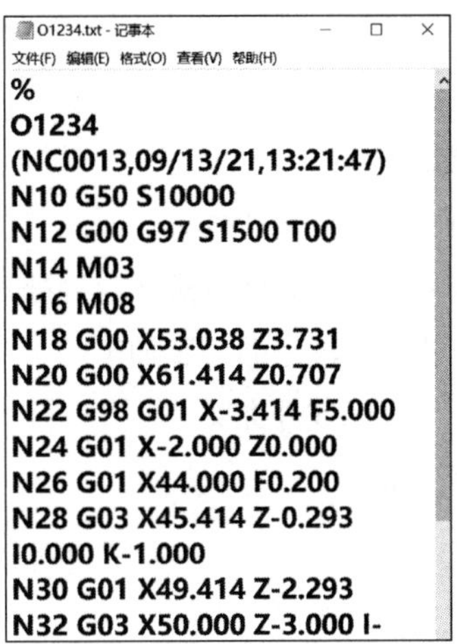

图 1-9-32　代码生成

已完成以上内容的同学，请将不同加工轨迹的文件名记录到下表中。

序号	工 步 内 容	程 序 名
1	外轮廓精车	
2	内轮廓粗车	
3	内轮廓精车	
4	切槽	
5	车螺纹	

4. 仿真验证

将生成的加工程序导入数控机床仿真软件中，进行仿真验证。

5. 知识拓展

能否将以上 5 个加工程序合并成一个，程序应该如何编辑？

完成以上内容，请与老师沟通。

纠错

1. 学生工作演示。
2. 教师过程纠错及6S点评。

结果

1. 自我评价

□能对轨迹进行修改处理。　□不能对轨迹进行修改处理。

□能针对实训设备特点进行后置处理。　□不能针对实训设备特点进行后置处理。

□能生成加工轨迹并仿真加工。　□不能生成加工轨迹并仿真加工。

□工作页已完成并提交。　□工作页未完成。　原因：________。

2. 教师评价

（1）工作页。

□工作页完成质量________。　□未完成。　原因：________。

（2）知识应用。

□会查阅网络资源检索所需信息。

□会设置用户坐标系。

□未完成。　原因：________。

（3）素养评价。

□小组配合度好　□积极的学习态度　□查阅资料能力好　□安全意识

教师签字：　　**日期：**

工整抄写下面这句话：

读书破万卷，下笔如有神。

<table>
<tr><td rowspan="2">工作页</td><td>项目 10　综合件自动编程加工——零件造型</td><td>姓名：</td><td>班级：</td></tr>
<tr><td>学习领域：数控车削编程加工技术</td><td>学号：</td><td>日期：</td></tr>
</table>

掌握 CAXA 数控车自动编程软件的综合件 CAD 零件造型方法。

导入

图 1-10-1 和图 1-10-2 所示为综合件内部结构与外部结构图，结合前几个项目的学习内容，试分析图 1-10-1 和图 1-10-2 所示综合件数控车自动编程的基本方法。

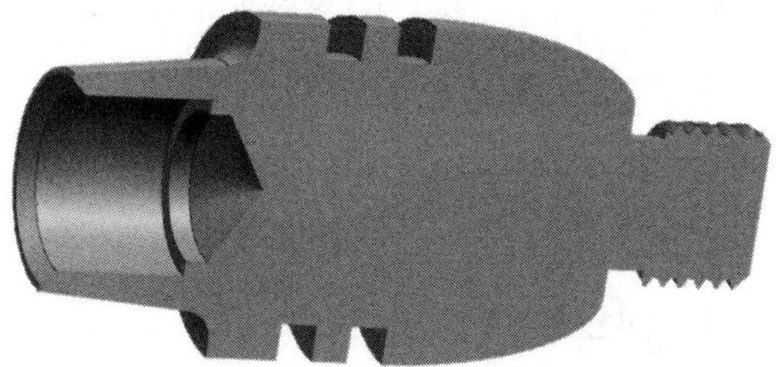

图 1-10-1　综合件内部结构

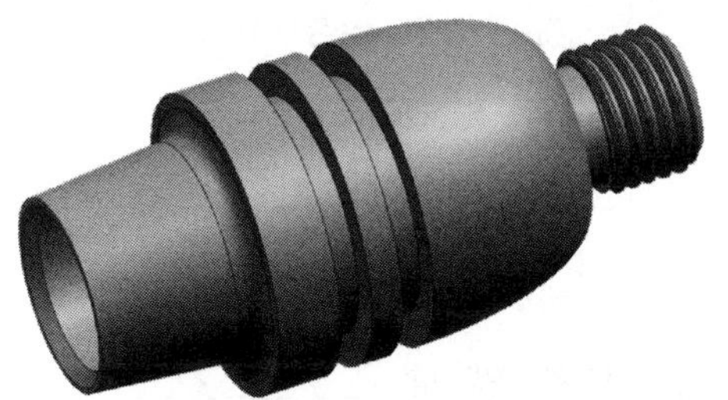

图 1-10-2　综合件外部结构

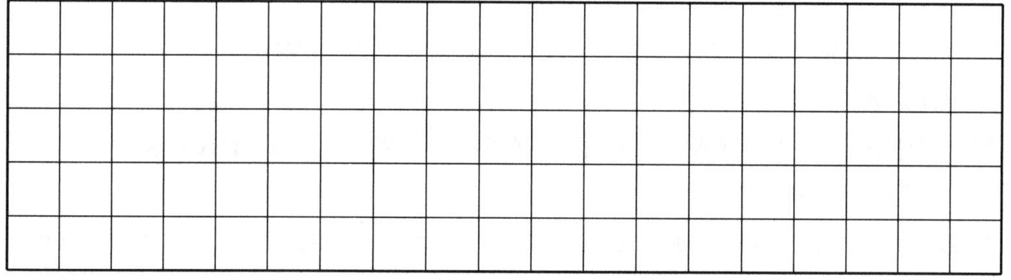

熟悉 CAXA 数控车自动编程软件界面，绘制综合件零件图，如图 1-10-3 所示。

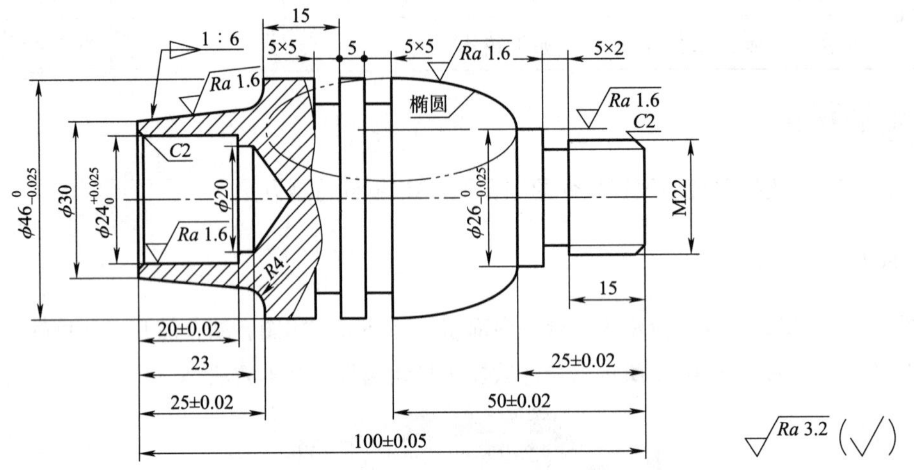

技术要求：
1. 未注倒角$C1$；
2. 所有表面不得用砂布、锉刀修饰。

					综合件	×××××有限公司		
标记	处数	更改文件名	签字	日期				
设计					铝合金	图样标记	质量	比例
								1∶1
			日期			共　张	第　张	

图 1-10-3　综合件零件图

行动

1. 分析图纸

该零件材料＿＿＿＿＿＿，包含外轮廓、＿＿＿＿＿＿、＿＿＿＿＿＿、＿＿＿＿＿＿、＿＿＿＿＿＿、＿＿＿＿＿＿、＿＿＿＿＿＿、＿＿＿＿＿＿、＿＿＿＿＿＿几处结构，其直径$\phi46_{-0.025}^{\ 0}$、$\phi26_{-0.025}^{\ 0}$、$\phi24_{\ 0}^{+0.033}$中值尺寸分别为＿＿＿＿＿＿、＿＿＿＿＿＿；螺纹大径尺寸为＿＿＿＿＿＿、螺纹小径尺寸为＿＿＿＿＿＿。毛坯直径取＿＿＿＿＿＿，长度取＿＿＿＿＿＿，确定装夹方式为＿＿＿＿＿＿。（一次装夹或二次装夹）。

2. 轮廓建模

结合零件图尺寸，使用 CAXA 数控车的 CAD 模块功能绘制被加工表面轮廓。

（1）绘制外轮廓：

绘制外轮廓，如图 1-10-4 所示；绘制退刀槽，如图 1-10-5 所示；绘制螺纹，如图 1-10-6 所示。

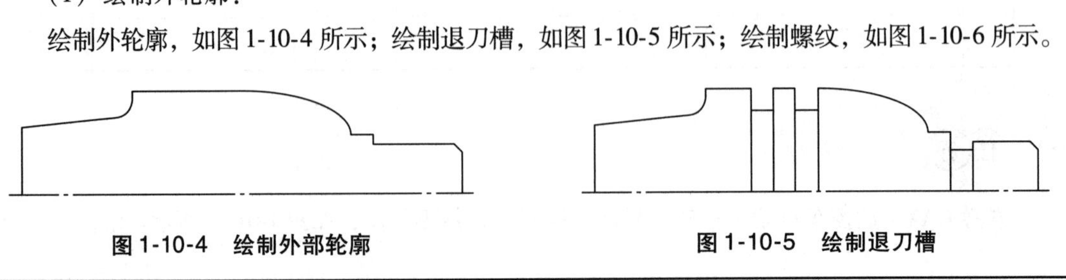

图 1-10-4　绘制外部轮廓

图 1-10-5　绘制退刀槽

（2）绘制内轮廓：

绘制底孔，如图 1-10-7 所示；绘制 $\phi 24^{+0.033}_{0}$孔，如图 1-10-8 所示。

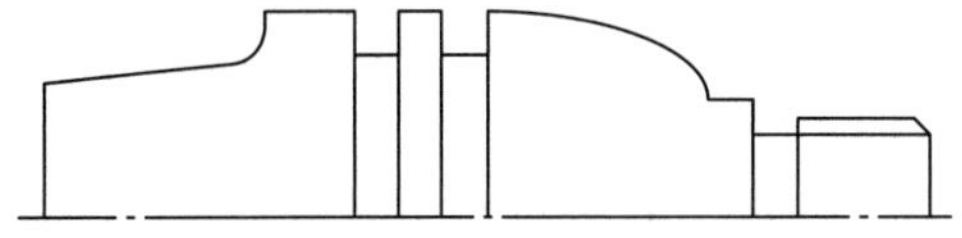

图 1-10-6　绘制螺纹

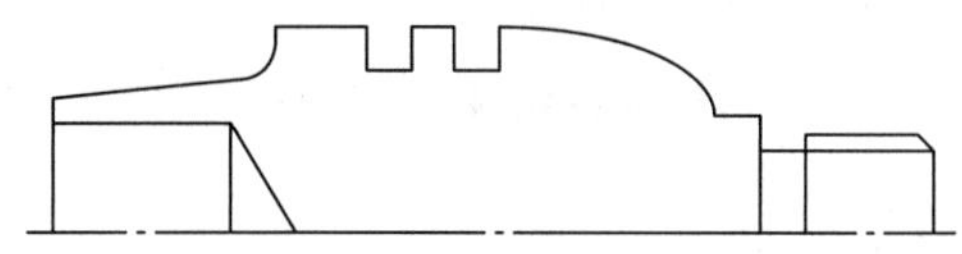

图 1-10-7　绘制底孔

（3）选择“几何变换”→“平面镜像”命令，选择对象后，绘制对称图形，完成综合件零件绘制，如图 1-10-9 所示。

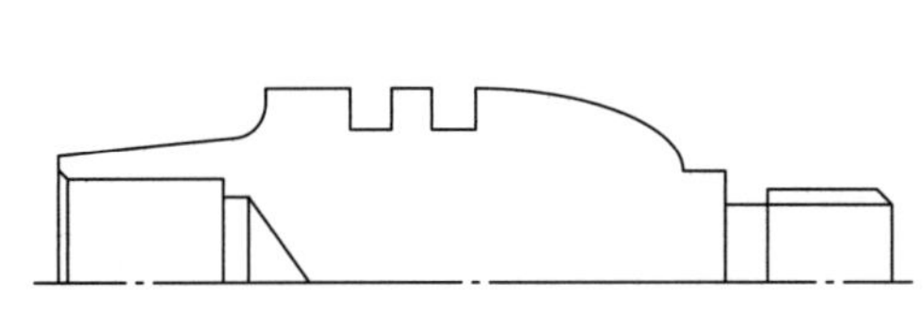

图 1-10-8　绘制 $\phi 24^{+0.033}_{0}$孔

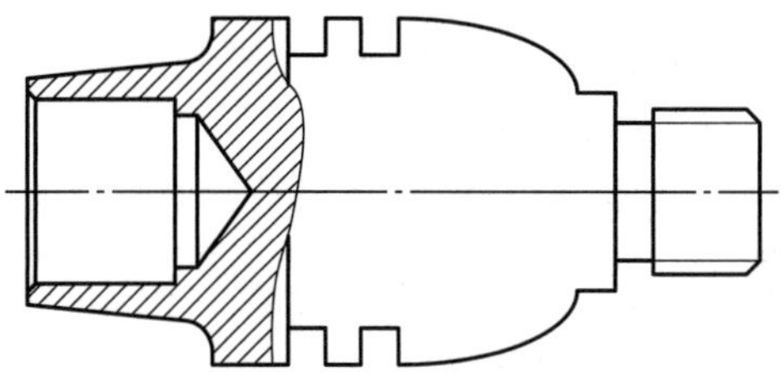

图 1-10-9　综合件零件

3. 知识拓展

（1）CAXA 数控车软件椭圆如何绘制？

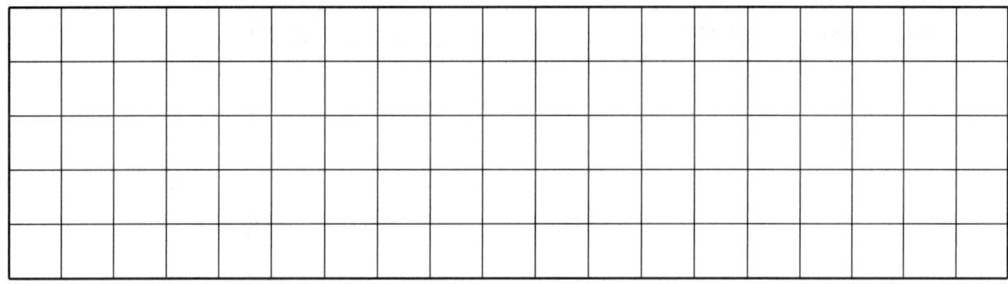

（2）CAXA 数控车软件锥度线如何绘制？

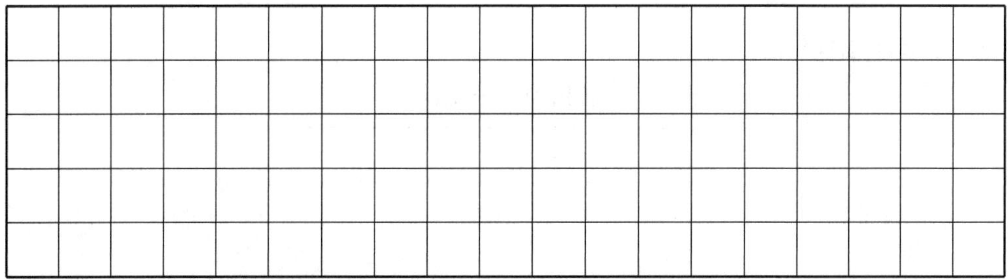

完成以上内容，请与老师沟通。

纠错

1. 学生工作演示。
2. 教师过程纠错及 6S 点评。

结果

1. 自我评价

□掌握数控自动编程软件的编程步骤。　　　□未掌握数控自动编程软件的编程步骤。

□能使用 CAXA 的 CAD 模块功能绘制零件图形。

□不能使用 CAXA 的 CAD 模块功能绘制零件图形。

□工作页已完成并提交。　□工作页未完成。　原因：________________。

2. 教师评价

（1）工作页。

□工作页完成质量________。□未完成。　原因：________________。

（2）知识应用。

□会查阅网络资源检索所需信息。

□掌握 CAXA 数控车 CAD 模块功能绘制零件图形的方法。

□未完成。　原因：________________。

（3）素养评价。

□小组配合度好　　□积极的学习态度　　□查阅资料能力好　　□安全意识

教师签字：　　　　**日期：**

工整抄写下面这句话：

满招损，谦受益。

工作页	项目 10　综合件自动编程加工——刀轨设置	姓名：	班级：
	学习领域：数控车削编程加工技术	学号：	日期：

教学目标

1. 掌握轴类零件工件工艺分析方法。
2. 掌握 CAXA 数控车综合件零件的内、外轮廓加工及参数设置方法。
3. 掌握 CAXA 数控车综合零件的掉头加工及参数设置方法。

导入

1. 载入前面所绘综合件零件模型（见图 1-10-9），根据工艺要求使用 CAXA 数控车软件的轮廓粗车、轮廓精车、切槽、车螺纹功能完成刀具轨迹设置，为程序后置处理及生成奠定基础。

2. 简述综合件零件加工方法及具体工艺内容。

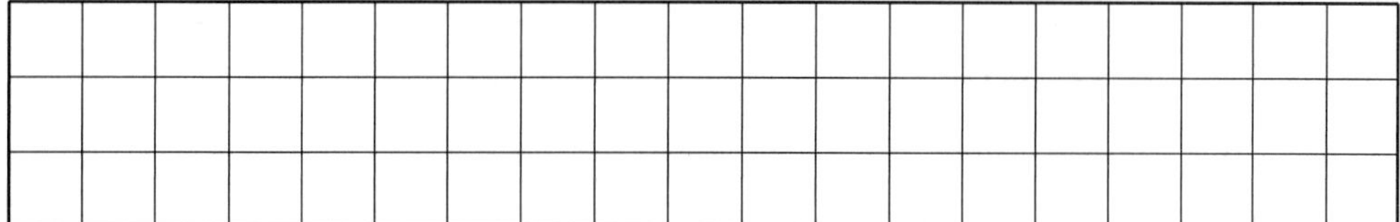

任务

1. 完成综合件零件的数控加工工艺制订。
2. 使用 CAXA 数控车软件拾取综合件轮廓粗车、轮廓精车、切槽、车螺纹的加工。

行动

1. 工艺分析

结合毛坯材料及加工条件，选择合适刀具，并确定加工参数填写下表。

工序号	工 序 内 容	主轴转速	进给速度	背吃刀量	余量	刀具
1	夹右端，保证伸出量 70 以上	600 r/min	0.25 mm/r	2 mm	0.5 mm	35°外圆车刀
2	粗车左端外轮廓					
3	精车左端外轮廓					
4	切 2 个 5×5 槽					
5	钻 ϕ20 底孔，深度 23					
6	精车 $\phi24^{+0.033}_{0}$ 内孔及倒角					
7	掉头装夹，夹持 $\phi46^{0}_{-0.025}$ 外圆，工件伸出 60 以上					

续表

工序号	工 序 内 容	主轴转速	进给速度	背吃刀量	余量	刀具
8	车端面，保证工件总长 100					
9	粗车右端外轮廓					
10	精车右端外轮廓					
11	切 5 ×2 退刀槽					
12	车削螺纹					

2. 刀具轨迹处理

（1）拾取轮廓粗车轨迹及其毛坯。

载入综合件零件模型，并提取外轮廓粗车加工内容，如图 1-10-10（a）所示。

结合毛坯尺寸（直径 50），绘制毛坯轮廓线，如图 1-10-10（b）所示。

删除多余线条，只保留轮廓线及毛坯线，如图 1-10-10（c）所示。

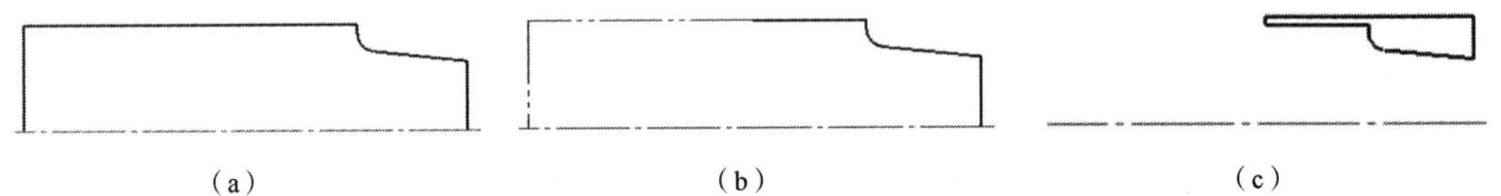

（a）　　（b）　　（c）

图 1-10-10　绘制外轮廓粗车轨迹

选择“数控车”→“轮廓粗车”命令，或单击快捷图标，按照拟定工艺分析具体参数结果，将具体数值输入到指定位置（加工参数、进退刀方式、切削用量及轮廓车刀）。

参数设置后，按照软件左下角命令提示行指示“拾取被加工工件表面轮廓”，拾起始轮廓线，如图 1-10-11 所示虚线位置，并指定加工方向（光标位置方向）。

生成粗车加工轨迹，并将本轨迹复制，如图 1-10-11 所示。

注意：

- 用户坐标系与工件坐标系原点位置应一致。
- 零件整体模型应复制，以防丢失后重复绘制。
- 需要指出的是此处切削行距为背吃刀量数值。

（2）拾取外轮廓精车轨迹。

载入综合件零件模型，并提取轮廓精车加工内容，如图 1-10-12 所示。

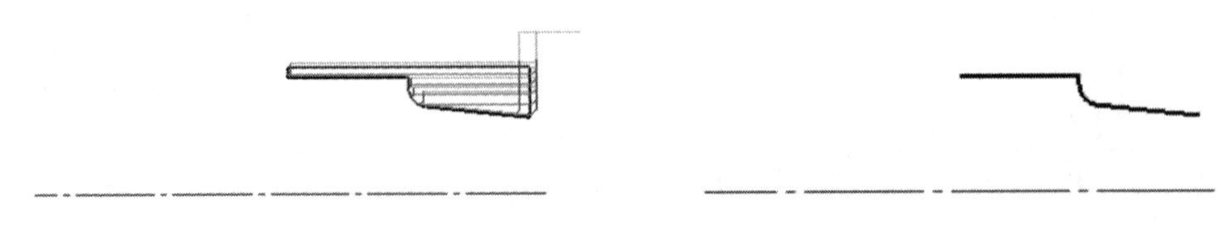

图 1-10-11　外轮廓粗车加工轨迹　　**图 1-10-12　绘制外轮廓精车轨迹**

选择“数控车”→“轮廓精车”命令，或单击快捷图标，按照拟定工艺分析具体参数结果，将具体数值输入到指定位置（加工参数、进退刀方式、切削用量及轮廓车刀），如图 1-10-13 所示。

（3）拾取切槽轨迹。

载入综合件零件模型，并提取切槽加工内容，如图 1-10-14 所示。

图 1-10-13 外轮廓粗车加工轨迹　　图 1-10-14 绘制切槽加工轨迹

选择“数控车”→“切槽”命令，或单击快捷图标，按照拟定工艺分析具体参数结果，将具体数值输入到指定位置（切槽加工参数、切削用量及切槽刀具）。

生成刀具轨迹如图 1-10-15 所示。

（4）拾取内轮廓（内孔）粗车加工轨迹。

注意：$\phi20$ 底孔使用尾座装夹钻头加工，不是自动编程内容，如图 1-10-16 所示。

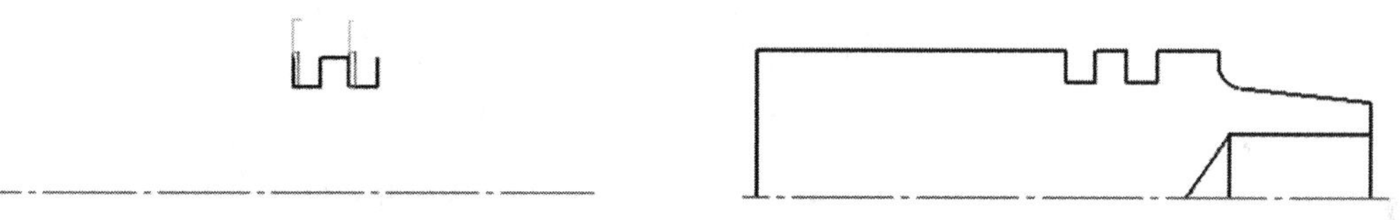

图 1-10-15 外轮廓粗车加工轨迹　　图 1-10-16 加工底孔

载入综合件零件模型，并提取内孔 $\phi24^{+0.033}_{0}$ 加工内容，如图 1-10-17（a）所示，简化后如图 1-10-17（b）所示。

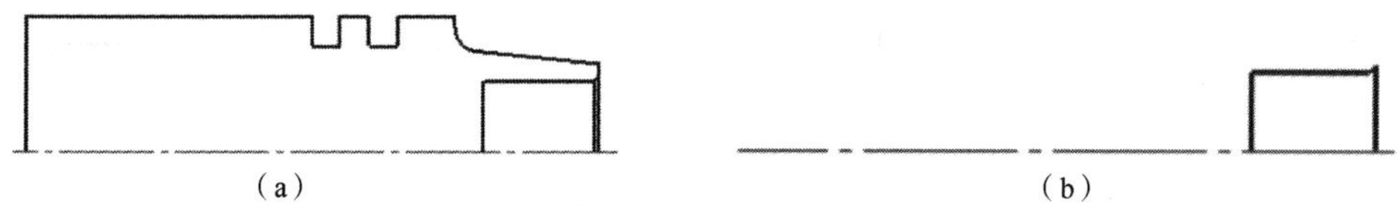

（a）　　（b）

图 1-10-17 绘制内轮廓粗车轨迹

选择“数控车”→“轮廓粗车”命令，或单击快捷图标，选择内孔加工，按照拟定工艺分析具体参数结果，将具体数值输入到指定位置（加工参数、进退刀方式、切削用量及轮廓车刀）。

生成粗车加工轨迹，并将本轨迹复制，如图 1-10-18 所示。

（5）拾取内轮廓（内孔）精车加工轨迹。

载入综合件零件模型，并提取轮廓精车加工内容，如图 1-10-19 所示。

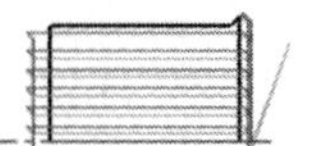

图 1-10-18 内轮廓粗车加工轨迹

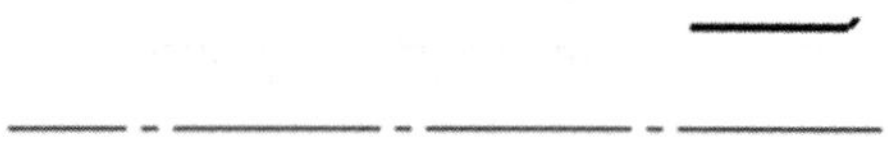

图 1-10-19 绘制内轮廓精车加工轨迹

选择“数控车”→“轮廓精车”命令，或单击快捷图标，按照拟定工艺分析具体参数结果，将具体数值输入到指定位置（加工参数、进退刀方式、切削用量及轮廓车刀），生成加工轨迹如图 1-10-20 所示。

（6）掉头装夹。

掉头装夹，夹持 $\phi46_{\ 0}^{-0.025}$ 外圆，工件伸出 60 以上，切端面，保证工件总长 100 ± 0.05，如图 1-10-21 所示。

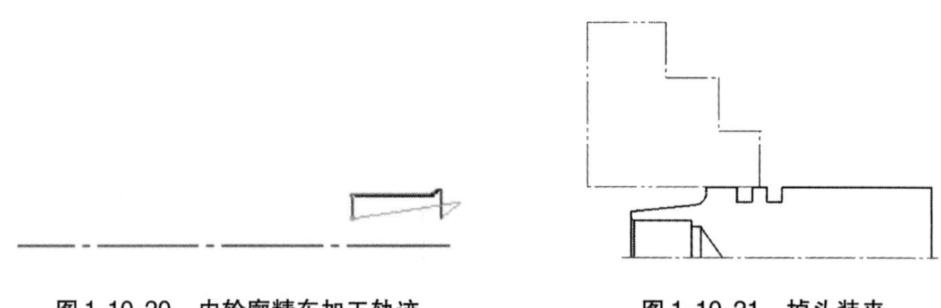

图 1-10-20 内轮廓精车加工轨迹

图 1-10-21 掉头装夹

（7）拾取轮廓粗车轨迹及其毛坯。

载入综合件零件模型，如图 1-10-22（a）所示。提取轮廓粗车加工内容，如图 1-10-22（b）所示。

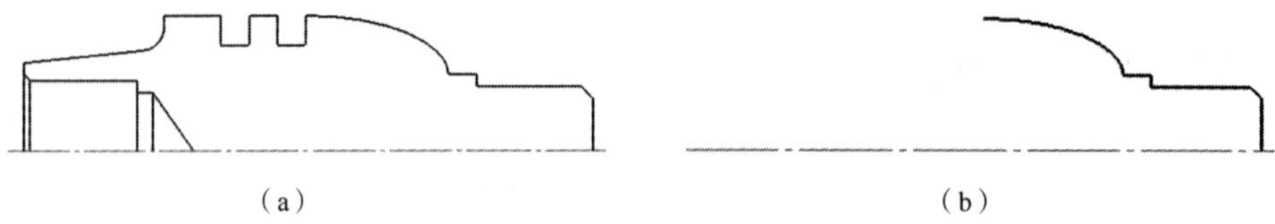

（a）

（b）

图 1-10-22 绘制外轮廓粗车轨迹

删除多余线条，只保留轮廓线及毛坯线，如图 1-10-23 所示。

选择“数控车”→“轮廓粗车”命令，或单击快捷图标，按照拟定工艺分析具体参数结果，将具体数值输入到指定位置（加工参数、进退刀方式、切削用量及轮廓车刀）。

参数设置后，按照软件左下角命令提示行指示“拾取被加工工件表面轮廓”，拾起始轮廓线，如图 1-10-24 所示虚线位置，并指定加工方向（光标位置方向）。

生成粗车加工轨迹，如图 1-10-24 所示。

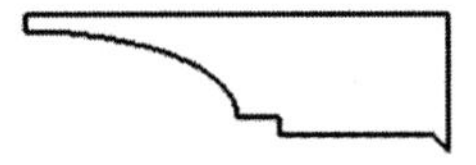

图 1-10-23　绘制外轮廓粗车轨迹及毛坯

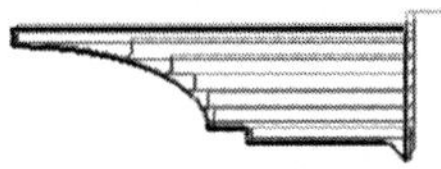

图 1-10-24　外轮廓粗车加工轨迹

为了保证螺纹加工的有效长度效果，需要将螺纹大径的两个端点适当延长，即螺纹的起始点和终止点位置。

（8）拾取外轮廓精车轨迹。

载入综合件零件模型，并提取轮廓精车加工内容，如图 1-10-25 所示。

选择“数控车”→“轮廓精车”命令，或单击快捷图标，按照拟定工艺分析具体参数结果，将具体数值输入到指定位置（加工参数、进退刀方式、切削用量及轮廓车刀），生成加工轨迹如图 1-10-26 所示。

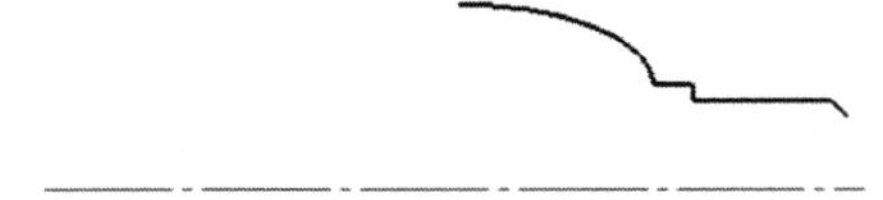

图 1-10-25　绘制外轮廓精车轨迹

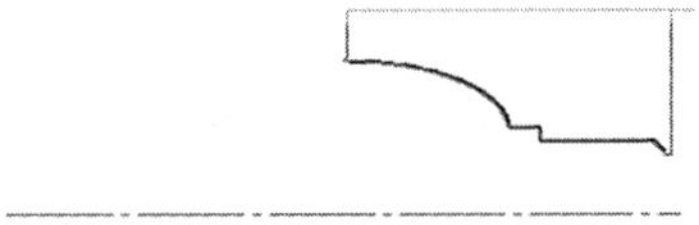

图 1-10-26　外轮廓精车加工轨迹

（9）拾取切槽轨迹。

载入综合件零件模型，并提取切槽加工内容，如图 1-10-27 所示。

选择“数控车”→“切槽”命令，或单击快捷图标，按照拟定工艺分析具体参数结果，将具体数值输入到指定位置（切槽加工参数、切削用量及切槽刀具）。

生成刀具轨迹如图 1-10-28 所示。

图 1-10-27　绘制切槽轨迹

图 1-10-28　切退刀槽加工轨迹

（10）拾取螺纹轨迹。

载入综合件零件模型，如图 1-10-29（a）所示。并提取螺纹加工内容，螺纹大径线，如图 1-10-29（b）所示。

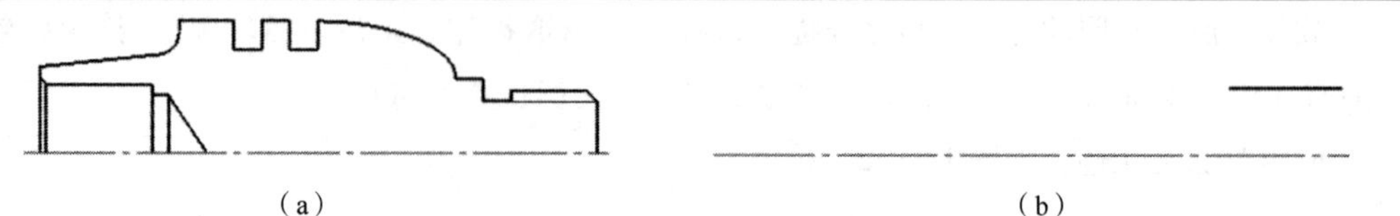

图 1-10-29　绘制外螺纹轨迹

选择“数控车”→“车螺纹”命令，或单击快捷图标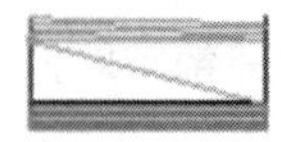。

按照拟定工艺分析具体参数结果，将具体数值输入到指定位置（螺纹参数、螺纹加工参数、进退刀方式、切削用量及螺纹车刀）。

生成刀具轨迹如图 1-10-30 所示。

图 1-10-30　外螺纹加工轨迹

3. 知识拓展

(1) 工件掉头装夹后应该如何对刀，并保证工件总长？

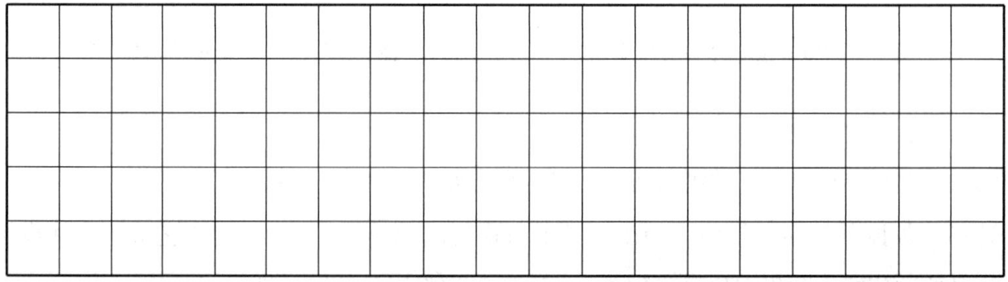

(2) 在每次拾取加工轨迹时都需要删除原图形中的多余线条吗？为什么？

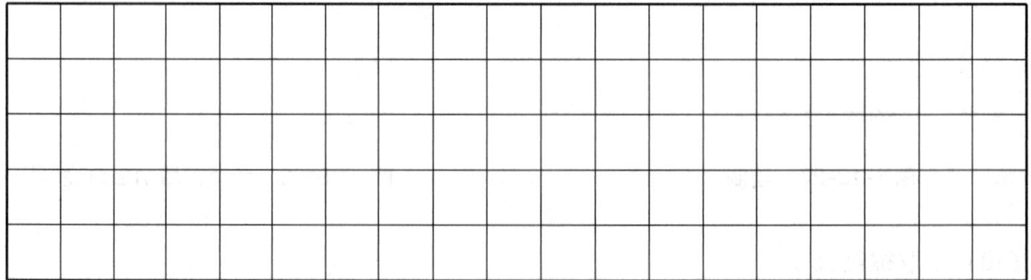

完成以上内容，请与老师沟通。

纠错

1. 学生工作演示。
2. 教师过程纠错及6S点评。

结果

1. 自我评价

□掌握综合件工艺分析方法。 □未掌握综合件工艺分析方法。

□能完成综合件零件的内、外轮廓加工及参数设置。

□不能完成综合件零件的内、外轮廓加工及参数设置。

□能完成综合件零件的掉头加工及参数设置。

□不能完成综合件零件的掉头加工及参数设置。

□工作页已完成并提交。 □工作页未完成。 原因：______________________________。

2. 教师评价

（1）工作页。

□工作页完成质量______________ □未完成。 原因：______________________________。

（2）知识应用。

□会查阅网络资源检索所需信息。

□掌握CAXA轨迹处理的技巧。

□未完成。 原因：____。

（3）素养评价。

□小组配合度好 □积极的学习态度 □查阅资料能力好 □安全意识

教师签字： **日期：**

工整抄写下面这句话：

尺有所短，寸有所长。

<table>
<tr><td rowspan="2">工作页</td><td>项目 10　综合件自动编程加工——程序处理</td><td>姓名：</td><td>班级：</td></tr>
<tr><td>学习领域：数控车削编程加工技术</td><td>学号：</td><td>日期：</td></tr>
</table>

教学目标

1. 掌握 CAXA 数控车综合件类零件的后置处理方法。
2. 掌握 CAXA 数控车综合件类零件的程序生成方法。

导入

载入前面已生成的螺纹轴零件各刀具轨迹，如图 1-10-31 所示。图 1-10-31（a）左侧外轮廓粗车；图 1-10-31（b）左侧外轮廓精车；图 1-10-31（c）左侧切槽；图 1-10-31（d）左侧内轮廓粗车；图 1-10-31（e）左侧内轮廓精车；图 1-10-31（f）掉头右侧外轮廓粗车；图 1-10-31（g）右侧外轮廓精车；图 1-10-31（h）右侧加工退刀槽；图 1-10-31（i）右侧加工螺纹。对出现的错误进行修改。

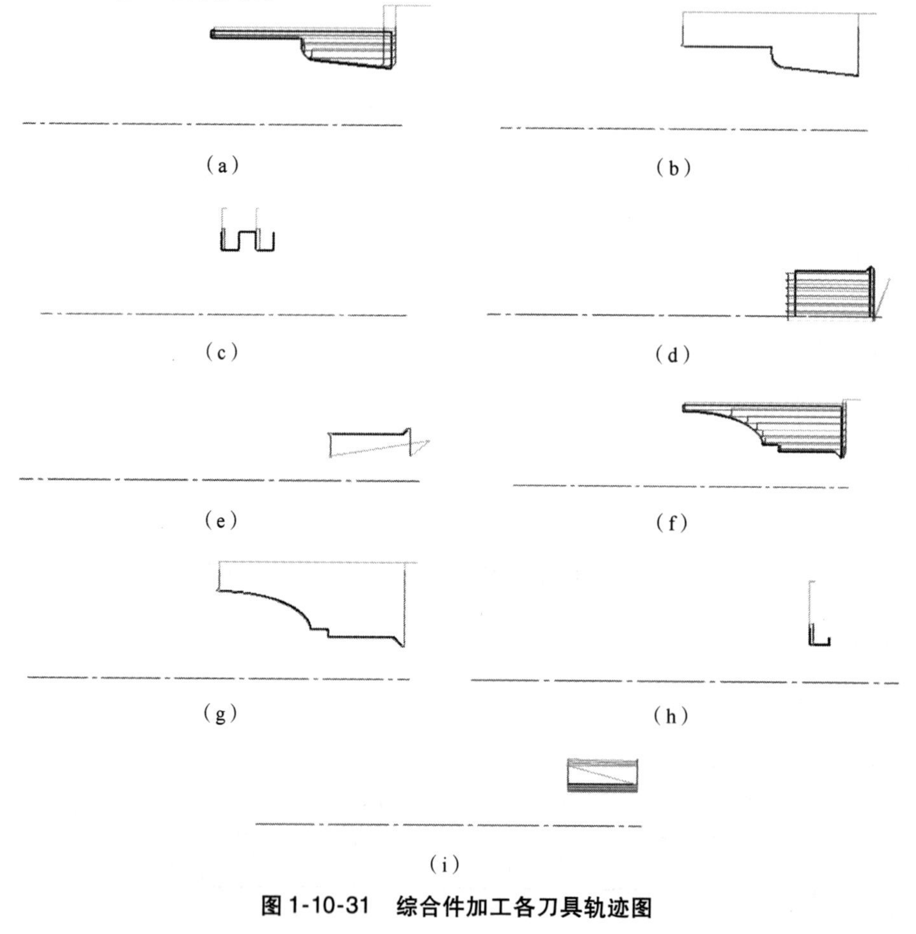

图 1-10-31　综合件加工各刀具轨迹图

任务

1. 对各程序轨迹进行验证仿真并修改。

2. 根据机床系统要求使用 CAXA 数控车软件的后置处理功能，生成粗精车、切槽、螺纹代码程序。

行动

1. 轨迹验证仿真并修改参数

CAXA 数控车软件自带仿真验证功能，选择“数控车”→“轨迹仿真”命令，或单击快捷图标对加工轨迹进行验证，该功能有动态、静态、二维实体三种验证效果，参见图 1-8-35 和图 1-8-36。

如果仿真验证结果轨迹图形出现问题时，可对加工轨迹图形进行修改。如果仿真验证结果参数出现问题时，可对加工参数进行对应修改，方法为选择“数控车”→“修改参数”命令，或单击快捷图标，参见图 1-8-37。

（1）外轮廓粗车轨迹验证仿真（见图 1-10-32）。

选择“数控车”→“轨迹仿真”命令，或单击快捷图标，拾取轮廓粗车刀具轨迹后并确认。如出现问题及时对加工轨迹图形或加工参数进行对应修改。

（2）外轮廓精车轨迹验证仿真（见图 1-10-33）。

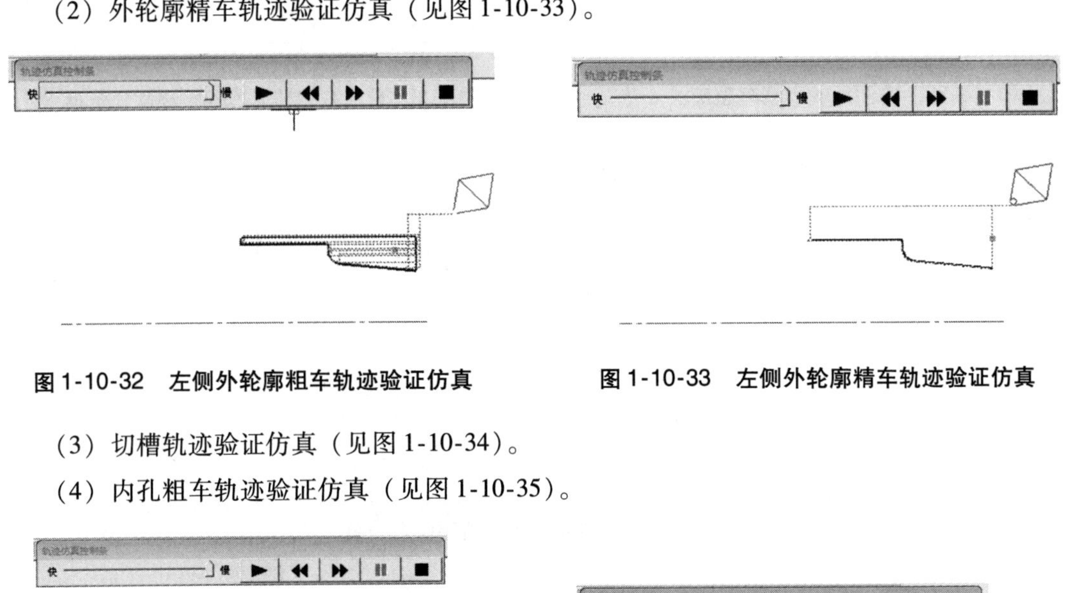

图 1-10-32　左侧外轮廓粗车轨迹验证仿真　　图 1-10-33　左侧外轮廓精车轨迹验证仿真

（3）切槽轨迹验证仿真（见图 1-10-34）。

（4）内孔粗车轨迹验证仿真（见图 1-10-35）。

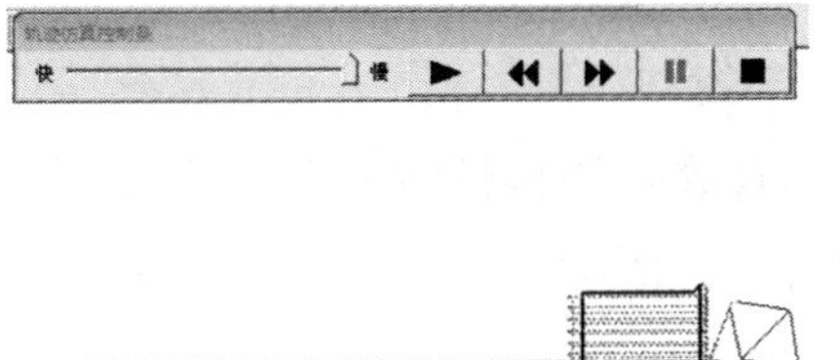

图 1-10-34　左侧切槽轨迹验证仿真

图 1-10-35　左侧内轮廓粗车轨迹验证仿真

（5）内孔精车轨迹验证仿真（见图 1-10-36）。

（6）掉头装夹，外轮廓粗车轨迹验证仿真（图 1-10-37）。

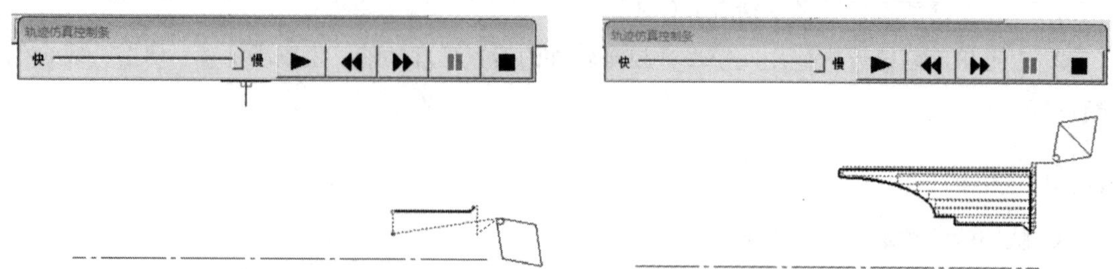

图 1-10-36　左侧内轮廓精车轨迹验证仿真

图 1-10-37　右外轮廓粗车轨迹验证仿真

（7）外轮廓精车轨迹验证仿真（见图 1-10-38）。

（8）切退刀槽轨迹验证仿真（见图 1-10-39）。

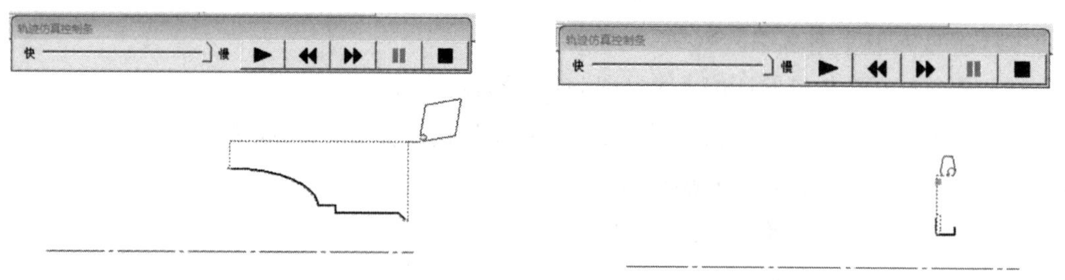

图 1-10-38　右侧外轮廓精车轨迹验证仿真

图 1-10-39　右侧切退刀槽轨迹验证仿真

（9）螺纹轨迹验证仿真（见图 1-10-40）。

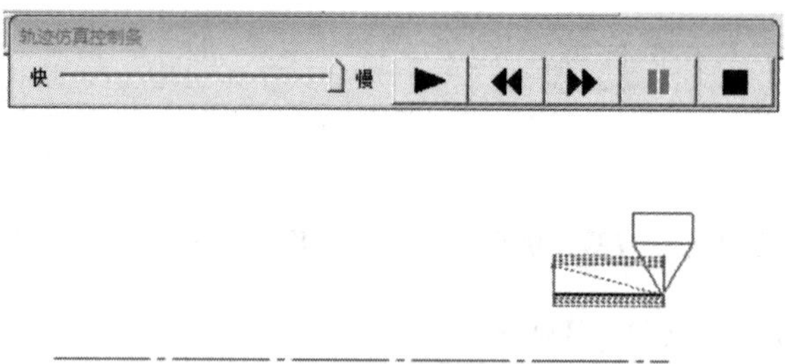

图 1-10-40　右侧车螺纹轨迹验证仿真

2. 后置处理

把刀位数据文件转换成指定数控机床能执行的数控程序的过程称为后置处理。

选择“数控车”→“后置设置”命令，或单击快捷图标。进入后置处理设置对话框，根据机床数控系统要求设置具体参数，参见图 1-8-42 和图 1-8-43。

3. 代码生成

参见图 1-8-44，选择“数控车”→“代码生成”命令，或单击快捷图标，选择机床对应系统后拾取刀具轨迹并确认，生成程序代码文件，如图 1-10-41 所示。

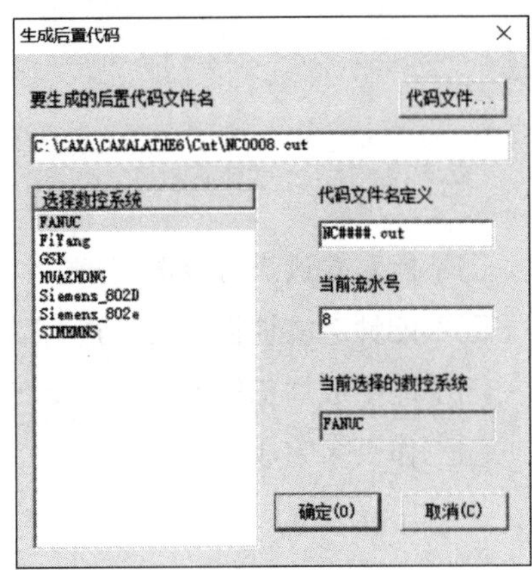

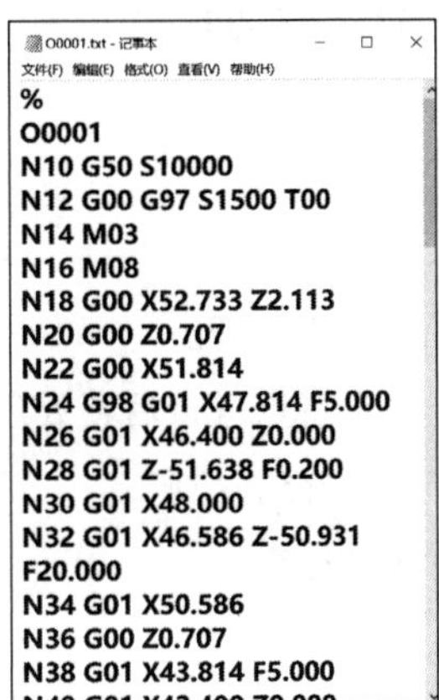


```
%
O0001
N10 G50 S10000
N12 G00 G97 S1500 T00
N14 M03
N16 M08
N18 G00 X52.733 Z2.113
N20 G00 Z0.707
N22 G00 X51.814
N24 G98 G01 X47.814 F5.000
N26 G01 X46.400 Z0.000
N28 G01 Z-51.638 F0.200
N30 G01 X48.000
N32 G01 X46.586 Z-50.931
F20.000
N34 G01 X50.586
N36 G00 Z0.707
N38 G01 X43.814 F5.000
```

图 1-10-41　代码生成

完成以上内容的同学，请将不同加工轨迹的文件名记录到下表中。

序号	工 步 内 容	程 序 名
1	左侧外轮廓粗车	
2	左侧外轮廓粗车	
3	左侧切槽	
4	左侧内轮廓粗车	
5	左侧内轮廓精车	
6	右侧外轮廓粗车	
7	右侧外轮廓精车	
8	右侧切槽	
9	右侧螺纹	

4. 仿真验证

将生成的加工程序导入数控机床仿真软件中，进行仿真验证。

5. 知识拓展

自动编程生成的加工程序在工件实际加工过程中，如果出现误差应如何处理？

完成以上内容，请与老师沟通。

纠错

1. 学生工作演示。
2. 教师过程纠错及6S点评。

结果

1. 自我评价

□能对轨迹进行修改处理。　□不能对轨迹进行修改处理。
□能针对实训设备特点进行后置处理。　□不能针对实训设备特点进行后置处理。
□能生成加工轨迹并仿真加工。　□不能生成加工轨迹并仿真加工。
□工作页已完成并提交。　□工作页未完成。　原因：________________。

2. 教师评价

(1) 工作页。
□工作页完成质量____________。　□未完成。　原因：________________________。
(2) 知识应用。
□会查阅网络资源检索所需信息。
□会设置用户坐标系。
□未完成。　原因：____。
(3) 素养评价。
□小组配合度好　□积极的学习态度　□查阅资料能力好　□安全意识

教师签字：　**日期：**

工整抄写下面这句话：

博学之，审问之，慎思之，明辨之，笃行之。

第二部分　实操训练模块

项目 1　多台阶轴加工

一、教学目标

1. 掌握中等复杂台阶轴类零件图识读。
2. 掌握中等复杂台阶轴类零件加工工艺的制订。
3. 掌握中等复杂台阶轴类零件加工程序的编制方法。
4. 掌握中等复杂台阶轴类零件加工刀具的选择方法。
5. 掌握数控车床的操作方法。
6. 常用测量外径工具使用。
7. 能做好现场 6S 管理。

二、工作内容

完成多台阶轴零件加工，如图 2-1-1 所示。

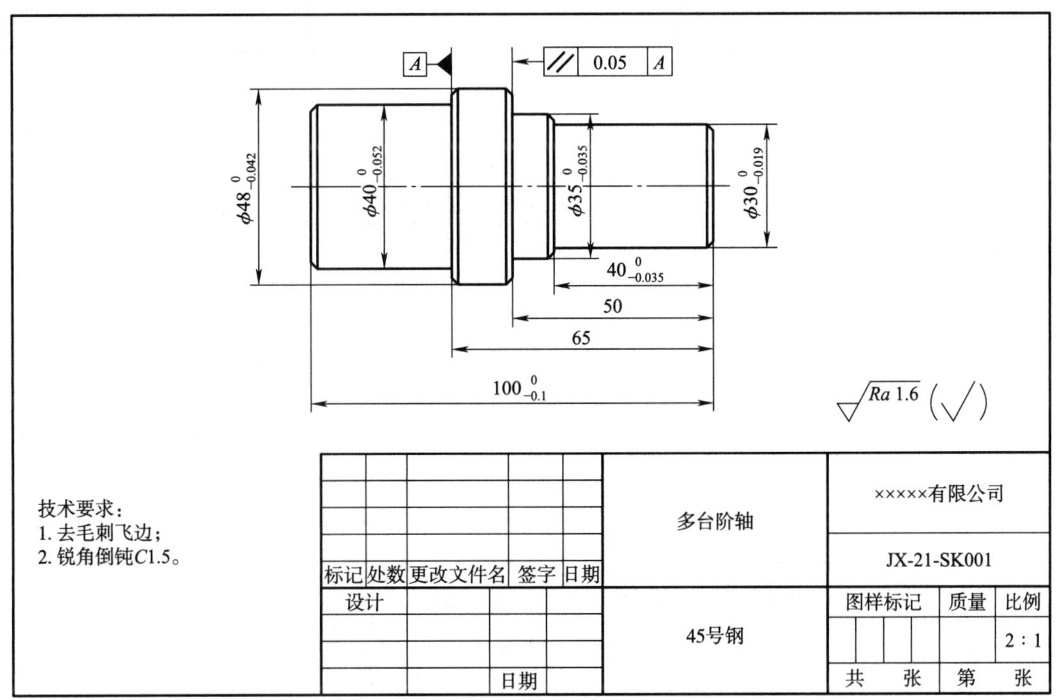

图 2-1-1　多台阶轴零件图

三、项目实施

零件外形比较简单，计算量比较少，程序编制比较容易，但是四个台阶有严格的尺寸精度和表面质量要求。该零件的加工难点在于如何确保这四个台阶的尺寸精度和表面质量要求，以及 $\phi48_{-0.042}^{\ 0}$ mm 外圆端面的平行度要求。

1. 工艺分析

工艺卡填写，工艺卡见表 2-1-1。

表 2-1-1　多台阶轴数控加工工艺卡

单位名称		产品名称或代号	零件名称	零件图号
工序号	程序编号	夹具名称	使用设备	车间
001		自定心卡盘	CK6140	数控

工步号	工步内容	刀具号	刀具规格/mm	主轴转速/（r/min）	进给速度/（r/min）	背吃刀量/mm	备注
1							
2							
3							
4							
5							
6							
7							

编制		审核		批准		年　月　日	共　页	第　页

2. 程序编制

程序单填写，程序单见表 2-1-2。

表 2-1-2　多台阶轴加工程序单

单位名称		零件名称		零件图号	

画出简图并标出坐标原点	刀具号	刀具名	刀具作用

段号	程　序　名		注　　释

续表

段号	程序名		注释

编制		审核		批准		年　月　日	共　页	第　页

3. 加工操作

1）准备清单

准备主要包括材料准备、设备准备、工量刃具准备，见表2-1-3至表2-1-5。

表2-1-3　材料准备

名　称	规　格	数　量
45号钢	ϕ50 mm×105 mm	1件/人

表2-1-4　设备准备

名　称	规　格	数　量
数控车床		1台
自定心卡盘	对应工件	1副/台
自定心卡盘扳手	对应机床	1副/台
刀架扳手	对应机床	1副/台
钻夹头	对应机床	1副/台

表2-1-5　工具、量具、刀具及其他准备

序号	名　称	型　号	数　量
1	外圆粗车刀	90°粗车刀	1
2	外圆粗车刀	93°精车刀	1
3	切槽刀	3mm宽	1
4	螺纹刀	60°	1
5	中心钻	A3. 5	1

续表

序号	名　称	型　号	数　量
6	千分尺	25 ~ 50 mm	1
7	游标卡尺	0.02 mm/0 ~ 150 mm	1
8	游标深度卡尺	0.02 mm/0 ~ 150 mm	1
9	圆弧样板	R40 mm	1
10	薄铜皮	0.05 ~ 0.10 mm	若干
11	螺纹环规		

2）零件加工

（1）加工零件左端 $\phi40_{-0.052}^{\ 0}$、$\phi48_{-0.042}^{\ 0}$轮廓。

①装夹工件，伸出 60 mm 左右，找正。

②调出程序，检查工件、刀具是否按要求夹紧，刀具是否已完成对刀，将外圆精车刀设置一定磨损量用于尺寸控制。

③选择自动加工方式，调小进给倍率，按数控启动键进行自动加工，加工中观察切削情况，逐步将进给倍率调至适当大小。

④程序运行至暂停段，停机，测量外圆尺寸并进行外圆尺寸控制。

（2）加工零件右端轮廓。

①掉头装夹，以 ϕ48 mm 左端面进行定位，用百分表找正，保证平行度要求。

②调出程序，检查工件、刀具是否按要求夹紧，刀具是否已完成对刀，将外圆精车刀设置一定磨损量用于尺寸控制。

③选择自动加工方式，调小进给倍率，按数控启动键进行自动加工，加工中观察切削情况，逐步将进给倍率调至适当大小。

④程序运行至暂停段，停机，测量外圆尺寸并进行外圆尺寸控制。

⑤加工结束后及时清扫机床。

四、项目考核

操作评分内容主要包括：工件质量、现场操作、程序编制三部分内容，见表 2-1-6 至表 2-1-9。

表 2-1-6　操作技能考核总成绩表

序号	项目名称	配　分	得　分	备　注
1	现场操作	10		
2	程序编制	20		
3	工件质量	70		
合计		100		

表 2-1-7　质量评分表

序号	考核项目		扣分标准	配分	得分
1	长度/mm	$100_{-0.1}^{0}$	每超差 0.1 mm 扣 2 分	8	
2		$40_{-0.035}^{0}$	不合格不得分	8	
3		50	不合格不得分	6	
4		65	不合格不得分	6	
5	外圆	$\phi30_{-0.019}^{0}$	每超差 0.01 mm 扣 2 分	6	
6		$\phi35_{-0.035}^{0}$	每超差 0.01 mm 扣 2 分	6	
7		$\phi40_{-0.052}^{0}$	每超差 0.01 mm 扣 2 分	6	
8		$\phi48_{-0.042}^{0}$	每超差 0.01 mm 扣 2 分	6	
9	倒角	$C1.5$（五处）	不合格不得分	5	
10	表面粗糙度/μm	$Ra1.6$（八处）	降级不得分	8	
11	形位公差/mm	平行度公差为 0.05	每超差 0.01 mm 扣 1 分	5	
合计				70	
评分人		年　月　日	核分人		年　月　日

表 2-1-8　现场操作规范评分表

序号	项　　目	考核内容	配分	现场表现	得分
1	现场操作规范	正确使用机床	2		
2		正确使用量具	2		
3		合理使用刃具	2		
4		设备维护保养	4		
合计			10		

表 2-1-9　程序编制评分

序号	考核内容	扣分标准	配分	得分
1	建立工件坐标系	出现错误不得分	2	
2	程序代码正确	一处错误扣 2 分	8	
3	刀具轨迹显示正确	不正确不得分	5	
4	程序完整性	一处错误扣 2 分	5	
合计			20	

项目 2 外螺纹轴加工

一、教学目标

1. 掌握中等复杂螺纹类零件图识读方法。
2. 掌握中等复杂螺纹类零件加工工艺的制订。
3. 掌握螺纹加工指令的应用方法。
4. 掌握中等复杂螺纹类零件加工程序的编制方法。
5. 掌握中等复杂螺纹轴类零件加工刀具的选择方法。
6. 掌握数控车床的操作方法。
7. 常用外螺纹测量工具使用。
8. 能做好现场 6S 管理。

二、工作内容

完成圆弧螺纹轴零件加工，如图 2-2-1 所示。

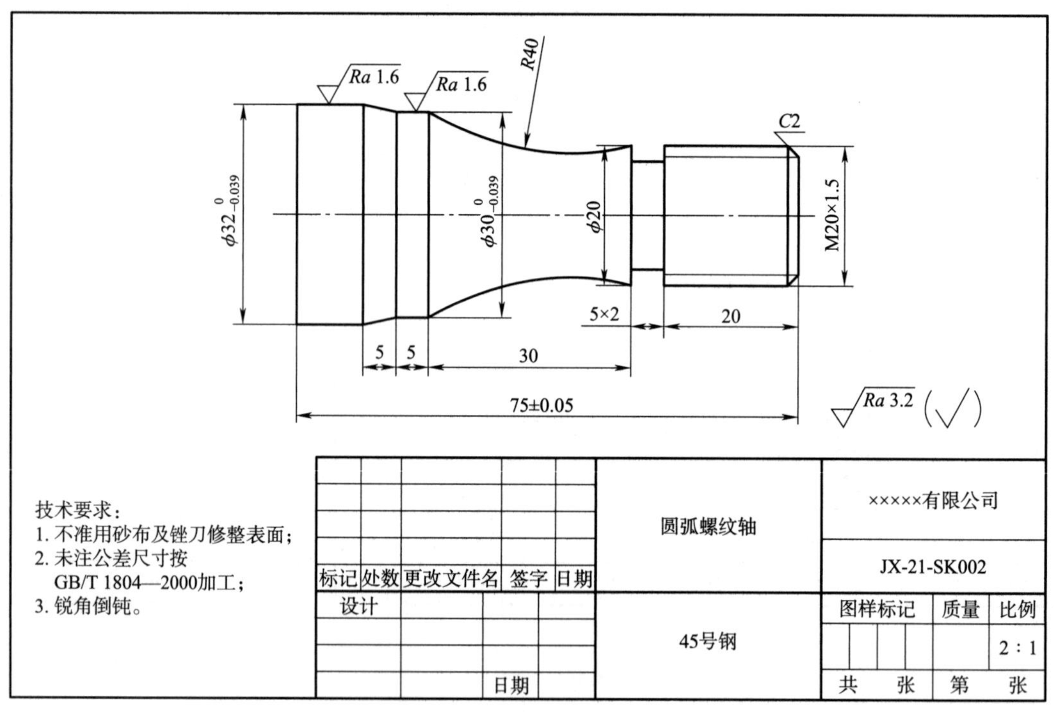

图 2-2-1 圆弧螺纹轴零件图

三、项目实施

零件形状相对复杂，需要加工螺纹、槽、凹弧、锥体、外圆等轮廓。加工有两个难点。一是凹弧的加工，保证凹弧的尺寸精度和表面质量；二是保证外圆 $\phi32_{-0.039}^{\ 0}$ mm、$\phi30_{-0.039}^{\ 0}$ mm 的尺寸精度和表面加工质量要求。

1. 工艺分析

工艺卡填写，工艺卡见表2-2-1。

表2-2-1 螺纹轴数控加工工艺卡

单位名称			产品名称或代号		零件名称		零件图号	
工序号	程序编号		夹具名称		使用设备		车间	
001			自定心卡盘		CK6140		数控	
工步号	工步内容	刀具号	刀具规格/mm	主轴转速/（r/min）	进给速度/（r/min）	背吃刀量/mm	备注	
1								
2								
3								
4								
5								
6								
7								
编制		审核		批准		年 月 日	共 页	第 页

2. 程序编制

程序单填写，程序单见表2-2-2。

表2-2-2 螺纹轴加工程序单

单位名称			零件名称		零件图号	
画出简图并标出坐标原点			刀具号	刀具名	刀具作用	
段号	程 序 名			注 释		
编制		审核		批准	年 月 日	共 页 第 页

（空间不足时，请附页）

3. 加工操作

1）准备清单

准备主要包括材料准备、设备准备、工量刃具准备，见表2-2-3至表2-2-5。

表2-2-3　材料准备

名　　称	规　　格	数　　量
45号钢	ϕ35 mm×80 mm	1件/人

表2-2-4　设备准备

名　　称	规　　格	数　　量
数控车床		1台
自定心卡盘	对应工件	1副/台
自定心卡盘扳手	对应机床	1副/台
刀架扳手	对应机床	1副/台
钻夹头	对应机床	1副/台

表2-2-5　工具、量具、刀具及其他准备

序号	名　　称	型　　号	数　　量
1	外圆粗车刀	90°粗车刀	1
2	外圆粗车刀	93°精车刀	1
3	切槽刀	3 mm宽	1
4	螺纹刀	60°	1
5	中心钻	A3.5	1
6	千分尺	25～50 mm	1
7	游标卡尺	0.02 mm/0～150 mm	1
8	游标深度卡尺	0.02 mm/0～150 mm	1
9	圆弧样板	R40 mm	1
10	薄铜皮	0.05～0.10 mm	若干
11	螺纹环规		

2）零件加工

1）加工零件左端$\phi32_{-0.039}^{\ 0}$轮廓。

①装夹工件，伸出大于20 mm，找正。

②调出程序，检查工件、刀具是否按要求夹紧，刀具是否已完成对刀，将外圆精车刀设置一定磨损量用于尺寸控制。

③选择自动加工方式，调小进给倍率，按数控启动键进行自动加工，加工中观察切削情况，逐步将进给倍率调至适当大小。

④程序运行至暂停段，停机，测量外圆尺寸并进行外圆尺寸控制。

（2）加工零件右端轮廓。

①掉头装夹，齐端面，钻中心孔，采用一夹一顶方式。

②调出程序，检查工件、刀具是否按要求夹紧，刀具是否已完成对刀，将外圆精车刀设置一定磨损量用于尺寸控制。

③选择自动加工方式，调小进给倍率，按数控启动键进行自动加工，加工中观察切削情况，逐步将进给倍率调至适当大小。

④程序运行至暂停段，停机，测量外圆尺寸与螺纹尺寸，并进行外圆尺寸与螺纹尺寸控制。

⑤加工结束后及时清扫机床。

四、项目考核

操作评分内容主要包括：工件质量、现场操作、程序编制三部分内容，见表2-2-6至表2-2-9。

表2-2-6　操作技能考核总成绩表

序号	项目名称	配　分	得　分	备　注
1	现场操作	10		
2	程序编制	20		
3	工件质量	70		
合计		100		

表2-2-7　工件质量评分表

序号	考核项目		扣分标准	配分	得分
1	长度/mm	75 ±0.05	每超差0.01 mm扣2分	5	
2		20	不合格不得分	4	
3		30	不合格不得分	4	
4		5（两处）	不合格不得分	6	
5	外圆/mm	$\phi30^{0}_{-0.019}$	每超差0.01 mm扣2分	7	
6		$\phi32^{0}_{-0.039}$	每超差0.01 mm扣2分	7	
7		$\phi20$	不合格不得分	4	
8	槽/mm	5×2	不合格不得分	6	
9	螺纹/mm	M20	不合格不得分	6	
10		螺距1.5	不合格不得分	2	
11	圆弧/mm	$R40$	不合格不得分	8	
12	倒角	$C2$	不合格不得分	2	
13	表面粗糙度/μm	$Ra1.6$（两处）	降级不得分	4	
		$Ra3.2$（两处）	降级不得分	5	
合计				70	
评分人		年　月　日	核分人	年　月　日	

表2-2-8　现场操作规范评分表

序号	项　目	考核内容	配分	现场表现	得分
1	现场操作规范	正确使用机床	2		
2		正确使用量具	2		
3		合理使用刃具	2		
4		设备维护保养	4		
合计				10	

表2-2-9　程序编制评分表

序号	考核内容	扣分标准	配分	得分
1	建立工件坐标系	出现错误不得分	2	
2	程序代码正确	一处错误扣2分	8	
3	刀具轨迹显示正确	不正确不得分	5	
4	程序完整性	一处错误扣2分	5	
合计				20

项目 3　锥螺纹轴加工

一、教学目标

1. 掌握锥螺纹轴零件图识读方法。
2. 掌握锥螺纹轴零件加工工艺的制订。
3. 掌握锥螺纹加工指令的应用方法。
4. 掌握锥螺纹轴零件加工程序的编制方法。
5. 掌握锥螺纹轴零件加工刀具的选择方法。
6. 掌握数控车床的操作方法。
7. 常用锥螺纹测量工具使用。
8. 能做好现场 6S 管理。

二、工作内容

完成锥螺纹轴零件加工，如图 2-3-1 所示。

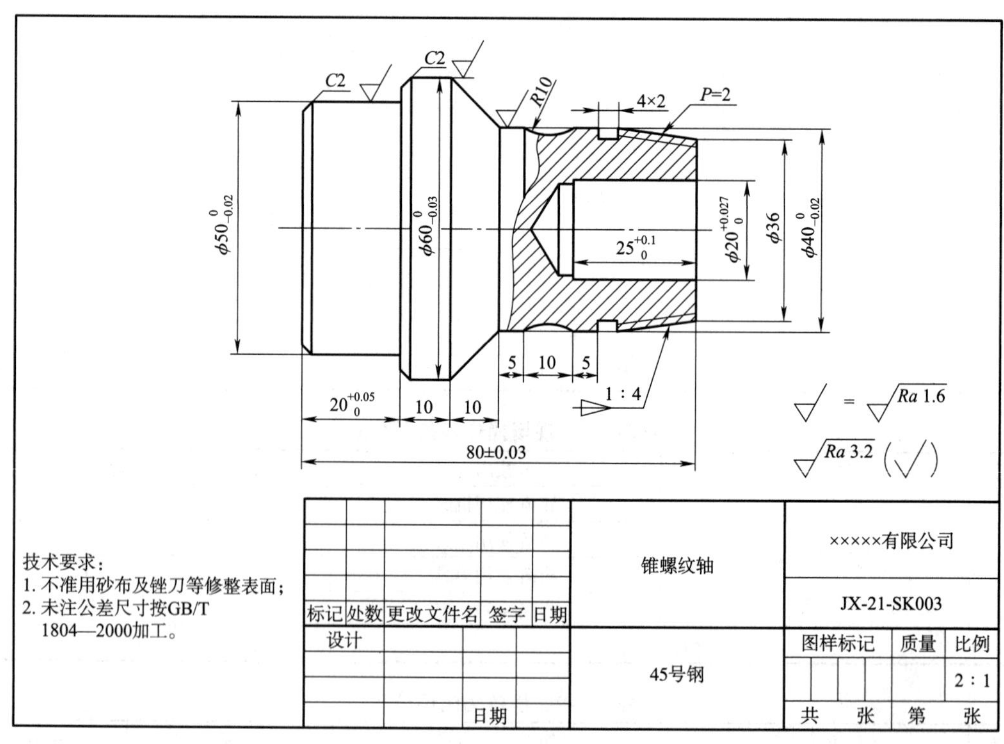

图 2-3-1　锥螺纹轴零件图

三、项目实施

零件形状相对复杂，需要加工内孔、锥螺纹、锥体、槽、外圆等轮廓。加工有两个难点。一是锥螺纹加工；二是保证外圆尺寸精度和表面加工质量要求。

1. 工艺分析

工艺卡填写，工艺卡见表2-3-1。

表2-3-1 锥螺纹轴数控加工工艺卡

单位名称		产品名称或代号	零件名称	零件图号
工序号	程序编号	夹具名称	使用设备	车间
001		自定心卡盘	CK6140	数控

工步号	工步内容	刀具号	刀具规格/mm	主轴转速/（r/min）	进给速度/（r/min）	背吃刀量/mm	备注
1							
2							
3							
4							
5							
6							
7							

编制		审核		批准		年 月 日	共 页	第 页

2. 程序编制

程序单填写，程序单见表2-3-2。

表2-3-2 锥螺纹轴加工程序单

单位名称		零件名称		零件图号	
画出简图并标出坐标原点		刀具号	刀具名	刀具作用	

段号	程 序 名		注 释

编制		审核		批准		年 月 日	共 页	第 页

（空间不足时，请附页）

3. 加工操作

1）准备清单

准备主要包括材料准备、设备准备、工量刃具准备，见表2-3-3至表2-3-5。

表2-3-3 材料准备

名　称	规　格	数　量
45号钢	ϕ65 mm×85 mm	1件/人

表2-3-4 设备准备

名　称	规　格	数　量
数控车床		1台
自定心卡盘	对应工件	1副/台
自定心卡盘扳手	对应机床	1副/台
刀架扳手	对应机床	1副/台
钻夹头	对应机床	1副/台

表2-3-5 工具、量具、刀具及其他准备

序号	名　称	型　号	数　量
1	外圆粗车刀	90°粗车刀	1
2	外圆精车刀	93°精车刀	1
3	切槽刀	4 mm宽	1
4	螺纹刀	60°	1
5	中心钻	A3.5	1
6	内孔镗刀	ϕ18 mm不通孔	1
7	千分尺	25~50 mm、50~70 mm	1
8	游标卡尺	0.02 mm/0~150 mm	1
9	游标深度卡尺	0.02 mm/0~150 mm	1
10	半径样板	7~14.5 mm	1
11	薄铜皮	0.05~0.10 mm	若干
12	百分表	分度值为0.01 mm	1

2）零件加工

（1）加工零件左端$\phi 50_{-0.02}^{0}$、$\phi 60_{-0.03}^{0}$轮廓。

①装夹工件，伸出大于40 mm，找正。

②调出程序，检查工件、刀具是否按要求夹紧，刀具是否已完成对刀，将外圆精车刀设置一定磨损量用于尺寸控制。

③选择自动加工方式，调小进给倍率，按数控启动键进行自动加工，加工中观察切削情况，逐步将进给倍率调至适当大小。

④程序运行至暂停段，停机，测量外圆尺寸并进行外圆尺寸控制。

（2）加工零件右端轮廓。

①掉头装夹，以$\phi 60_{-0.03}^{0}$左端面定位，用铜皮包住$\phi 50_{-0.02}^{0}$装夹，百分表找正。

②调出程序，检查工件、刀具是否按要求夹紧，刀具是否已完成对刀，将外圆精车刀设置一定磨损量用于尺寸控制。

③选择自动加工方式，调小进给倍率，按数控启动键进行自动加工，加工中观察切削情况，逐步将进给倍率调至适当大小。

④程序运行至暂停段，停机，测量外圆尺寸、螺纹尺寸、内孔尺寸，并进行外圆尺寸、螺纹尺寸与内孔尺寸精度控制。

⑤加工结束后及时清扫机床。

四、项目考核

操作评分内容主要包括：工件质量、现场操作、程序编制三部分内容，见表2-3-6至表2-3-9。

表2-3-6　操作技能考核总成绩表

序号	项目名称	配　分	得　分	备　注
1	现场操作	10		
2	程序编制	20		
3	工件质量	70		
合计		100		

表2-3-7　工件质量评分表

序号	考核项目		扣分标准	配分	得分
1	长度/mm	$20^{+0.05}_{0}$	每超差0.01 mm扣2分	5	
2		80 ±0.03	每超差0.01mm扣2分	5	
3		$25^{+0.1}_{0}$	不合格不得分	5	
4	外圆/mm	$\phi50^{0}_{-0.02}$	每超差0.01 mm扣2分	5	
5		$\phi60^{0}_{-0.03}$	每超差0.01 mm扣2分	5	
6		$\phi40^{0}_{-0.02}$	每超差0.01 mm扣2分	5	
7		$\phi20^{+0.027}_{0}$	每超差0.01 mm扣2分	5	
8	槽/mm	4×2	不合格不得分	5	
9	锥螺纹/mm	*P*2	不合格不得分	5	
10	锥度	1:4	不合格不得分	5	
11	圆弧/mm	*R*10	不合格不得分	5	
12	倒角	*C*2	不合格不得分	2	
13	表面粗糙度/μm	*Ra*1.6（三处）	降级不得分	6	
		*Ra*3.2（五处）	降级不得分	5	
14	一般尺寸		不合格不得分	6	
合计				70	
评分人		年　月　日	核分人		年　月　日

表 2-3-8　现场操作规范评分表

序号	项　　目	考核内容	配分	现场表现	得分
1	现场操作规范	正确使用机床	2		
2		正确使用量具	2		
3		合理使用刃具	2		
4		设备维护保养	4		
合计			10		

表 2-3-9　程序编制评分

序号	考核内容	扣分标准	配分	得分
1	建立工件坐标系	出现错误不得分	2	
2	程序代码正确	一处错误扣 2 分	8	
3	刀具轨迹显示正确	不正确不得分	5	
4	程序完整性	一处错误扣 2 分	5	
合计			20	

项目 4　螺纹配合件加工

一、教学目标

1. 掌握螺纹配合件零件图的识读方法。
2. 掌握螺纹配合件加工工艺的制订。
3. 掌握螺纹配合件加工程序的编制方法。
4. 掌握螺纹配合件加工刀具的选择方法及确定合理切削用量方法。
5. 掌握数控车床的操作方法。
6. 常用螺纹测量工具使用。
7. 能做好现场 6S 管理。

二、工作内容

完成螺纹配合件加工，配合件的零件图如图 2-4-1（b）、（c）所示。

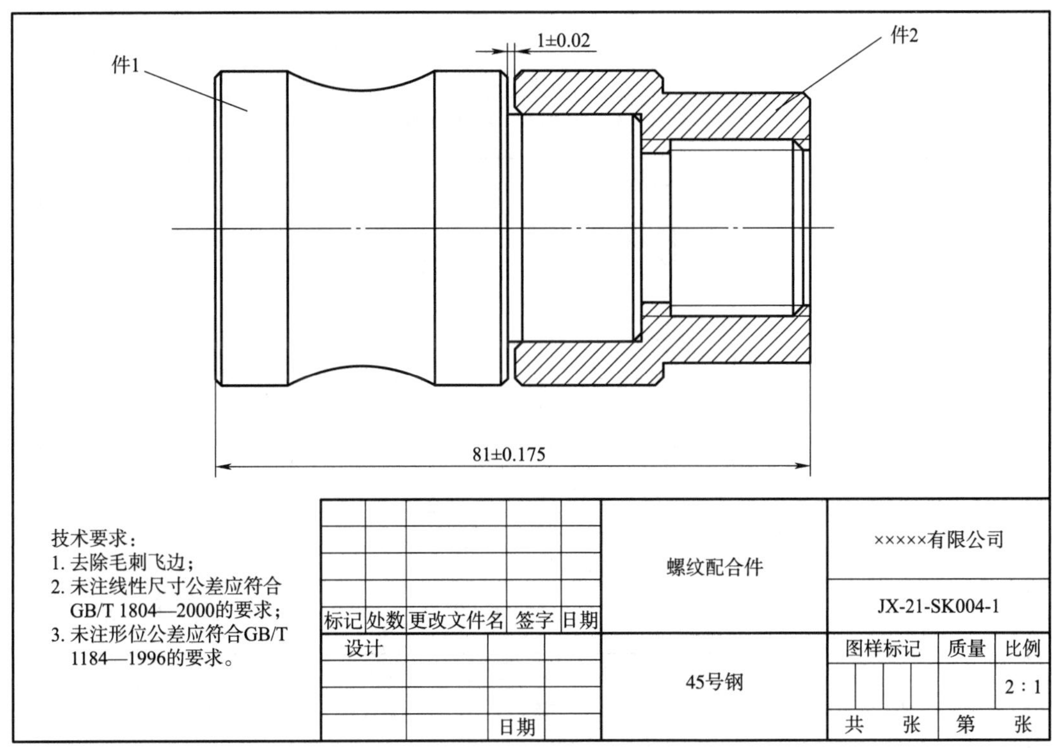

（a）螺纹配合件装配图

图 2-4-1　螺纹配合件

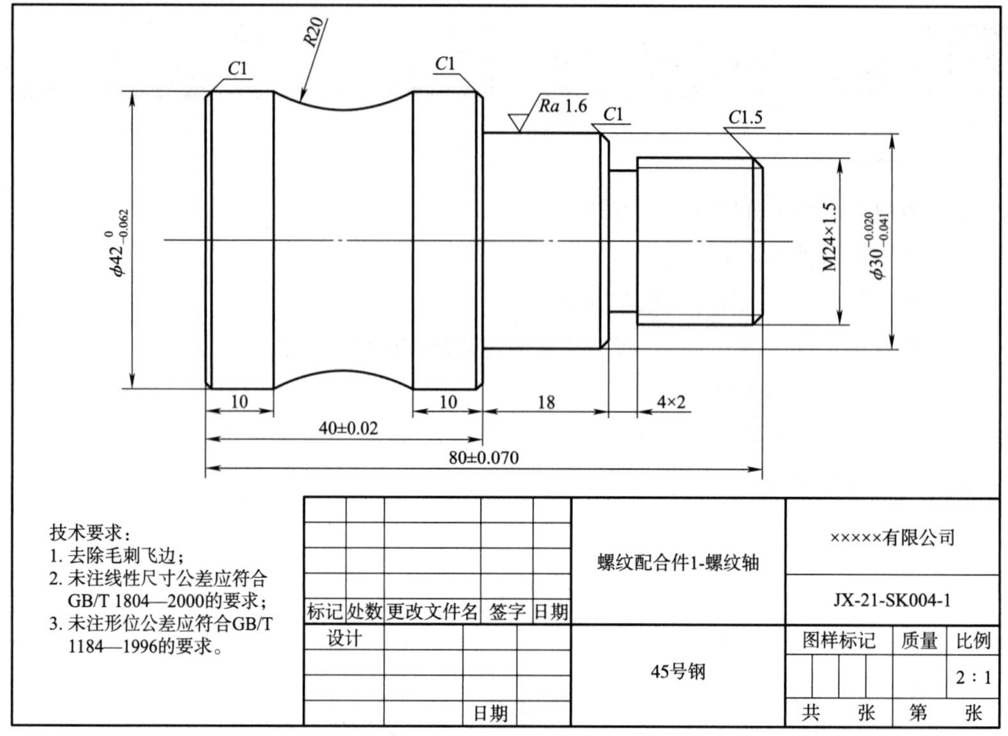

（b）螺纹配合件 1 – 螺纹轴零件图

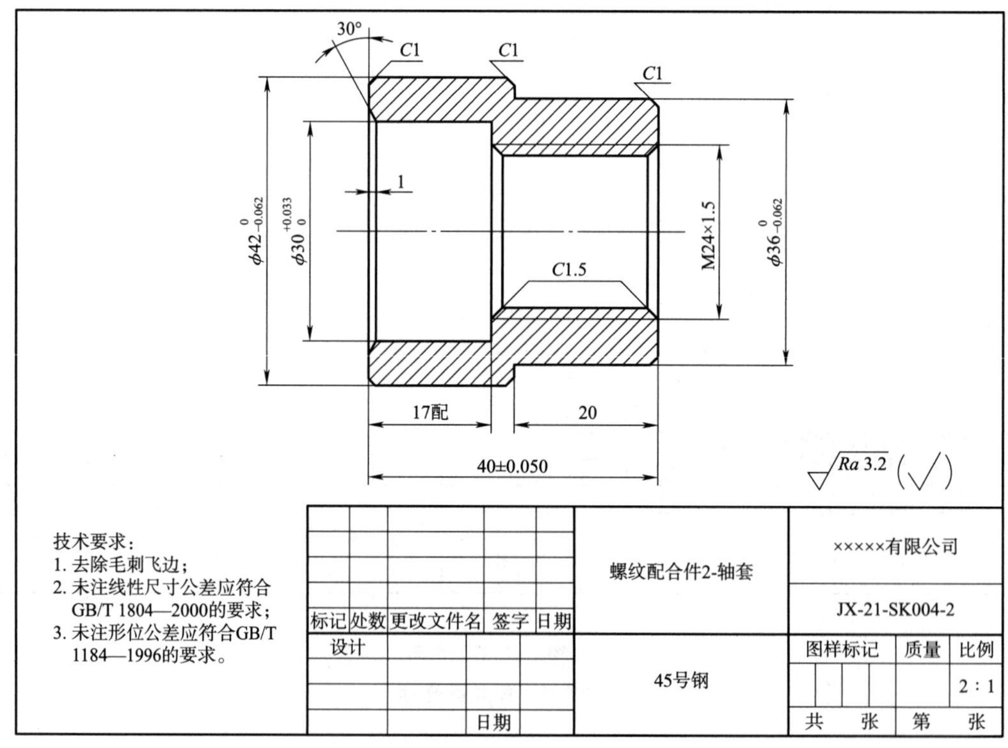

（c）螺纹配合件 2 – 轴套零件图

图 2-4-1　螺纹配合件（续）

三、项目实施

零件轮廓不是太多，计算量也较少，程序编制较容易，难点在于确保螺纹和圆柱面的顺利配合，对配合后的间隙（1 ±0.02）mm 及总长（81 ±0.175）mm 的尺寸控制。

1. 工艺分析

工艺卡填写，工艺卡见表2-4-1。

表 2-4-1 螺纹配合件数控加工工艺卡

<table>
<tr><td rowspan="2" colspan="2">单位名称</td><td rowspan="2" colspan="2"></td><td colspan="1">产品名称或代号</td><td>零件名称</td><td colspan="2">零件图号</td></tr>
<tr><td></td><td></td><td colspan="2"></td></tr>
<tr><td colspan="2">工序号</td><td colspan="2">程序编号</td><td>夹具名称</td><td>使用设备</td><td colspan="2">车间</td></tr>
<tr><td colspan="2">001</td><td colspan="2"></td><td>自定心卡盘</td><td>CK6140</td><td colspan="2">数控</td></tr>
<tr><td>工步号</td><td>工步内容</td><td>刀具号</td><td>刀具规格/mm</td><td>主轴转速/（r/min）</td><td>进给速度/（r/min）</td><td>背吃刀量/mm</td><td>备注</td></tr>
<tr><td colspan="8">用自定心卡盘夹持毛坯面，伸出长度约 50 mm，手动车削端面，用麻花钻钻孔。先加工件二左端 $42_{-0.062}^{0}$ mm 外圆，再加工 $30_{0}^{+0.033}$ mm 内孔和 M24 ×1.5 mm 螺纹基孔，然后加工内螺纹，最后手动切断。</td></tr>
<tr><td>1</td><td></td><td></td><td></td><td></td><td></td><td></td><td></td></tr>
<tr><td>2</td><td></td><td></td><td></td><td></td><td></td><td></td><td></td></tr>
<tr><td>3</td><td></td><td></td><td></td><td></td><td></td><td></td><td></td></tr>
<tr><td>4</td><td></td><td></td><td></td><td></td><td></td><td></td><td></td></tr>
<tr><td>5</td><td></td><td></td><td></td><td></td><td></td><td></td><td></td></tr>
<tr><td>6</td><td></td><td></td><td></td><td></td><td></td><td></td><td></td></tr>
<tr><td>7</td><td></td><td></td><td></td><td></td><td></td><td></td><td></td></tr>
<tr><td>8</td><td></td><td></td><td></td><td></td><td></td><td></td><td></td></tr>
<tr><td>9</td><td></td><td></td><td></td><td></td><td></td><td></td><td></td></tr>
<tr><td colspan="8">装夹件一毛坯。此时毛坯总长 84 mm 左右，伸出长度为 40 mm 左右，齐端面，钻中心孔，加工 ϕ40 mm ×30 mm 定位外圆。</td></tr>
<tr><td>10</td><td></td><td></td><td></td><td></td><td></td><td></td><td></td></tr>
<tr><td>11</td><td></td><td></td><td></td><td></td><td></td><td></td><td></td></tr>
<tr><td>12</td><td></td><td></td><td></td><td></td><td></td><td></td><td></td></tr>
<tr><td colspan="8">掉头，装夹 ϕ40 ×30 定位外圆，手动齐端面，保证长度（80 ±0.07）mm。接下来加工 $\phi 42_{-0.062}^{0}$ 外圆，长度至 45 mm，然后加工 R20 圆弧。</td></tr>
<tr><td>13</td><td></td><td></td><td></td><td></td><td></td><td></td><td></td></tr>
<tr><td>14</td><td></td><td></td><td></td><td></td><td></td><td></td><td></td></tr>
<tr><td colspan="8">掉头装夹 $\phi 42_{-0.062}^{0}$ 外圆端部，用后顶尖顶紧，加工件一外轮廓、外沟槽和外螺纹。</td></tr>
<tr><td>15</td><td></td><td></td><td></td><td></td><td></td><td></td><td></td></tr>
<tr><td>16</td><td></td><td></td><td></td><td></td><td></td><td></td><td></td></tr>
<tr><td>17</td><td></td><td></td><td></td><td></td><td></td><td></td><td></td></tr>
<tr><td>编制</td><td></td><td>审核</td><td></td><td>批准</td><td></td><td>年 月 日</td><td>共 页</td><td>第 页</td></tr>
</table>

2. 程序编制

程序单填写，程序单见表 2-4-2。

表 2-4-2　螺纹轴加工程序单

单位名称		零件名称		零件图号	
画出简图并标出坐标原点		刀具号	刀具名	刀具作用	

段号	程序名		注　释

编制		审核		批准		年　月　日	共　页	第　页

（空间不足时，请附页）

3. 加工操作

（1）准备清单

准备主要包括材料准备、设备准备、工量刀具准备，见表 2-4-3 至表 2-4-5。

表 2-4-3　材料准备

名　称	规　格	数　量
45 号钢	ϕ45 mm × 130 mm	1 件/人

表 2-4-4 设备准备

名　　称	规　　格	数　　量
数控车床		1台
自定心卡盘	对应工件	1副/台
自定心卡盘扳手	对应机床	1副/台
刀架扳手	对应机床	1副/台
钻夹头	对应机床	1副/台

表 2-4-5 工具、量具、刀具及其他准备

序号	名　　称	型　　号	数　　量
1	45°外圆车刀	45°	1
2	93°外圆车刀	93°	1
3	内孔刀	93°，直径不大于20 mm	
4	内三角形螺纹车刀	1.5 mm螺距	
5	切断（槽）刀	4 mm宽	1
6	外三角形螺纹车刀	1.5 mm螺距	
7	外径千分尺	0.01 mm/25～50 mm	1
8	游标卡尺	0.02 mm/0～200 mm	1
9	内径百分表	0.01 mm/18～30 mm	
10	螺纹环规	M18×1.5 mm	1套
11	螺纹塞规	M18×1.5 mm	1套
12	中心钻及钻夹头	A3，ϕ1～13 mm	各1
13	麻花钻	ϕ20 mm	
14	回转顶尖	与机床配套	1
15	薄铜皮	0.05～0.10 mm	若干

2）零件加工

（1）加工工件二。

①装夹工件，伸出大约50 mm，手动平端面，约1 mm，用ϕ20麻花钻钻孔，孔深42～45 mm。

②加工左端$\phi 42_{-0.062}^{0}$外轮廓与$\phi 30_{0}^{+0.033}$内孔、M24×1.5内螺纹。

a. 调出程序，检查工件、刀具是否按要求夹紧，刀具是否已完成对刀，将外圆精车刀与内孔精车刀设置一定磨损量用于尺寸控制。

b. 选择自动加工方式，调小进给倍率，按数控启动键进行自动加工，加工中观察切削情况，逐步将进给倍率调至适当大小。

c. 程序运行至暂停段，停机，测量外圆尺寸、内孔尺寸与螺纹尺寸，并进行外圆、内孔、螺纹尺寸控制。

d. 完成后手动切断，保证长度为41 mm左右。

③加工右端$\phi 36_{-0.062}^{0}$轮廓。

a. 掉头装夹，手动齐端面，保证长度（40±0.05）mm。

b. 调出程序，检查工件、刀具是否按要求夹紧，刀具是否已完成对刀，将外圆精车刀设置一

定磨损量用于尺寸控制。

c. 选择自动加工方式，调小进给倍率，按数控启动键进行自动加工，加工中观察切削情况，逐步将进给倍率调至适当大小。

d. 程序运行至暂停段，停机，测量外圆尺寸，并进行外圆尺寸控制。

（2）加工工件一。

①装夹件一毛坯，伸出长度约 40 mm，手动齐端面，钻中心孔。

②加工 $\phi40\times30$ 定位外圆。

a. 调出程序，检查工件、刀具是否按要求夹紧，刀具是否已完成对刀。

b. 选择自动加工方式，调小进给倍率，按数控启动键进行自动加工，加工中观察切削情况，逐步将进给倍率调至适当大小。

③加工左端轮廓 $\phi42_{-0.062}^{\ 0}$ 与 $R20$ 圆弧。

a. 装夹 $\phi40\times30$ 定位外圆，手动齐端面，保证长度（80 ± 0.07）mm。

b. 调出程序，检查工件、刀具是否按要求夹紧，刀具是否已完成对刀，将外圆精车刀设置一定磨损量用于尺寸控制。

c. 选择自动加工方式，调小进给倍率，按数控启动键进行自动加工，加工中观察切削情况，逐步将进给倍率调至适当大小。

d. 程序运行至暂停段，停机，测量外圆尺寸，并进行外圆尺寸精度控制。

④加工右端轮廓 $\phi30_{-0.041}^{-0.020}$、槽 4×2、螺纹 M24×1.5。

a. 掉头装夹 $\phi42_{-0.062}^{\ 0}$ 外圆端部，垫铜皮，用后顶尖顶紧。

b. 调出程序，检查工件、刀具是否按要求夹紧，刀具是否已完成对刀，将外圆精车刀设置一定磨损量用于尺寸控制。

c. 选择自动加工方式，调小进给倍率，按数控启动键进行自动加工，加工中观察切削情况，逐步将进给倍率调至适当大小。

d. 程序运行至暂停段，停机，测量外圆尺寸、槽尺寸与螺纹尺寸，并进行外圆、槽、螺纹尺寸控制。

e. 加工结束后及时清扫机床。

四、项目考核

操作评分内容主要包括：工件质量、现场操作、程序编制与工艺填写三部分内容，见表 2-4-6 至表 2-4-9。

表 2-4-6　操作技能考核总成绩表

序号	项目名称	配　分	得　分	备　注
1	现场操作	10		
2	程序编制 工艺填写	20		
3	工件质量	70		
合计		100		

表 2-4-7　工件质量评分表

件号	序号	考核项目		扣分标准	配分	得分
件一	1	长度/mm	10（两处）	每超差 0.05 mm 扣 2 分	2	
	2		18	每超差 0.05 mm 扣 2 分	2	
	3		40 ±0.02	每超差 0.02 mm 扣 2 分	2	
	4		80 ±0.07	每超差 0.02 mm 扣 2 分	2	
	5	外圆/mm	$\phi 42_{-0.062}^{0}$	每超差 0.01 mm 扣 2 分	4	
	6		$\phi 30_{-0.041}^{-0.020}$	每超差 0.01 mm 扣 2 分	4	
	7	槽/mm	4×2	不合格不得分	2	
	8	螺纹/mm	M24×1.5	不合格不得分	4	
	9	圆弧/mm	*R*20	未形成不得分	2	
	10	倒角	*C*1.5（一处） *C*1（三处）	未倒角不得分	4	
	11	表面粗糙度/μm	*Ra*1.6（一处）	降级不得分	2	
件二	1	长度/mm	40 ±0.05	每超差 0.02 mm 扣 2 分	2	
	2		20	每超差 0.05 mm 扣 2 分	2	
	3		17	每超差 0.05 mm 扣 2 分	2	
	4	外圆/mm	$\phi 42_{-0.062}^{0}$	每超差 0.01 mm 扣 1 分	4	
	5		$\phi 30_{0}^{+0.033}$	每超差 0.01 mm 扣 1 分	4	
	6		$\phi 36_{-0.062}^{0}$	每超差 0.01 mm 扣 1 分	4	
	7	螺纹/mm	M24×1.5	每超差 0.01 mm 扣 1 分	4	
	8	倒角	*C*1.5（二处） *C*1（三处） 1×30°（一处）	未倒角不得分	4	
	9	表面粗糙度/μm	*Ra*1.6（一处）	降级不得分	1	
配合	1	螺纹	螺纹配合	不能旋入不得分	5	
	2	间隙/mm	1 ±0.02	每超差 0.01 mm 扣 1 分	4	
	3	总长/mm	81 ±0.175	每超差 0.01 mm 扣 1 分	4	
合计					70	
评分人		年　月　日	核分人		年　月　日	

表 2-4-8　现场操作规范评分表

序号	项　　目	考核内容	配分	现场表现	得分
1	现场操作规范	正确使用机床	2		
2		正确使用量具	2		
3		合理使用刃具	2		
4		设备维护保养	4		
合计			10		

表 2-4-9　程序编制与工艺制订评分

序号	考核内容	扣分标准	配分	得分
1	建立工件坐标系	出现错误不得分	1	
2	程序代码正确	一处错误扣 2 分	4	
3	刀具轨迹显示正确	不正确不得分	2	
4	程序完整性	一处错误扣 2 分	3	
5	工艺路线合理		4	
6	加工参数设置正确		4	
7	刀具选择合理		2	
合计			20	

项目 5 端面槽配合组件加工

一、教学目标

1. 掌握端面槽配合组件零件图的识读方法。
2. 掌握端面槽配合组件零件加工工艺制订方法。
3. 掌握端面槽配合组件加工程序编制方法。
4. 掌握端面槽配合组件零件加工刀具的选择方法及确定合理的切削用量方法。
5. 熟练掌握数控车床的操作方法

二、工作内容

完成端面槽配合件加工，配合件的零件图如图 2-5-1（b）、（c）所示。

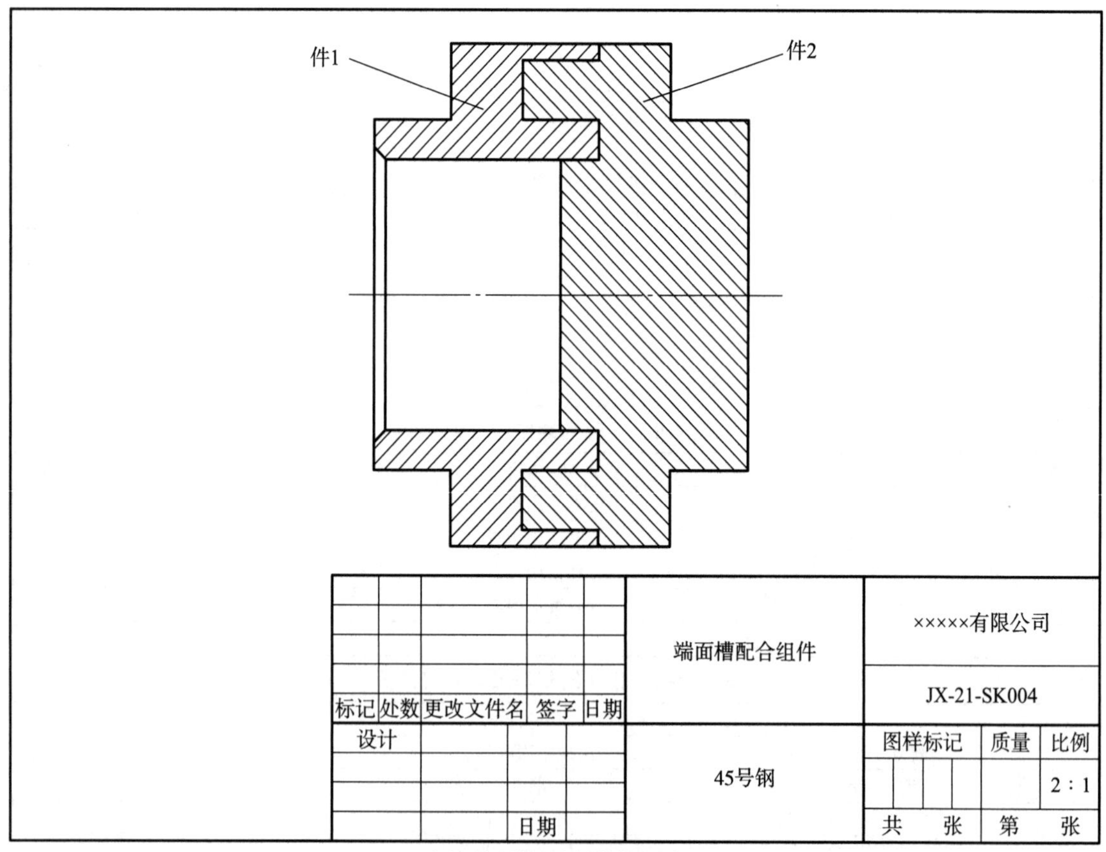

（a）端面槽配合组件装配图

图 2-5-1 端面槽配合组件

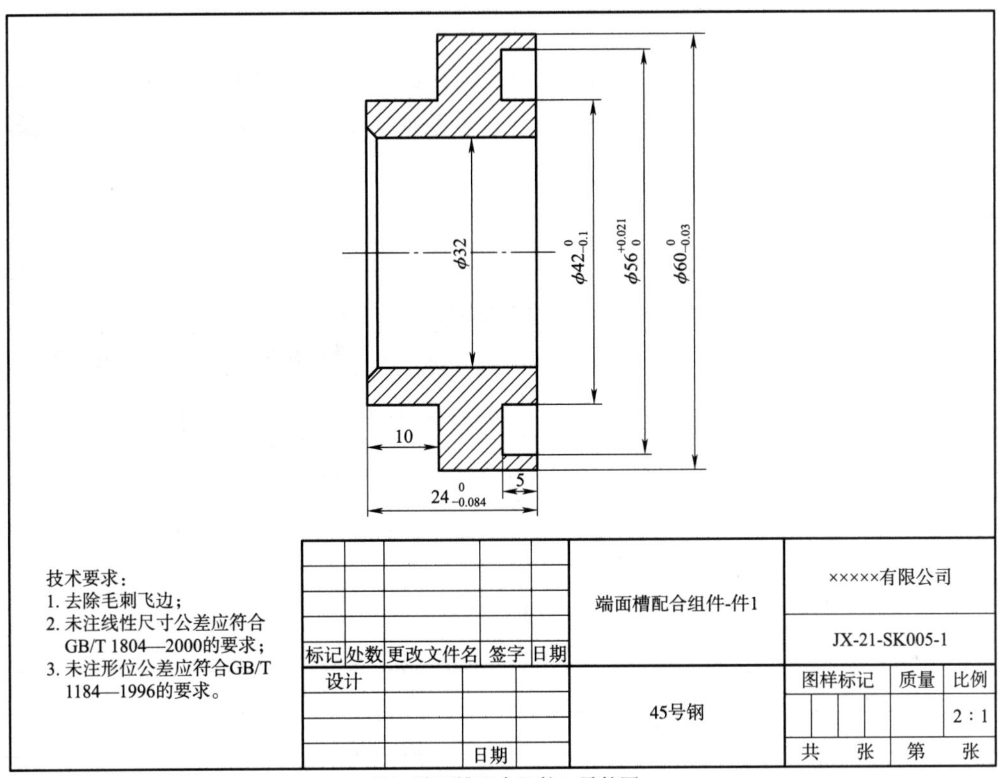

技术要求：
1. 去除毛刺飞边；
2. 未注线性尺寸公差应符合GB/T 1804—2000的要求；
3. 未注形位公差应符合GB/T 1184—1996的要求。

标记	处数	更改文件名	签字	日期	端面槽配合组件-件1	×××××有限公司		
						JX-21-SK005-1		
设计					45号钢	图样标记	质量	比例
								2∶1
			日期			共　张	第　张	

（b）端面槽配合组件1零件图

φ60 0 −0.03
φ56
φ42 +0.1 0
φ32 0 −0.084
φ42
5
10
24 0 −0.084

技术要求：
1. 去除毛刺飞边；
2. 未注线性尺寸公差应符合GB/T 1804—2000的要求；
3. 未注形位公差应符合GB/T 1184—1996的要求。

标记	处数	更改文件名	签字	日期	端面槽配合组件-件2	×××××有限公司		
						JX-21-SK005-2		
设计					45号钢	图样标记	质量	比例
								2∶1
			日期			共　张	第　张	

（c）端面槽配合组件2零件图

图2-5-1　端面槽配合组件（续）

三、项目实施

该零件轮廓不多，计算量比较少，程序编制比较容易，难点在于确保件 1 和件 2 在 ϕ32 mm、ϕ42 mm、ϕ32 mm、ϕ56 mm、ϕ60 mm 处的尺寸精度和表面质量要求，以及件 1 和件 2 在 ϕ32 mm 处的孔轴配合和端面槽的配合要求。

1. 工艺分析

工艺卡填写，工艺卡见表 2-5-1。

表 2-5-1　端面槽数控加工工艺卡

单位名称			产品名称或代号		零件名称	零件图号	
工序号	程序编号		夹具名称		使用设备	车间	
001			自定心卡盘		CK6140	数控	
工步号	工步内容	刀具号	刀具规格/mm	主轴转速/（r/min）	进给速度/（r/min）	背吃刀量/mm	备注
件 1 加工							
用自定心卡盘夹持毛坯面，伸出长度 30 mm，粗精车工件外轮廓。							
1							
2							
3							
4							
5							
6							
调头装夹，以工件 ϕ60 mm 左端面定位，用铜皮包住，用自定心卡盘夹持 ϕ42 mm 外圆，粗精车右端面槽至尺寸。							
7							
8							
件 2 加工							
用自定心卡盘夹持毛坯面，工件外伸 30 mm，粗精车工件外轮廓。							
9							
10							
11							
12							
调头装夹，以工件 ϕ60 mm 左端定位，用铜皮包住，自定心卡盘夹持 ϕ42 mm 外圆，粗精车右端面槽至尺寸。							
13							
14							
15							
16							
17							
编制		审核		批准	年　月　日	共　页	第　页

2. 程序编制

程序单填写，程序单见表2-5-2。

表2-5-2　端面槽加工程序单

单位名称		零件名称		零件图号	
画出简图并标出坐标原点		刀具号	刀具名	刀具作用	

段号	程 序 名		注　释

编制		审核		批准		年　月　日	共　页	第　页

（空间不足时，请附页）

3. 加工操作

（1）准备清单

准备主要包括材料准备、设备准备、工量刀具准备，见表2-5-3至表2-5-5。

表2-5-3　材料准备

名　称	规　格	数　量
45号钢	ϕ65 mm×70 mm	1件/人

表 2-5-4 设备准备

名称	规格	数量
数控车床	根据现场情况	1 台
自定心卡盘	对应工件	1 副/台
自定心卡盘扳手	对应机床	1 副/台
刀架扳手	对应机床	1 副/台

表 2-5-5 工具、量具、刀具及其他准备

序号	名称	型号	数量
1	外圆车刀	90°车刀	自定
2	切断刀	ϕ65 mm	自定
3	端面槽车刀	深 5 mm（大径 ϕ56 mm、小径 ϕ42 mm，大径 ϕ42 mm、小径 ϕ32 mm）	自定
4	麻花钻	ϕ30 mm × 35 mm	1
5	内孔车刀	ϕ30 mm × 24 mm	自定
6	外径千分尺	0.01 mm/25 ~ 50 mm，50 ~ 75 mm	各 1
7	游标卡尺	0.02 mm/0 ~ 150 mm	1
8	游标深度卡尺	0.02 mm/0 ~ 150 mm	1
9	内径量表（或者塞规）	0.01 mm/18 ~ 35 mm（ϕ32H8）	1 套
10	薄铜皮	0.05 ~ 0.10 mm	若干
11	垫刀片		若干

2）零件加工

（1）加工工件 1。

①加工外轮廓 $\phi42_{-0.1}^{\ 0}$、$\phi60_{-0.03}^{\ 0}$。

a. 装夹工件，伸出大约 30 mm。

b. 调出程序，检查工件、刀具是否按要求夹紧，刀具是否已完成对刀，将外圆精车刀设置一定磨损量用于尺寸控制。

c. 选择自动加工方式，调小进给倍率，按数控启动键进行自动加工，加工中观察切削情况，逐步将进给倍率调至适当大小。

d. 程序运行至暂停段，停机，测量外圆尺寸，并进行外圆尺寸控制。

②手动钻 ϕ30 内孔。

③加工 $\phi32_{\ 0}^{+0.039}$ 内轮廓。

a. 调出程序，检查工件、刀具是否按要求夹紧，刀具是否已完成对刀，将内孔精车刀设置一定磨损量用于尺寸控制。

b. 选择自动加工方式，调小进给倍率，按数控启动键进行自动加工，加工中观察切削情况，逐步将进给倍率调至适当大小。

c. 程序运行至暂停段，停机，测量内孔尺寸，并进行内孔尺寸控制。

d. 切断。

④加工右端面槽。

a. 掉头装夹工件，ϕ60 左端面定位，夹持 ϕ42 外圆。

b. 调出程序，检查工件、刀具是否按要求夹紧，刀具是否已完成对刀，将外沟槽车刀设置一定磨损量用于尺寸控制。

c. 选择自动加工方式，调小进给倍率，按数控启动键进行自动加工，加工中观察切削情况，逐步将进给倍率调至适当大小。

d. 程序运行至暂停段，停机，测量沟槽尺寸，并进行沟槽尺寸控制。

（2）加工工件2。

①装夹件2毛坯，伸出长度约30 mm。

②加工外轮廓$\phi60_{-0.03}^{0}$、$\phi40$、$\phi56$。

a. 调出程序，检查工件、刀具是否按要求夹紧，刀具是否已完成对刀，

b. 选择自动加工方式，调小进给倍率，按数控启动键进行自动加工，加工中观察切削情况，逐步将进给倍率调至适当大小。

d. 程序运行至暂停段，停机，测量外圆、沟槽尺寸，并进行外圆、沟槽尺寸精度控制。

e. 切断。

③加工左端沟槽

a. 掉头，以$\phi60$右端面定位，用铜皮包住，夹持$\phi42$外圆。

b. 调出程序，检查工件、刀具是否按要求夹紧，刀具是否已完成对刀，将外沟槽车刀设置一定磨损量用于尺寸控制。

c. 选择自动加工方式，调小进给倍率，按数控启动键进行自动加工，加工中观察切削情况，逐步将进给倍率调至适当大小。

d. 程序运行至暂停段，停机，测量沟槽尺寸，并进行沟槽尺寸控制。

e. 加工结束后及时清扫机床。

四、项目考核

操作评分内容主要包括：工件质量、现场操作、程序编制与工艺填写三部分内容，见表2-5-6至表2-5-9。

表2-5-6　操作技能考核总成绩表

序号	项目名称	配　分	得　分	备　注
1	现场操作	10		
2	程序编制 工艺填写	20		
3	工件质量	70		
合计		100		

表2-5-7　工件质量评分表

序号	考核项目			扣分标准	配分	得分
件1考核项目评分表						
1	长度/mm	$24_{-0.084}^{0}$	IT	超差不得分	4	
2		5，10	IT	超差不得分	2	
3	外圆与内孔/mm	$\phi56_{0}^{+0.021}$	IT	每超差0.01 mm扣2分	6	
			Ra	降级不得分	1	
4		$\phi42_{-0.1}^{0}$	IT	每超差0.01 mm扣2分	4	
			Ra	降级不得分	1	

5	外圆与内孔/mm	$\phi60_{-0.03}^{0}$	IT	每超差0.01 mm扣2分	4	
			Ra	降级不得分	1	
6		$\phi32_{0}^{+0.039}$	IT	每超差0.01 mm扣2分	4	
			Ra	降级不得分	1	
7	倒角倒钝	共六处		少两处以上不得分	3	
件2考核项目评分表						
8	外圆与内孔/mm 圆弧/mm	$\phi56$	IT	超差不得分	4	
			Ra	降级不得分	1	
9		$\phi42_{0}^{+0.1}$	IT	每超差0.01 mm扣2分	4	
			Ra	降级不得分	1	
10		$\phi60_{-0.03}^{0}$	IT	超差不得分	4	
			Ra	降级不得分	1	
11		$\phi32_{-0.1}^{0}$	IT	每超差0.01 mm扣2分	4	
			Ra	降级不得分	1	
12	长度/mm	$24_{-0.084}^{0}$	IT	超差不得分	4	
13		10，5	IT	超差不得分	2	
14	倒角倒钝	共六处		少两处以上不得分	3	
件1、件2配合						
15	装配	件1装入件2配合			10	
合计					70	
评分人		年　月　日		核分人		年　月　日

表2-5-8　现场操作规范评分表

序号	项　　目	考核内容	配分	现场表现	得分
1	现场操作规范	正确使用机床	2		
2		正确使用量具	2		
3		合理使用刃具	2		
4		设备维护保养	4		
合计			10		

表2-5-9　程序编制与工艺制订评分

序号	考核内容	扣分标准	配分	得分
1	建立工件坐标系	出现错误不得分	1	
2	程序代码正确	一处错误扣2分	4	
3	刀具轨迹显示正确	不正确不得分	2	
4	程序完整性	一处错误扣2分	3	
5	工艺路线合理		4	
6	加工参数设置正确		4	
7	刀具选择合理		2	
合计			20	

附页 1

表 2-(   )-(   )__________加工程序单

单位名称		零件名称		零件图号	

画出简图并标出坐标原点	刀具号	刀具名	刀具作用

段号	程序名		注释

编制		审核		批准		年 月 日	共 页	第 页

（空间不足时，请附页）

第三部分　实操考核与解析模块

实操考核试题

1. 考核目标

（1）掌握中等复杂套类零件图的识读方法。

（2）掌握中等复杂套类零件加工工艺的制订方法。

（3）掌握中等复杂套类零件加工程序的制订方法。

（4）掌握中等复杂套类零件加工刀具的选择方法。

（5）掌握数控车床的操作方法。

2. 考核要求

1）总体要求

（1）试题名称：中等复杂套类零件（见图 3-1-1）。

（2）本题分值：100 分。

（3）考核时间：240 min。

（4）考核形式：操作。

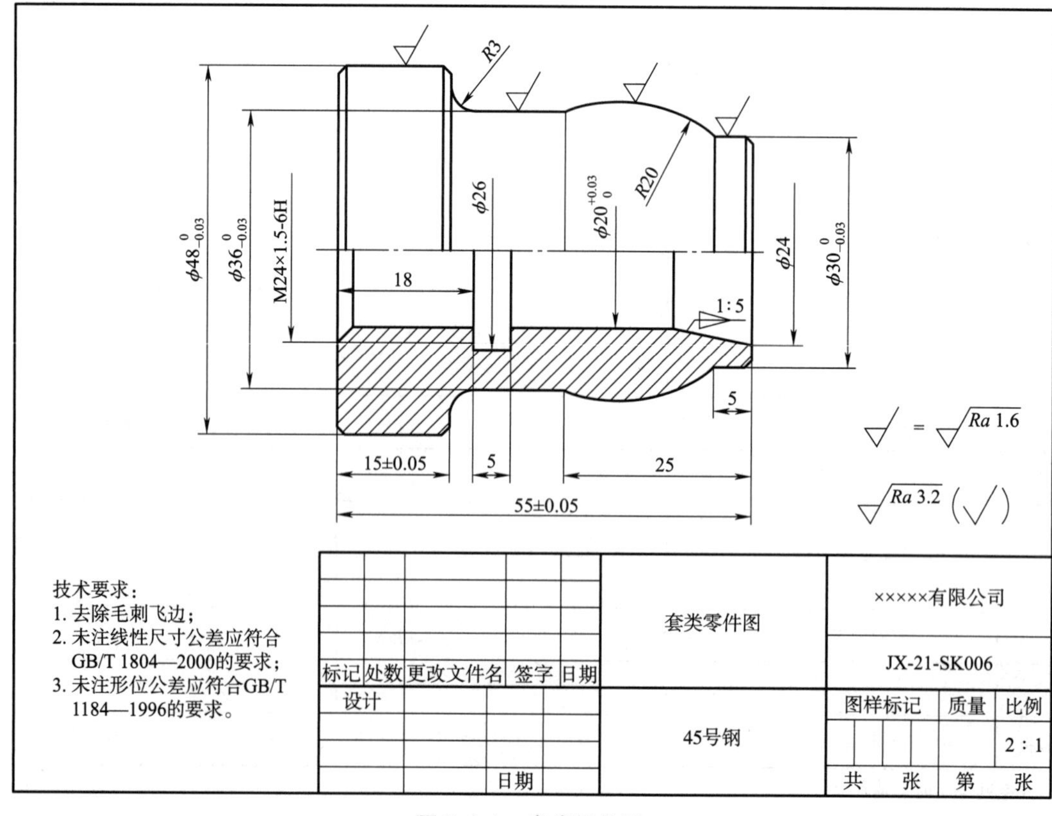

图 3-1-1　套类零件图

2）配分及评分标准

（1）技能操作考核总成绩见表3-1-1。

表3-1-1　操作技能考核总成绩表

序号	项目名称	配　分	得　分	备　注
1	现场操作规范	10		
2	工件质量	90		
合计		100		

（2）现场操作规范见表3-1-2。

表3-1-2　现场操作规范评分表

序号	项　目	考核内容	配分	现场表现	得分
1	现场操作规范	正确使用机床	2		
2		正确使用量具	2		
3		合理使用刃具	2		
4		设备维护保养	4		
合计			10		

（3）工件质量评分见表3-1-3。

表3-1-3　质量评分表

序号	考核项目		扣分标准	配分	得分
1	长度/mm	55 ±0.05	不合格不得分	6	
2		15 ±0.05	不合格不得分	6	
3		18	不合格不得分	4	
4		25	不合格不得分	4	
5		5	不合格不得分	4	
6	外圆/mm	$\phi48_{-0.03}^{0}$	每超差0.01 mm扣2分	6	
7		$\phi36_{-0.03}^{0}$	每超差0.01 mm扣2分	6	
8		$\phi30_{-0.03}^{0}$	每超差0.01 mm扣2分	6	
9	内孔/mm	$\phi20_{0}^{+0.03}$	每超差0.01 mm扣2分	6	
10	圆弧/mm	*R*20	不合格不得分	6	
11		*R*3	不合格不得分	2	
12	内沟槽/mm	$\phi30$	不合格不得分	4	
13		5	不合格不得分	4	
14	内螺纹/mm	M24	不合格不得分	5	
15		1.5	不合格不得分	3	
16	内锥/mm	$\phi30$	不合格不得分	4	
17	倒角	*C*2	不合格不得分	1	
18		*C*1（三处）	不合格不得分	3	
19	表面粗糙度/μm	*Ra*1.6（四处）	降级不得分	4	
20		*Ra*3.2（六处）	降级不得分	6	
合计				90	
评分人		年　月　日	核分人	年　月　日	

3）准备清单

（1）材料准备见表3-1-4。

表3-1-4　材料准备

名　称	规　格	数　量
45钢	ϕ50 mm×60 mm	1件/人

（2）设备准备见表3-1-5。

表3-1-5　设备准备

名　称	规　格	数　量
数控车床		1台
自定心卡盘	对应工件	1副/台
自定心卡盘扳手	对应机床	1副/台
刀架扳手	对应机床	1副/台
钻夹头	对应机床	1副/台

（3）工具、量具、刀具及其他准备见表3-1-6。

表3-1-6　工具、量具、刀具及其他准备

序号	名　称	型　号	数　量
1	外圆粗车刀	90°粗车刀	1
2	外圆精车刀	93°精车刀	1
3	内孔镗刀	ϕ30～40 mm 最大有效深度40 mm	
4	内孔切槽刀	3 mm宽，最大有效深度30 mm	1
5	内螺纹刀	60°	1
6	中心钻	A3.5	1
7	麻花钻	ϕ18 mm	1
8	千分尺	25～50 mm	1
9	游标卡尺	0.02 mm/0～150 mm	1
10	内径百分表	0.01 mm/18～35 mm	
11	薄铜皮	0.05～0.10 mm	若干
12	磁性表座		1
13	百分表	0.0 mm/10 mm	1
14	垫刀片	若干	
15	毛刷		1
16	铁钩子		1
17	其他	草稿纸、计算机、劳保装备等	

实操考核试题解析

本题主要是考核对套类零件的加工，通过对套类零件的图样分析，合理制订出加工方案，熟练掌握加工前的准备，刀具与工件的安装、程序的编制、输入与校验，零件的加工、检测等各项操作方法。

1. 图样分析

如图 3-1-1 所示，该套类零件主要由外圆、圆弧、端面、内孔、内螺纹、内沟槽、内锥体等轮廓组成。零件大外圆 $\phi48_{-0.03}^{\ 0}$ mm，长度为（15 ± 0.05）mm，两边有 $C1$ 倒角。中间外圆直径为 $\phi30_{-0.03}^{\ 0}$ mm，宽为 5 mm，右端有 $C1$ 倒角。中间小圆与大外圆之间有一个 $R3$ mm 圆弧。

M24 × 1.5 − 6H 内螺纹的长度为 18 mm。内沟槽直径为 $\phi26$ mm，宽为 5 mm，位置由尺寸18 mm 确定。内锥大端直径为 $\phi24$ mm，小端直径为 $\phi20_{\ 0}^{+0.03}$ mm，锥度为 1∶5。内孔直径为 $\phi20_{\ 0}^{+0.03}$ mm，长度由总长（55 ± 0.05）mm、螺纹尺寸 18 mm、内沟槽宽度 5 mm 以及内锥长度确定。外轮廓表面粗糙度要求为 $Ra1.6$ μm，其余加工面为 $Ra3.2$ μm。该零件尺寸标注完整，轮廓描述清楚，零件材料为 45 号钢，无热处理和硬度要求，适合在数控车床上加工。

2. 难点分析

图 3-1-1 所示套类零件结构比较复杂，内外尺寸精度及表面质量要求比较高。保证加工要求是该零件的加工难点，也是制订加工工艺需要重点考虑的问题。

3. 工艺分析

通过对图样和难点分析可知，为了保证零件的尺寸精度和表面加工质量，在编制工艺时，应按照粗精车分开原则进行程序编制。精加工时，零件的内外表面及端面尽量在一次安装中加工出来，由此可制订以下加工步骤：

（1）夹住毛坯 $\phi50$ mm 外圆，伸出长度大于 40 mm，车平端面，粗加工右端外圆至 $\phi42$ mm × 40 mm。

（2）调头装夹 $\phi42$ mm 外圆，粗精车端面，保证总长 56 mm，粗精车外圆至尺寸。手动钻中心孔，用 $\phi18$ mm 麻花钻钻孔，粗精镗内孔至尺寸。车内沟槽及 M24 × 1.5 mm 螺纹。

（3）调头装夹 $\phi48$ mm 外圆（包铜皮），并用百分表找正，精车右端面及外圆。粗精镗内锥和 $\phi20_{\ 0}^{+0.03}$ mm 内孔。

4. 相关工艺卡片的填写

（1）数控加工刀具卡见表 3-1-7。

表 3-1-7　数控加工刀具卡

产品名称或代号			零件名称		零件图号	
序号	刀具号	刀具规格名称	数量	加工表面	刀尖半径/mm	备注
1	T1	中心钻	1	钻中心孔		A3.15
2	T2	ϕ18 mm 麻花钻	1	钻孔		
3	T01	90°粗车刀	1	外轮廓粗车	0.4	20×20
4	T02	90°粗车刀	1	外轮廓精车	0.2	20×20
5	T03	内孔镗刀	1	粗精车内孔	0.2	20×20
6	T04	内沟槽刀	1	加工内沟槽		20×20
7	T05	60°内螺纹刀	1	加工内螺纹		20×20
审核		批准	年　月　日		共　页	第　页

（2）数控加工工艺卡见表 3-1-8。

表 3-1-8　数控加工工艺卡

单位名称			产品名称或代号		零件名称		零件图号	
工序号	程序编号		夹具名称		使用设备		车间	
001			自定心卡盘		CK6140		数控	
工步号	工步内容	刀具号	刀具规格/mm	主轴转速/（r/min）	进给速度/（r/min）	背吃刀量/mm	备注	
1	粗车右端面及轮廓	T01	20×20	600	150	2.0	自动	
2	粗车左端面及轮廓	T01	20×20	600	150	1.5	自动	
3	精车左端面及轮廓	T02	20×20	800	100	0.5	自动	
4	手动钻 ϕ18mm 通孔	T1、T2		200			手动	
5	粗精镗内孔	T03	20×20	600	60	0.5	自动	
6	车内沟槽	T04	20×20	300	50	3.0	自动	
7	车内螺纹	T05	20×20	800	100	0.5	自动	
8	精车右端面及轮廓	T02	20×20	800	100	0.5	自动	
9	粗精镗内锥及内孔	T03	20×20	600	60	0.5	自动	
编制		审核		批准		年　月　日	共　页	第　页

5. 程序编制

1）粗加工右端面及轮廓

（1）建立工件坐标系。夹住毛坯外圆，加工右端面及轮廓，工件伸出长度大于 40 mm。工件坐标系设在工件右端面，如图 3-1-2。

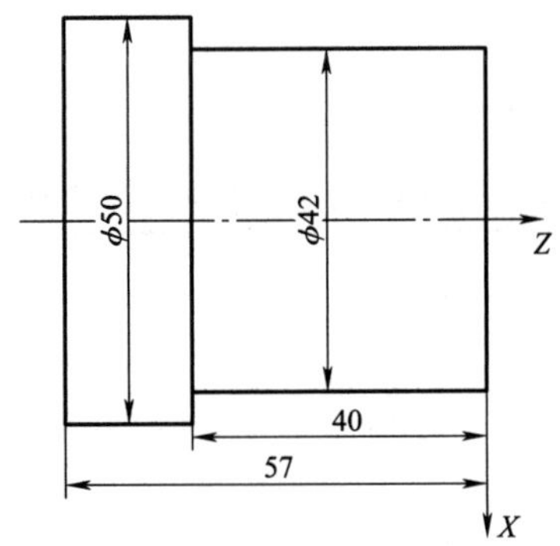

图 3-1-2　粗加工右端及轮廓时的工件坐标系

（2）参考程序见表 3-1-9。

表 3-1-9　粗加工右端程序

FANUC 0i 系统数控程序	注　释
O0010	程序名
N0010 G40 G98 G97 G21；	设置初始化
N0020 T0101 S600 M03；	设置刀具及主轴转速
N0030 G00 X52.0 Z0.0；	快速到达循环起点
N0040 G01 X0. F60；	车端面
N0050 G01 X46.0 Z2.0；	退刀
N0060 G01 Z-40.0 F150；	粗车 φ46 mm 外圆
N0070 X52.0；	车端面
N0080 G00 Z2.0；	Z 向退刀
N0090 G01 X42.0 F150；	X 向进刀
N0100 Z-40.；	粗车 φ42 mm 外圆
N0110 X52.0；	车端面
N0120 G00 X100.0 Z100.0；	快速退至换刀点
N0130 M30；	程序结束

2）粗精加工左端轮廓及内孔

（1）建立工件坐标系。夹住 φ42 mm 外圆，加工左端面及轮廓，粗精加工内孔，车内沟槽及内螺纹，工件坐标系如图 3-1-3 所示。

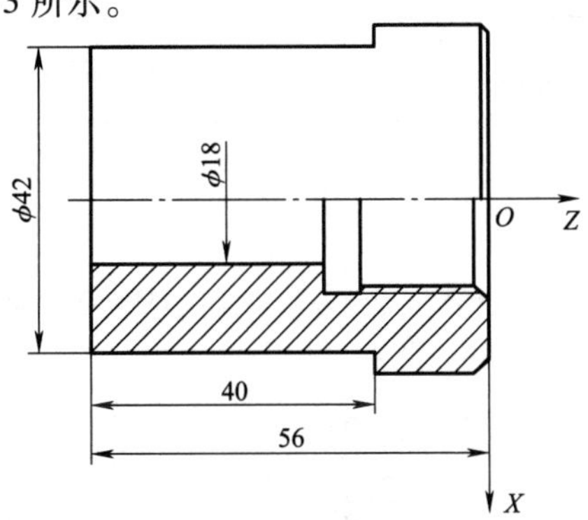

图 3-1-3　粗精加工左端轮廓及内孔时的工件坐标系

参考程序见表 3-1-10。

M24 内螺纹的牙深 $H=0.6495\times1.5$ mm $=0.974$ mm。

表 3-1-10　FANUC Oi 参考程序（粗精加工左端）

FANUC Oi 系统数控程序	注　释
0020	程序名
N0010 G40 G98 G97 G21;	设置初始化
N0020 T0101 S600 M03;	设置刀具及主轴转速
N0030 G00 X52.0 Z0.5;	快速到达循环起点
N0040 G01 X0 F60;	齐端面
N0050 X48.5 Z2.0;	退刀
N0060 G01 Z-17.0 F150;	粗车 ϕ48 mm 外圆
N0070 G00 X150.0;	*X* 向退刀
N0080 Z100.0;	*Z* 向退刀
N0090 M05;	主轴停
N0100 M00;	程序暂停
N0110 T0202 S800 M03;	换 T02 刀具，设置主轴转速
N0120 G00 X52.0 Z0.0;	快速靠近工件
N0130 G01 X0 F60;	精车端面
N0140 G00 X46.0 Z2.0;	退刀
N0150 G01 Z0 F100;	靠近端面
N0160 X48.0 Z-1.0;	倒角 *C*1
N0170 Z-17.0;	精车 ϕ48 mm 外圆
N0180 G00 X150.0 Z100.0;	快速退至换刀点
N0190 M05;	主轴停
N0200 M00;	程序暂停
手动钻 ϕ18 mm 通孔	
N0210 T0303 S600 M03;	换内孔刀，设置主轴转速
N0220 G00X16.0;	*X* 向靠近工件
N0230 Z2.0;	*Z* 向靠近工件
N0240 G71 U0.5 R0.5; N0250 G71 P260 Q300 U-0.2 W0 F60;	调用循环，设置加工参数
N0260 G01 X26.38;	FANUC Oi 系统含义：轮廓精加工程序段
N0270 Z0.0;	
N0280 X22.38 Z-2.0;	
N0290 Z-23.0;	
N0300 X16.0;	
N0310 G70 P260 Q300;	
N0320 G00 X150.0 Z100.0;	退刀换刀点

续表

FANUC 0i 系统数控程序	注　　释
N0330 M05；	主轴停
N0340 M00；	程序暂停
N0350 T0404 S300 M03；	换内沟槽刀
N0360 G00 X16.0 Z5.0；	快速靠近工件
N0370 Z-23.0；	Z 向进刀
N0380 X26.0 F60；	切槽
N0390 X16.0；	X 向退刀
N0400 Z-21.0；	Z 向移动
N0410 X26.；	切槽
N0420 X16.0；	X 向退刀
N0430 G00 Z5.0；	Z 向退刀
N0440 X100.0 Z50.；	退至换刀点
N0450 M05；	主轴停
N0460 M00；	程序暂停
N0470 T0505 S600 M03；	换内螺纹刀
N0480 G00 X18.0 Z3.0；	快速靠近工件
N0490 G92 X22.8 Z-20.0 F1.5；	FANUC 0i 采用 G92 指令加工内螺纹
N0500 X23.3；	
N0510 X23.6；	
N0520 X23.9；	
N0530 X24.0；	
N0540 X24.0；	
N0550 G00 X100.0 Z100.0；	刀具快速退至换刀点
N0560 M05；	主轴停
N0570 M30	程序结束

3）精加工右端轮廓

（1）建立工件坐标系。夹住 ϕ48 mm 外圆（用铜皮包住），用百分表找正，精加工右端面及轮廓。工件坐标系设在工件右端面轴线上，如图 3-1-4 所示。参考程序见表 3-1-11。

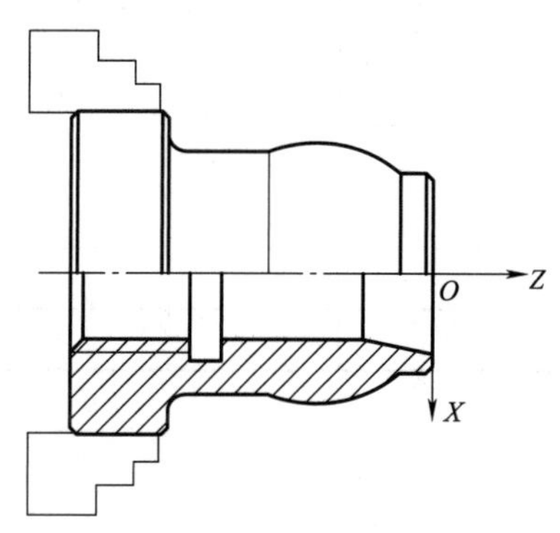

图 3-1-4　精加工右端轮廓时的工件坐标系

表 3-1-11　精加工右端程序

FANUC 0i 系统数控程序	注　释
O0030	程序名
N0010 G40 G98 G97 G21;	设置初始化
N0020 T0202 S800 M03;	设置刀具及主轴转速
N0030 G00 X44.0 Z0.0;	快速到达循环起点
N0040 G01 X16.0 F60;	精车端面
N0050 G00 X50.0 Z2.0;	退刀
N0060 G73 U7.0 W2.0 R5;	调用循环，设置加工参数
N0070 G73 P80 Q160 U0.5 W0 F100;	
N0080 G01 G42 X28.0 Z0.0;	FANUC 0i 系统含义：轮廓精加工程序段
N0090 X30.0 Z-1.0;	
N0100 Z-5.0;	
N0110 G03 X36.0 Z-25.0 R20.0;	
N0120 G01 Z-37.0;	
N0130 G02 X42.0 Z-40.0 R3.0;	
N0140 G01 X46.0;	
N0150 X48.0 Z-41.0;	
N0160 X50.0;	
N0170 G70 P80 Q160 F100;	
N0180 G00 G40 X100.0 Z100.0;	快速退至换刀点，取消刀尖圆弧半径补偿
N0190 M05;	主轴停
N0200 M00;	程序暂停
N0210 T0303 S600 M03;	*X* 向退刀
N0220 G00 X16.0 Z2.0;	快速靠近工件
N0230 G71 U0.5 R0.5; N0240 G71 P250 Q290 U-0.2 W0 F60;	调用循环，设置加工参数
N0250 G00 G42 X24.0;	FANUC 0i 系统含义：轮廓精加工程序段
N0260 G01 Z0.;	
N0270 X20.0 Z-20.0;	
N0280 Z-33.0;	
N0290 X16.0;	
N0300 G70 P250 Q290	
N0310 G00 G40 X100.0 Z100.0;	快速退至换刀点
N0320 M05;	主轴停
N0330 M30;	程序结束

6. 工件加工

1）加工准备

（1）检查毛坯尺寸。

（2）开机、回参考点。

（3）输入程序并校验。把编制好的加工程序输入到数控系统中，并应用空运行或图形模拟校验所编制的加工程序，验证程序合格后方能进行以下步骤。

（4）装夹工件：夹住毛坯 ϕ50 mm 外圆，伸出长度大于 40 mm，车平端面，粗加工右端外圆至 ϕ42 mm × 40 mm。调头装夹 ϕ42 mm 外圆，粗精车端面、外圆及内孔。再调头装夹 ϕ48 mm 外圆（包铜皮），并用百分表找正，精车右端面，外圆及内孔。

（5）装夹刀具。把外圆粗车刀、外圆精车刀、内孔镗刀、内沟槽刀、内螺纹刀按要求依次装入 T01、T02、T03、T04 及 T05 号刀位。

（6）对刀。粗加工右端时，只对 T01 刀具即可；调头后，将 T01、T02、T03、T04、T05 五把刀依次对好；再次调头，将 T02、T03、T04 对好即可。

2）零件的自动加工

将数控车床置于自动加工模式，首先将加工程序调入数控系统，调好进给倍率进行自动加工，在加工过程中进行精度控制，具体方法如下：

（1）外圆及长度尺寸控制。左右两端轮廓均通过调整外圆精车刀（T02）X 及 Z 向磨损量，运行精加工程序。程序结束后停机测量，根据测量结果再修调刀具磨损量，重新运行精加工程序指令，直至符合尺寸要求为止。

（2）内孔精度控制。加工内孔前，把内孔镗刀（T03）刀具磨损量设置为 −0.1 ~ 0.2 mm，精加工结束后停机测量，根据测量结果再修调刀具磨损量，重新运行精加工程序指令，直至符合尺寸要求为止。

（3）螺纹精度控制。加工螺纹前，把螺纹刀（T05）刀具磨损量设置为 −0.1 ~ 0.2 mm，螺纹循环运行后停机测量，根据测量结果调整刀具磨损量，重新运行螺纹循环指令，直至符合尺寸要求为止。

3）加工结束

加工结束后清理机床。

7. 操作注意事项

（1）装夹刀具时，外圆车刀刀尖必须与主轴轴线等高，内孔镗刀可略高于主轴轴线。

（2）调头时，必须重新对刀。

（3）程序中设置的换刀点不一定适合实际加工，应根据具体情况设置最佳换刀点。

（4）在加工过程中，应尽量采用试切、试测方法控制尺寸精度。

（5）钻孔前应先用中心钻钻中心孔，进行引钻。

第四部分　理论考核模块

《数控车削编程加工技术》测试题（1）

试题使用班级：

题号	一	二	三	总分
得分				

姓名：　　　　　　　　班级：　　　　　　　　学号：

一、单选题

1. 测量与反馈装置的作用是(　　)。

A. 提高机床的安全性　　B. 提高机床的使用寿命

C. 提高机床的定位精度加工精度　　D. 提高机床的灵活性

2. 在直流伺服电动机调速中，电枢电阻调速不常用的原因是(　　)。

A. 机械特性变软　　B. 机械特性变硬

C. 改变电机方向　　D. 改变电流方向

3. 数控机床的传动元件精密化主要体现在(　　)。

A. 滚珠丝杠螺母副　　B. 铸铁导轨

C. 自动换刀装置　　D. 润滑装置

4. 减少数控机床的热变形的措施是(　　)。

A. 提高机床的制造精度　　B. 改进机床布局和结构设计

C. 增加尺寸检测装置　　D. 提高机床的转速

5. 下列影响数控机床刚度的因素有(　　)。

A. 切削力　　B. 零件尺寸　　C. 刀具尺寸　　D. 机床精度

6. 数控机床主轴滚动轴承的预紧主要作用是(　　)。

A. 消除传动间隙　　B. 减小摩擦阻力

C. 提高接触刚度　　D. 增加散热

7. 功能仅在其出现的程序段中有效的代码是(　　)。

A. G 代码　　B. M 代码　　C. 模态代码　　D. 非模态代码

8. T0304 中 03 的含义是(　　)。

A. 刀补号　　B. 刀编号　　C. 刀具长度补偿　　D. 刀具号

9. 在 HNC 系统中，在主程序中调用子程序%1000，其正确的指令是(　　)。

A. M98 %1000　　B. M99 %1000　　C. M98 P1000　　D. M99 P1000

10. 设 G01 X30 Z6 执行 G91 G01 Z15 后，正方向实际移动量为(　　)。

A. 9 mm　　B. 21 mm　　C. 15 mm　　D. 22 mm

11. 圆弧插补指令 G03 X Y R 中，X、Y 后的值表示圆弧的(　　)。

A. 起点坐标值　　B. 终点坐标值

C. 圆心坐标相对于起点的值　　D. 不确定

12. 圆弧插补段程序中，若采用圆弧半径 R 编程时，从起始点到终点存在两条圆弧线段，当(　　)时，用 $-R$ 表示圆弧半径。

A. 圆弧小于或等于 180°　　B. 圆弧大于或等于 180°

C. 圆弧小于 180°　　D. 圆弧大于 180°

13. 数控车床试运行时，G00 指令运行正常，但执行到 G01 指令时，进给便停止了，光标停在 G01 程序段，显示器无报警，可能原因是(　　)。

A. 系统处于 G99 状态，而主轴没开　　B. 进给倍率被转到了 0

C. A 和 B 都不对　　D. A 和 B 都有可能

14. G00 的指令移动速度值是(　　)。

A. 机床参数指定　　B. 数控程序指定

C. 操作面板指定　　D. 编程人员指定

15. 铸造成形锻造成形的工件选用(　　)指令作为粗车加工循环指令合适。

A. G71　　B. G72　　C. G73　　D. G74

16. 对于径向尺寸要求比较高，轮廓形状单调递增，轴向切削尺寸大于径向切削尺寸的毛坯类工件进行车削循环加工时，采用(　　)指令编程合适。

A. G71　　B. G72　　C. G74　　D. G75

17. 在数控加工中，刀具补偿功能除对刀具半径进行补偿外，在用同一把刀进行粗精加工时，还可进行加工余量的补偿，设刀具半径为 r，粗加工时，半径方向余量为 Δ，则最后一次粗加工走刀的半径补偿量为(　　)。

A. r　　B. Δ　　C. $r+\Delta$　　D. $2r+\Delta$

18. 在标准齿轮中，相互啮合的两齿轮，(　　)必须相同，但齿距可以不等。

A. 旋向　　B. 模数　　C. 导程　　D. 齿厚

19. 滚动轴承外圈与箱体孔的配合一般选择(　　)，以保证轴承的固定。

A. 过盈配合　　B. 过渡配合　　C. 间隙配合

20. $Ra3.2$ 比 $Rz6.3$ 的表面粗糙度要(　　)。

A. 高　　B. 低　　C. 无法比较

21. 选择正确的剖视图(　　)。

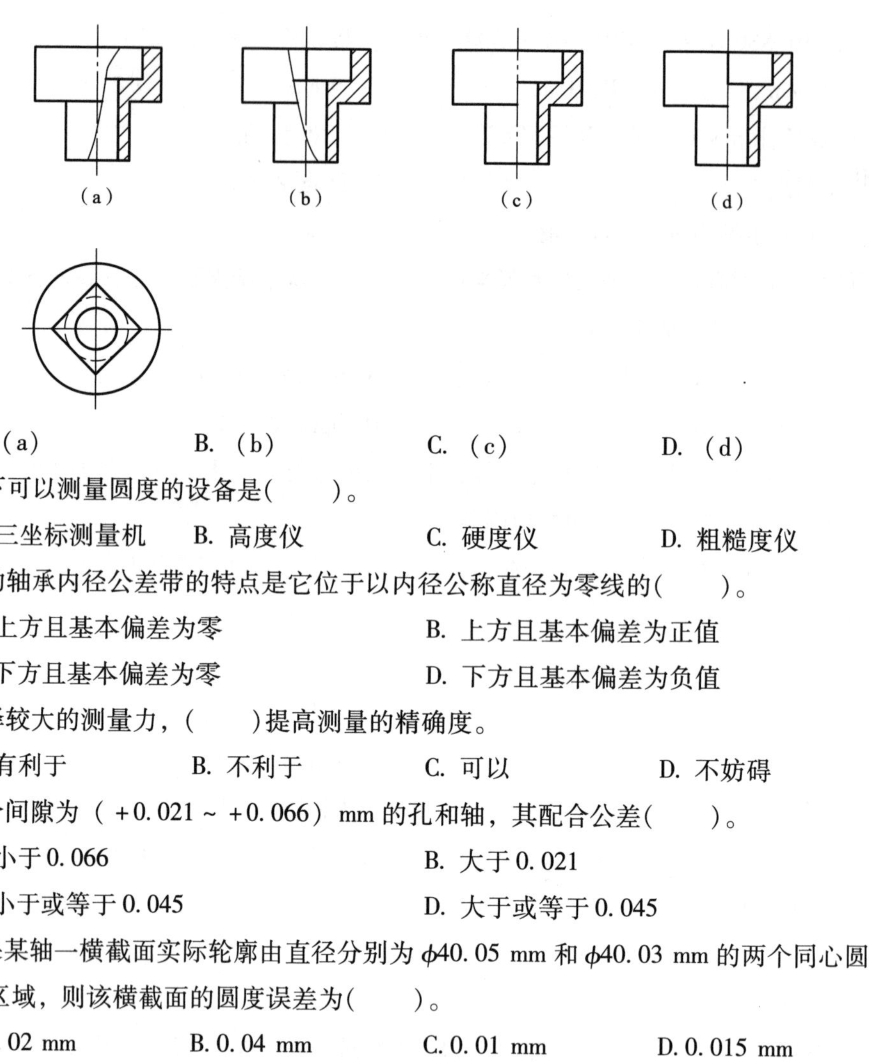

A. (a) B. (b) C. (c) D. (d)

22. 以下可以测量圆度的设备是(　　)。

A. 三坐标测量机 B. 高度仪 C. 硬度仪 D. 粗糙度仪

23. 滚动轴承内径公差带的特点是它位于以内径公称直径为零线的(　　)。

A. 上方且基本偏差为零 B. 上方且基本偏差为正值

C. 下方且基本偏差为零 D. 下方且基本偏差为负值

24. 选择较大的测量力，(　　)提高测量的精确度。

A. 有利于 B. 不利于 C. 可以 D. 不妨碍

25. 配合间隙为（+0.021～+0.066）mm 的孔和轴，其配合公差(　　)。

A. 小于 0.066 B. 大于 0.021

C. 小于或等于 0.045 D. 大于或等于 0.045

26. 如果某轴一横截面实际轮廓由直径分别为 ϕ40.05 mm 和 ϕ40.03 mm 的两个同心圆包容形成最小包容区域，则该横截面的圆度误差为(　　)。

A. 0.02 mm B. 0.04 mm C. 0.01 mm D. 0.015 mm

27. 适应控制机床是一种能随着加工过程中切削条件的变化，自动调整(　　)实现加工过程最优化的自动控制机床。

A. 主轴转速 B. 切削用量 C. 切削过程 D. 进给用量

28. 当交流伺服电动机正在旋转时，如果控制信号消失，则电动机将会(　　)。

A. 立即停止转动 B. 以原转速继续转动

C. 转速逐渐加大 D. 转速逐渐减小

29. 为提高 CNC 系统的可靠性，可采用(　　)。

A. 单片机 B. 双 CPU C. 提高时钟频率 D. 光电隔离电路

30. 切削用量对刀具寿命的影响，主要是通过控制切削温度的高低来影响的，所以影响刀具寿命最大的是(　　)。

A. 背吃刀量 B. 进给量 C. 切削速度 D. 以上三方面

31. 编程中设定定位速度 F_1 = 5 000 mm/min，切削速度 F_2 = 100 mm/min，如果参数键中设置进给速度倍率为 80%，则应选（　　）。

A. $F_1 = 4\ 000$，$F2 = 80$　　B. $F_1 = 5\ 000$，$F_2 = 100$

C. $F_1 = 5\ 000$，$F_2 = 80$　　D. 以上都不对

32. 换刀点是指在编制数控程序时，相对于机床固定参考点而设置的一个自动换刀的位置，它一般不能设置在(　　)。

A. 加工零件上　　B. 程序原点上

C. 机床固定参考点上　　D. 浮动原点上

33. 数控车床的自转位刀架，当手动操作换刀时，从刀盘方向观察，只允许刀盘(　　)换刀。

A. 逆时针转动　　B. 顺时针转动　　C. 任意转动　　D. 由指令控制

34. 数控车削用车刀一般分为三类，即(　　)。

A. 环形刀盘形刀和成形刀　　B. 球头刀盘形刀和成形刀

C. 球头刀鼓形刀和成形刀　　D. 尖形车刀圆弧形车刀和成形刀

35. 影响数控车床加工精度的因素很多，要提高加工工件的质量，有很多措施，但(　　)不能提高加工精度。

A. 将绝对编程改为增量编程　　B. 正确选择车刀类型

C. 控制刀尖中心高误差　　D. 减小刀尖圆弧半径对加工的影响

36. 两中心孔定位时，固定顶尖控制(　　)。

A. 三个移动自由度　　B. 两个转动自由度

C. 一个移动两个转动自由度　　D. 四个转动自由度

37. 三爪自定心卡盘夹住一端，另一端搭中心架钻中心孔时，如果夹住部分较短，属于(　　)。

A. 部分定位　　B. 完全定位　　C. 重复定位　　D. 欠定位

38. 后角较大的车刀，较适合车削(　　)材质。

A. 铝　　B. 铸铁　　C. 中碳钢　　D. 铜

39. 为了合理使用刀具，以保证加工质量，在剧烈磨损阶段到来之前应采取下列(　　)措施。

A. 重磨刀具或更换新刀

B. 直到出现剧烈磨损时才更换刀具

C. 一直切削，直到刀具不能再切削为止

D. 保证冷却液浇注到位，且保证冷却液为连续浇注

40. 下列不会导致刀具后角磨损的是(　　)。

A. 刀具以较小的进给量切削塑性金属　　B. 刀具的后角过小

C. 在切削时切削速度过高　　D. 在切削过程中使用了切削液

41. 切削铸铁工件时，刀具的磨损部位主要发生在(　　)。

A. 前刀面　　B. 后刀面　　C. 前后刀面　　D. 副后刀面

42. 车刀刀尖高于工件旋转中心时，刀具的工作角度(　　)。

A. 前角增大，后角减小　　B. 前角减小，后角增大

C. 前角后角都增大　　D. 前角后角都减小

43. 有色金属外圆精加工适合采用(　　)。

A. 磨削　　B. 车削　　C. 铣削　　D. 镗削

44. 具有高度责任心应做到(　　)。

A. 方便群众，注重形象　　B. 光明磊落，表里如一

C. 工作勤奋努力，尽职尽责　　D. 不徇私情，不谋私利

45. 不符合文明生产基本要求的是(　　)。

A. 执行规章制度　　B. 贯彻操作规程　　C. 自行维护设备　　D. 遵守生产纪律

46. 关于尺寸公差，下列说法正确的是(　　)。

A. 尺寸公差只能大于零，故公差值前应标“+”号

B. 尺寸公差是用绝对值定义的，没有正负的含义，故公差值前不用标“+”号

C. 尺寸公差不能为负值，但可以为零

D. 尺寸公差为允许尺寸变动范围的界限值

47. 用来测量工件内外角度的量具是(　　)。

A. 万能角度尺　　B. 内径千分尺　　C. 游标卡尺　　D. 量块

48. 对于较长的或必须经过多次装夹才能加工好且位置精度要求较高的轴类工件，可采用(　　)方法安装。

A. 一夹一顶　　B. 两顶尖　　C. 三爪卡盘　　D. 四爪卡盘

49. 主轴转速 n（r/min）与切削速度 v（m/min）的关系表达式是(　　)。

A. $n=\pi vD/1000$　　B. $n=1000\pi vD$　　C. $v=\pi Dn/1000$　　D. $v=1000\pi Nd$

50. 将斜视图旋转配置时(　　)。

A. 必须注“旋转”二字　　B. 必须注旋转符号“向 * 旋转符号”

C. 必须注旋转度　　D. 可省略标注

51. AutoCAD 中要准确地将圆心移动到直线的中点需要使用(　　)。

A. 正文　　B. 对象捕捉　　C. 栅格　　D. 平移

52. G70 指令是(　　)。

A. 精加工切削循环指令　　B. 圆柱粗车削循环指令

C. 端面车削循环指令　　D. 螺纹车削循环指令

53. 在 FANUC 0i 系统中，车内孔时 G71 第二行中的 U 为(　　)值。

A. 正　　B. 负　　C. 无正负　　D. 均不对

54. 操作面板的功能键中，用于参数显示设定窗口的键是(　　)。

A. OFFSET SETTING　　B. PARAM　　C. PRGAM　　D. SYSTEM

55. 剖视图可分为全剖、局部和(　　)。

A. 旋转　　B. 阶梯　　C. 斜剖　　D. 半剖

56. 牌号为 45 号的钢的 45 表示含碳量为(　　)。

A. 0. 45% B. 0. 045% C. 4. 5% D. 45%

57. 自动运行操作步骤首先选择要运行的程序，将状态开关置于“( )”位置，再按“循环启动”按钮。

A. ZRN B. MEN C. AUTO D. HOU

58. 加工齿轮类盘形零件，精加工时应以( )做基准。

A. 外形 B. 内孔 C. 端面 D. 以上均不能

59. 在 FANUC 系统程序加工完成后，程序复位，光标能自动回到起始位置的指令是( )。

A. M00 B. M01 C. M30 D. M02

60. 当加工外圆直径 ϕ38. 5 mm，实测为 ϕ38. 60 mm，则在该刀具磨耗补偿对应位置输入( )值进行修调达到尺寸要求。

A. 0. 1 mm B. −0. 1 mm C. 0. 2 mm D. 0. 5 mm

61. 螺纹有五个基本要素，它们是( )。

A. 牙型公称直径螺距线数和旋向 B. 牙型公称直径螺距旋向和旋合长度

C. 牙型公称直径螺距导程和线数 D. 牙型公称直径螺距线数和旋合长度

62. 过流报警属于( )类型的报警。

A. 系统报警 B. 机床侧报警 C. 伺服单元报警 D. 电机报警

63. 安排轴类零件加工顺序时应按照( )的原则。

A. 先粗车后精车 B. 先精车后粗车 C. 先内后外 D. 基准先行

64. 螺纹车刀刀尖高于或低于中心时，车削时易出现( )现象。

A. 扎刀 B. 乱牙 C. 窜动 D. 停车

65. 数控车床 X 方向对刀时，车削外圆后只能沿( )方向退刀并停掉主轴后，测量外径尺寸。

A. X B. Z C. X、Z 同时 D. X、Z 都可以

66. G03 指令格式为 G03 X（U）-Z（W）-( )-K-F-。

A. B B. V C. I D. M

67. 若未考虑车刀刀尖半径的补偿值，会影响车削工件的( )精度。

A. 外径 B. 内径 C. 长度 D. 锥度及圆弧

68. 影响刀具扩散磨损的最重要原因是切削( )。

A. 材料 B. 速度 C. 温度 D. 角度

69. 用来测量工件内外角度的量具是( )。

A. 万能角度尺 B. 内径千分尺 C. 游标卡尺 D. 量块

70. 可选用( )测量孔的深度是否合格。

A. 游标卡尺 B. 深度千分尺 C. 杠杆百分表 D. 内径塞规

二、多选题

1. 下列属于刀具磨损主要原因的是( )。

A. 机械作用 B. 电解作用 C. 热化学作用 D. 高温作用 E. 人为作用

2. 以下属于数控车削加工工序划分原则的是(　　)。

A. 以一次安装所进行的加工作为一道工序

B. 以一个完整数控程序连续加工的内容为一道工序

C. 以工件上的结构内容组合用一把刀具加工为一道工序

D. 以粗精加工划分工序

E. 以操作人员的技术水平划分工序

3. 数控车削加工工序的划分完成后，进行工步顺序安排的一般原则是(　　)。

A. 先粗后精　　B. 先远后近　　C. 内外交叉　　D. 刀具集中　　E. 基面先行

4. 关于表面粗糙度符号描述正确的是(　　)。

A. 表面粗糙度加工纹理符号 C，表示表面纹理为近似的同心圆

B. 表面粗糙度加工纹理符号—，表示表面纹理平行于代号标注的视图投影面

C. 表面粗糙度加工纹理符号 X，表示表面纹理呈相交的方向

D. 表面粗糙度加工纹理符号 R，表示表面纹理呈近似放射形

E. 表面粗糙度加工纹理符号 M，表示表面纹理呈多方向

5. 投影面的垂直线类型有(　　)。

A. 正垂线　　B. 侧垂线　　C. 铅垂线　　D. 左垂线

6. 装配图的技术要求主要指(　　)方面。

A. 几何公差要求　　B. 装配要求　　C. 使用要求　　D. 配合尺寸要求

7. 准备功能字 G 代码用来规定指令插补功能和(　　)等多种加工操作。

A. 机床坐标系　　B. 坐标平面　　C. 刀具补偿　　D. 坐标偏置

8. 下列叙述正确的是(　　)。

A. 子程序执行完毕后返回主程序　　B. 可以有多个主程序

C. 可以有多个子程序　　D. 子程序可以调用主程序

9. 直线插补指令 G01 可以用来(　　)。

A. 编写孔加工程序　　B. 编写平面加工程序

C. 编写端面加工程序　　D. 编写螺纹加工程序

10. 程序编程中关于绝对坐标与增量坐标指令叙述错误的是(　　)。

A. 程序中只能用指令 G90

B. 程序中只能用指令 G91

C. 指令 G90、G91 在同一个程序中可以混合使用

D. 子程中不可以使用指令 G91

三、判断题

1. 可采用变频调速，获得非常硬的机械特性及宽的调速范围的伺服电机是交流伺服电机。(　　)

2. 滚珠丝杠副在垂直传动或水平放置的高速大惯量传动中，必须安装制动装置，这是为了提高定位精度。(　　)

3. 手工编程与自动编程的区别是手工编程的出错率不高，能及时发现程序中的错误。（　　）

4. 自动编程适用于形状复杂的零件，特别是具有非圆曲线、列表曲线及曲面的零件。（　　）

5. G91 G00 X30. 0 Y-20. 0 表示刀具快速向 X 正方向移动到 30 mm 处，Y 负方向移动到 20 mm 处。（　　）

6. 移动指令与平面选择无关。例如指令 G17 G01 Z10 时，Z 轴仍然会移动。（　　）

7. G20/21 是用来选择加工 G 代码中输入数据的单位，还能改变 HMI 界面上显示的数据单位。（　　）

8. 当锥孔不通时，锥体顶部与锥孔底部之间必须留有间隙。（　　）

9. 采用螺栓联接时，孔的位置与箱壁之间应有足够的空间，以保证装配的可能和方便。（　　）

10. 装配轴承时，轴肩过大，会给拆卸轴承带来困难。（　　）

11. 内径为 ϕ50 的滚动轴承与 ϕ50k5 的轴颈配合，其配合性质是间隙配合。（　　）

12. 杠杆千分表的测杆轴线与被测工件的夹角越小，测量误差就越大。（　　）

13. 刀具前角越大，切屑越不易流出，切削力越大，但刀具的强度越高。（　　）

14. 主偏角增大，刀具刀尖部分强度与散热条件变差。（　　）

15. 数控机床加工过程中可以根据需要改变主轴速度和进给速度。（　　）

16. 外圆粗车循环方式适合于加工棒料毛坯除去较大余量的切削。（　　）

17. 数控机床对刀具材料的基本要求是、高的硬度、高的耐磨性高的红硬性和足够的强度和韧性。（　　）

18. 车削细长轴时，为了减小刀具对工件的径向作用力，应尽量增大车刀的主偏角。（　　）

19. 用四爪单动卡盘装夹找正，不能车削位置精度及尺寸精度要求高的工件。（　　）

20. 扩孔能提高孔的位置精度。（　　）

《数控车削编程加工技术》测试题（2）

试题使用班级：

题号	一	二	三	总分
得分				

姓名： 班级： 学号：

一、单选题

1. 数控机床的核心是(   )。

A. 伺服系统　B. 数控系统　C. 反馈系统　D. 传动系统

2. 下列不是伺服系统组成部分的是(   )。

A. 电机　B. 可编程序控制器

C. 位置测量元件伺服系统　D. 反馈电路

3. 伺服系统包括驱动装置和(   )两大部分。

A. 反馈机构　B. 动力装置　C. 测量机构　D. 执行机构

4. 确定切削参数，应该是在保证加工质量要求以及工艺系统刚性允许的情况下，充分利用机床功率和发挥刀具切削性能时的(   )。

A. 最大切削量　B. 最小切削量　C. 一般切削量　D. 允许切削量

5. 数控加工主要用于单件小批生产，一般采用(   )。

A. 通用量规　B. 专用量规　C. 通用量具　D. 专用量具

6. 走刀路线是刀具在整个加工工序中相对于工件的(   )，它不但包括了工步的内容，而且也反映出工步的顺序。

A. 走刀轨迹　B. 运动距离　C. 运动轨迹　D. 位移路线

7. 精车铸铁工件时，一般(   )。

A. 不用切削液或用煤油　B. 用切削液

C. 用高浓度乳化液　D. 用低浓度乳化液

8. 用硬质合金刀具高速切削时，一般(   )。

A. 不用切削液　B. 用动物油

C. 用高浓度乳化液　D. 用低浓度乳化液

9. 数控车削加工时，为保证加工过程中具有较好刚性，车削较重工件或粗车长轴时，常采用(   )的装夹方法。

A. 三爪卡盘　B. 两顶尖　C. 一夹一顶　D. 双顶尖

10. 数控刀具涂层材料多采用(   )材料，涂层后刀具表面呈金黄色。

A. 碳化钛　B. 氮化钛　C. 三氧化二铝　D. 氧化硼

11. 数控车床上用硬质合金车刀精车钢件时进给量常取(   )。

A. 0.2～0.4 mm/r　B. 0.5～0.8 mm/r　C. 0.1～0.2 mm/r　D. 0.3～0.5 mm/r

12. 工件以外圆为定位基面时，常用的定位元件为(　　)。

A. 支承板　B. 支承钉　C. V 形铁　D. 心轴

13. 车轴类零件的外圆时采用的定位方式是(　　)。

A. 完全定位　B. 不完全定位　C. 欠定位　D. 过定位

14. 编排数控加工工序时，采用一次装夹完成加工的是(　　)。

A. 减少换刀时间　B. 减少空运行时间

C. 减少重复定位误差　D. 简化加工程序

15. 随着进给量增大，切削宽度会(　　)。

A. 随之增大　B. 随之减小　C. 与其无关　D. 无规则变化

16. 切削厚度与切削宽度随刀具(　　)大小的变化而变化。

A. 前角　B. 后角　C. 主偏角　D. 负偏角

17. 在主剖面（正交平面）内标注的角度有(　　)。

A. 前角和后角　B. 主偏角和副偏角

C. 刃倾角　D. 工作角度

18. 刀具产生积屑瘤的切削速度大致是在(　　)范围内。

A. 低速　B. 中速　C. 高速　D. 中低速

19. 在下列因素中对刀具耐用度影响最大的因素是(　　)。

A. 切削速度　B. 切削厚度　C. 背吃刀量　D. 进给量

20. 程序编制中首件试切的作用是(　　)。

A. 检验零件图设计的正确性

B. 检验零件工艺方案的正确性

C. 检验程序单的正确性，综合检验所加工的零件是否符合图纸要求

D. 仅检验程序单的正确性

21. 定位精度会影响到零件的(　　)。

A. 尺寸精度　B. 表面粗糙度　C. 形状精度　D. 没有任何影响

22. 位置检测装置安装在数控机床的伺服电机上属于(　　)。

A. 开环控制系统　B. 半闭环控制系统

C. 闭环控制系统　D. 安装位置与控制类型无关

23. (　　)是将所检测到的各种机床工作状态信息送到机床操作面板进行声光指示。

A. I/O 接口　B. 输入接口　C. 输出接口　D. 开关

24. 数控车床坐标系的确定原则与机床的实际运动(　　)。

A. 相同　B. 相反　C. 没有关系　D. 不确定

25. 为了编制程序和加工零件，在数控机床上建立的坐标系称为(　　)。

A. 工件坐标系　B. 机床坐标系　C. 绝对坐标系　D. 增量坐标系

26. 数控机床的主轴轴线平行于(　　)。

A. X 轴　B. Z 轴　C. Y 轴　D. C 轴

27. 数控机床坐标轴的正方向规定为(　　)。

A. 增大工件和刀具之间距离的方向　　B. 减小工件和刀具之间距离的方向

C. 刀具接近工件的方向　　D. 任意方向

28. 确定数控机床坐标轴时，一般应先确定(　　)。

A. X 轴　　B. Y 轴　　C. Z 轴　　D. C 轴

29. 在绝对坐标系中，刀具（或机床）运动轨迹的坐标值是以(　　)设定。

A. 前一位置　　B. 后一位置　　C. 原点　　D. 相邻的位置

30. 在相对坐标系中，刀具（或机床）运动轨迹的坐标值是以(　　)设定。

A. 前一位置　　B. 后一位置　　C. 机床原点　　D. 机床参考点

31. 机床原点与机床参考点两者的关系是(　　)。

A. 机床原点依据机床参考点设定

B. 机床参考点依据机床原点设定

C. 机床原点与机床参考点是两个不确定的点

D. 机床原点与机床参考点两者没有关系

32. 工件坐标系的坐标轴方向与机床坐标系的坐标轴方向(　　)。

A. 保持一致　　B. 保持不一致

C. 可以保持一致也可以不保持一致　　D. 不确定

33. 数控机床回零（或回参考点）的实质是(　　)。

A. 建立工件坐标系　　B. 建立机床坐标系

C. 绝对坐标系　　D. 相对坐标系

34. 工件坐标系原点也是数控加工的(　　)。

A. 对刀点　　B. 换刀点　　C. 测量点　　D. 装夹点

35. G00 指令与下列的(　　)指令不是同一组的。

A. G01　　B. G02　　C. G03　　D. G04

36. 装配图中零、部件的序号，应与(　　)中的序号一致。

A. 明细栏　　B. 零件图　　C. 标题栏　　D. 图号

37. 两个以上的零件相互邻接时，下列说法正确的是(　　)。

A. 剖面线的倾斜方向应相同

B. 剖面线的倾斜方向应相反

C. 剖面线的倾斜方向应相反且间隔必须不等

D. 剖面线的倾斜方向应相同且间隔必须相等

38. 在装配图中标注尺寸时，(　　)尺寸不需要注出。

A. 零件的定形和定位尺寸　　B. 安装尺寸

C. 配合尺寸　　D. 外形尺寸

39. 螺纹相邻两牙在中径线上对应两点间的轴向距离称为(　　)。

A. 导程　　B. 螺距　　C. 牙型　　D. 旋向

40. 在平行于内花键轴线的投影面的剖视图中，内花键大径用细实线绘制，小径用( ) 绘制。

A. 粗实线 B. 细实线 C. 细虚线 D. 点画线

41. 下图所示为面对基准线的平行度公差，公差带含义解释正确的是( )。

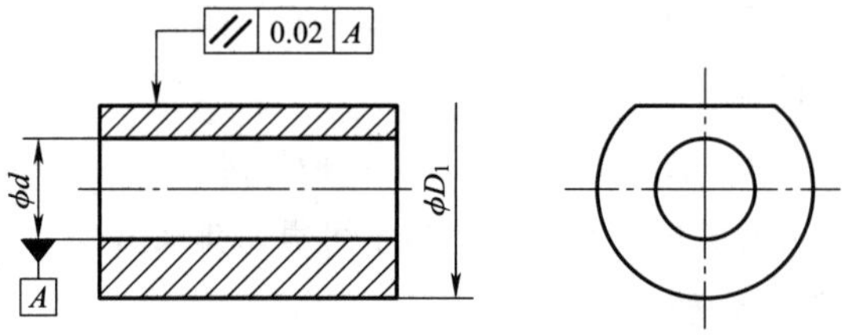

A. 上表面必须位于距离为 0.02 mm，且平行于内圆柱表面

B. 上表面必须位于距离为公差值 0.02 mm，且平行于基准轴线两平行平面之间

C. ϕD_1的轴线必须位于距离为公差值 0.02 mm，且平行于基准轴线的两平行平面之间

D. 上表面必须位于距离为公差值 0.02 mm，且平行于 ϕD_1下侧母线的两平行平面之间

42. 用百分表测量对轴上键槽中心的方法称为( )。

A. 环表对刀法 B. 划线对刀法 C. 擦边对刀法 D. 切痕对刀法

43. 下列不是加工误差产生原因的是( )。

A. 加工过程中工艺系统产生的各种误差 B. 工件内应力引起的加工误差

C. 加工过程中使用了主轴定向指令 D. 测量误差

44. 最大实体尺寸是( )的统称。

A. 孔的最小极限尺寸和轴的最大极限尺寸

B. 孔的最大极限尺寸和轴的最小极限尺寸

C. 轴的最小极限尺寸和孔的最大极限尺寸

D. 轴的最大极限尺寸和孔的最小极限尺寸

45. 加工带有键槽的传动轴，材料为钢并需淬火处理，表面粗糙度要求为 $Ra0.8$ μm，其加工工艺为( )。

A. 粗车—铣—磨—热处理 B. 粗车—精车—铣—热处理—粗磨—精磨

C. 车—磨—铣—热处理 D. 车热处理—磨—铣

46. FANUC 数控车床系统中 G90 X-Z-F-是( )指令。

A. 圆柱车削循环 B. 圆锥车削循环 C. 螺纹车削循环 D. 端面车削循环

47. 编程时( )由编程者确定，可根据编程方便原则，确定在工件的适当位置。

A. 工件原点 B. 机床参考点 C. 机床原点 D. 对刀点

48. FANUC 0i 数控系统中，在主程序中调用子程序 O1010，其正确的指令是( )。

A. M99 O1010 B. M98 O1010 C. M99 P1010 D. M98 P1010

49. 如果切断刀的切削刃太宽，切削时容易产生( )。

A. 弯曲 B. 扭转 C. 刀痕 D. 振动

50. 国家标准中规定的形位公差有( )个项目。

A. 14　　B. 9　　C. 28　　D. 5

51. 在 AutoCAD 中绘制直线时，可以使用(　　)快捷输入方式。

A. C　　B. L　　C. PIN　　D. E

52. 普通车床加工中，丝杆的作用是(　　)。

A. 加工内孔　　B. 加工各种螺纹　　C. 加工外圆、端面　　D. 加工锥面

53. 液压系统的动力元件是(　　)。

A. 电动机　　B. 液压泵　　C. 液压缸　　D. 液压阀

54. 机夹可转位车刀，刀片转位更换迅速、加紧可靠、排屑方便、定位精确，综合考虑，采用(　　)形式的夹紧机构较为合理。

A. 螺钉上压式　　B. 杠杆式　　C. 偏心销式　　D. 楔销式

55. 职业道德与人的事业的关系是(　　)。

A. 有职业道德的人一定能够获得事业成功

B. 没有职业道德的人不会获得成功

C. 事业成功的人往往具有较高的职业道德

D. 缺乏职业道德的人往往更容易获得成功

56. 选择 $v_c = 100$ m/min 车削 $\phi 50$ mm 工件，应选用(　　)r/min 的转速。

A. 400　　B. 500　　C. 637　　D. 830

57. 刀尖半径补偿在(　　)固定循环指令中执行。

A. G71　　B. G72　　C. G73　　D. G70

58. 普通三角螺纹牙深与(　　)相关。

A. 螺纹外径　　B. 螺距

C. 螺纹外径和螺距　　D. 与螺纹外径和螺距都无关

59. 零件几何要素按存在的状态分为实际要素和(　　)。

A. 轮廓要素　　B. 被测要素　　C. 理想要素　　D. 基准要素

60. 齿轮画法中，分度圆用(　　)线表示。

A. 直　　B. 尺寸　　C. 细实　　D. 细点画

61. 镗孔刀刀杆的伸出尽可能(　　)。

A. 短　　B. 长　　C. 不要求　　D. 均不对

62. 孔的形状精度主要有圆度和(　　)。

A. 垂直度　　B. 平行度　　C. 同轴度　　D. 圆柱度

63. 相邻两牙在(　　)线上对应两点之间的轴线距离，称为螺距。

A. 大径　　B. 中径　　C. 小径　　D. 中心

64. 机床中的各开关按钮和键是否正常灵活是(　　)首先应检查的项目。

A. 试刀过程中　　B. 通电后　　C. 加工过程中　　D. 加工以后

65. 进给功能用于指定(　　)。

A. 进刀深度　　B. 进给速度　　C. 进给转速　　D. 进给方向

66. 为增加镗孔刀的截面积，刀尖应与刀杆的(　　)等高。

A. 上表面　　B. 中心线　　C. 下表面　　D. 均不对

67. 重复定位能提高工件的(　　)，但对工件的定位基准有影响，一般是不允许的。

A. 塑性　　B. 强度　　C. 刚性　　D. 韧性

68. 夹紧力的作用点尽量落在主要(　　)面上，以保证夹紧稳定可靠。

A. 基准　　B. 定位　　C. 圆柱　　D. 圆锥

69. 图纸上机械零件的真实大小以(　　)为依据。

A. 比例　　B. 公差范围　　C. 技术要求　　D. 尺寸数值

70. 由直线和圆弧组成的平面轮廓，编程时数值计算的主要任务是求各(　　)坐标。

A. 节点　　B. 基点　　C. 交点　　D. 切点

71. 用 $\phi1.73$ 三针测量 M30 × 3 的中径，三针读数值为(　　)mm。

A. 30　　B. 30.644　　C. 30.821　　D. 31

二、多选题

1. 数控机床的精度指标一般包括(　　)。

A. 定位精度　　B. 分辨率　　C. 脉冲当量　　D. 分度精度

2. 下列叙述正确的是(　　)。

A. 单件小批量生产时，优先选用组合夹具

B. 在成批生产时，应采用专用夹具，并力求结构简单

C. 零件的装卸要快速、方便、可靠，以缩短机床的停顿时间

D. 数控加工用于单件小批生产时，一般采用专用夹具

E. 使用螺旋机构设计的夹具，夹紧力大，具有自锁性，适用于手动夹紧

3. 下列属于数控加工工序专用技术文件的是(　　)。

A. 加工工艺过程卡　　B. 数控刀具调整单　　C. 数控加工程序单

D. 程序说明卡　　E. 加工走刀路线图

4. 工件坐标系原点的选择原则是(　　)。

A. 设计基准　　B. 工艺基准　　C. 对称中心　　D. 任意位置

5. 自动编程的特点是(　　)。

A. 程序量比较大的零件　　B. 形状简单的零件

C. 形状复杂的零件　　D. 出错率低

6. 数控编程时，分析零件图样和工艺处理的目的是(　　)。

A. 设计加工路线　　B. 优化切削参数　　C. 提高生产效率　　D. 降低生产成本

7. 视图中的直线可能表示空间物体情况的是(　　)。

A. 直线　　B. 平面　　C. 曲面转向轮廓线　　D. 曲面

8. 局部剖视图是一种应用比较灵活的表达方法，常用于(　　)情况。

A. 表达支架类等比较复杂的零件

B. 表达实心机件上的孔、槽、缺口等局部结构的内部形状

C. 非对称机件，其内外结构形状需要在同一视图上表达时

D. 虽然机件对称，但不宜采用半剖视图时

E. 表达实心的轴类零件

9. 在装配图中，需要标注(　　)尺寸。

A. 规格及性能尺寸　B. 外形尺寸　C. 定位尺寸　D. 安装尺寸

10. 关于指令 G28 和指令 G29 叙述正确的是(　　)。

A. G28 是使刀具经过中间点达到参考点

B. G29 是使刀具由机床参考点经过中间点到达目标点

C. G29 是使刀具经过中间点达到参考点

D. G28 是使刀具由机床参考点经过中间点到达目标点

三、判断题

1. 零件图上所采用的图样画法（如视图、剖视、断面等）在表达装配体时也同样适用。(　　)

2. 对于间隙配合两零件表面的接触处，可以画两条线。(　　)

3. 轴肩与端面相互接触时，在两接触面的交角处（孔或轴的根部）应加工出退刀槽、倒角或不同大小的倒圆，以保证两个方向的接触面均接触良好。(　　)

4. 数控机床加工时选择刀具的切削角度与普通机床加工时是不同的。(　　)

5. DNC 意为直接数字控制或分布数字控制。(　　)

6. 位置检测装置的作用是检测位移（线位移或角位移）和速度，发送反馈信号至数控装置。(　　)

7. 为提高检测精度，编码器在实际工作中必须处于静止状态。(　　)

8. YT 类硬质合金中含钴量愈多，刀片硬度愈高，耐热性越好，但脆性越大。(　　)

9. 数控机床的进给运动是固定的，一律是刀具相对于工件的运动。(　　)

10. 编程人员在编写程序时，必须考虑刀具移向工件或者工件移向刀具。(　　)

11. 数控机床中旋转坐标轴的正方向判断是用左手螺旋定则。(　　)

12. 机床坐标系是机床上固有的坐标系，用户可以任意设定。(　　)

13. 工件坐标系原点的设定不必考虑工件的尺寸精度和工件的形状。(　　)

14. 最大实体尺寸是孔和轴的最大极限尺寸的总称。(　　)

15. 用锥度塞规检查内锥孔时，如果大端接触而小端未接触，说明内锥孔锥角过大。(　　)

16. 数控加工时零件的装夹，夹紧后就完全定位了。(　　)

17. 数控车床加工球面工件是按照数控系统编程的格式要求，写出相应的圆弧插补程序段。(　　)

18. 数控系统网络通信接口技术不能实现系统状态采集和远程控制等功能。(　　)

19. 直流伺服电动机采用电枢电阻调速，可以实现有级调速，是非常经济的一种方法。(　　)

20. 高速钢车刀的韧性虽然比硬质合金高，但不能用于高速切削。(　　)

《数控车削编程加工技术》测试题（3）

试题使用班级：

题号	一	二	三	总分
得分				

姓名：　　　　　　班级：　　　　　　学号：

一、单选题

1. 零件图(　　)的投射方向应能最明显地反映零件图的内外结构形状特征。

A. 俯视图　　B. 主视图　　C. 左视图　　D. 右视图

2. G00 代码的功能是快速定位，它属于(　　)代码。

A. 模态　　B. 非模态　　C. 标准　　D. ISO

3. 操作面板的功能键中，用于程序编制显示的键是(　　)。

A. POS　　B. PROG　　C. ALARM　　D. PAGE

4. 万能角度尺按其游标度数值可分为 2′和(　　)两种。

A. 4′　　B. 8′　　C. 6′　　D. 5′

5. 主轴在转动时若有一定的径向圆跳动，则工件加工后会产生(　　)误差。

A. 垂直度　　B. 同轴度　　C. 斜度　　D. 粗糙度

6. 辅助指令 M01 表示(　　)。

A. 选择停止　　B. 程序暂停　　C. 程序结束　　D. 主程序结束

7. 在程序运行过程中，如果按下进给保持按钮，运转的主轴将(　　)。

A. 停止程序　　B. 保持运转　　C. 重新启动　　D. 反向运转

8. 下列不属于工艺基准的是(　　)。

A. 定位基准　　B. 测量基准　　C. 装配基准　　D. 设计基准

9. 操作面板上的“DELET”键的作用是(　　)。

A. 删除　　B. 复位　　C. 输入　　D. 启动

10. 符号键在编程时用于输入符号，(　　)键用于每个程序段结束符。

A. ES　　B. EOB　　C. CP　　D. DOC

11. 使主运动能够继续切除工件多余的金属，以形成工作表面所需的运动，称为(　　)。

A. 进给运动　　B. 主运动　　C. 辅助运动　　D. 切削运动

12. 零件上每个表面都要加工时，应选择加工余量和公差(　　)的表面作为粗基准。

A. 最小的　　B. 最大的　　C. 符合公差范围　　D. 任何

13. 在 G71 P（ns） Q（nf） U（Δu） W（Δw） S500 程序格式中，(　　)表示 Z 轴方向上的精加工余量。

A. Δu　　B. Δw　　C. ns　　D. nf

14. FANUC 数控车床系统中 G90 是(　　)指令。

A. 增量编程　　B. 圆柱或圆锥车削循环

C. 螺纹车削循环　　D. 端面车削循环

15. 为降低铸造件的硬度便于切削加工，应进行(　　)处理。

A. 淬火　　B. 退火　　C. 高温回火　　D. 调质

16. 应用插补原理的方法有多种，其中(　　)最常用。

A. 逐渐比较法　　B. 数字积分法　　C. 单步追踪法　　D. 有限元法

17. 刀具与工件的相对运动可以分解为两个方面，一个是(　　)运动，另一个是进给运动。

A. 主运动　　B. 曲线运动　　C. 往返运动　　D. 直线运动

18. G70 P　Q　指令格式中“Q”的含义是(　　)。

A. 精加工路径的首段顺序号　　B. 精加工路径的末段顺序号

C. 进刀量　　D. 退刀量

19. 程序段序号通常用(　　)位数字表示。

A. 8　　B. 10　　C. 4　　D. 11

20. G92 X-Z-F-指令中“F-”的含义是(　　)。

A. 进给量　　B. 螺距　　C. 导程　　D. 切削长度

21. G02/G03 方向的判别方法：对于 X、Z 平面，朝 Y 轴(　　)方向看，顺时针方向为 G02，逆时针方向为 G03。

A. 负　　B. 侧　　C. 正　　D. 前

22. FANUC 系统数控车床的准备功能 G 代码中，均能使机床作某种运动的一组代码是(　　)。

A. G00、G01、G02、G03、G43、G41、G42

B. G00、G01、G02、G03、G90、G92、G94

C. G00、G04、G18、G19、G49、G43、G44

D. G01、G02、G03、G17、G40、G41、G42

23. 在切断时，背吃刀量 A_p(　　)刀头宽度。

A. 大于　　B. 等于　　C. 小于　　D. 小于或等于

24. 下列选项中属于职业道德范畴的是(　　)。

A. 企业经营业绩　　B. 企业发展战略

C. 员工的技术水平　　D. 人们的内心信念

25. 编程加工内槽时，切槽前的切刀定位点的直径应比孔径尺寸(　　)。

A. 小　　B. 相等　　C. 大　　D. 无关

26 G 代码表中的 00 组的 G 代码属于(　　)。

A. 非模态指令　　B. 模态指令　　C. 增量指令　　D. 绝对指令

27. 车外圆时，切削速度计算式中的 D 一般是指(　　)的直径。

A. 工件待加工表面　B. 工件加工表面　　C. 工件已加工表面　D. 工件毛坯

28. 企业标准是由(　　)制定的标准。

A. 国家　　B. 企业　　C. 行业　　D. 地方

29. 以下关于 AutoCAD 命令输入方式中不可采用的是(　　)。

A. 单击命令图标　　B. 在菜单栏选择命令

C. 用键盘直接输入　　D. 利用数字键输入

30. 俯视图反映物体(　　)的相对位置关系。

A. 上下和左右　　B. 前后和左右　　C. 前后和上下　　D. 左右和上下

31. CNC 系统一般可用几种方式得到工件加工程序，其中 MDI 是(　　)。

A. 利用磁盘机读入程序　　B. 从串行通信接口接收程序

C. 利用键盘以手动方式输入程序　　D. 从网络通过 Modem 接收程序

32. 镗孔刀尖如低于工件中心，粗车孔时易把孔径车(　　)。

A. 小　　B. 相等　　C. 不影响　　D. 大

33. 能进行螺纹加工的数控车床，一定安装了(　　)。

A. 测速发电机　　B. 主轴脉冲编码器　　C. 温度监测器　　D. 旋转变压器

34. 绝对编程是指(　　)。

A. 根据与前一个位置的坐标增量来表示位置的编程方法

B. 根据预先设定的编程原点计算坐标尺寸进行编程的方法

C. 根据机床原点计算坐标尺寸进行编程的方法

D. 根据机床参考点计算坐标尺寸进行编程的方法

35. 遵守法律法规不要求(　　)。

A. 延长劳动时间　　B. 遵守操作程序

C. 遵守安全操作规程　　D. 遵守劳动纪律

36. FANUC 系统的车床用增量方式编程时的格式是(　　)。

A. G90 G01 X_ Z_　　B. G91 G01 X_ Z_

C. G01 U_ W_　　D. G91 G01 U_ W_

37. FANUC 数控车床系统中 G90 是(　　)指令。

A. 增量编程　　B. 圆柱或圆锥面车削循环

C. 螺纹车削循环　　D. 端面车削循环

38. 为使用方便和减少积累误差，选用量块时应尽量选用(　　)的块数。

A. 很多　　B. 较多　　C. 较少　　D. 5 以上

39. 程序段号的作用之一是(　　)。

A. 便于对指令进行校对、检索、修改　　B. 解释指令的含义

C. 确定坐标值　　D. 确定刀具的补偿量

40. 下列指令中属于固定循环指令代码的是(　　)。

A. G04　　B. G02　　C. G73　　D. G28

41. 重复定位能提高工件的(　　)，但对工件的定位精度有影响，一般是不允许的。

A. 塑性　　B. 强度　　C. 刚性　　D. 韧性

42. 前刀面与基面间的夹角是(　　)。

A. 后角　　B. 主偏角　　C. 前角　　D. 刃倾角

43. 在 FANUC 0i 系统中，G73 指令第一行中 R 的含义是(　　)。

A. X 向回退量　　B. 余量　　C. Z 向回退量　　D. 走刀次数

44. 辅助指令 M03 的功能是主轴(　　)指令。

A　反转　　B. 启动　　C. 正转　　D. 停止

45. 下面说法不正确的是(　　)。

A. 进给量越大 Ra 值越大

B. 工件的装夹精度影响加工精度

C. 工件定位前须仔细清理工件和夹具定位部位

D. 通常精加工时的 F 值大于粗加工时的 F 值

46. 切削加工时，工件材料抵抗刀具切削所产生的阻力称为(　　)。

A. 切削力　　B. 径向切削力　　C. 轴向切削力　　D. 法向切削力

47. 车削塑性金属材料的 M40 ×3 内螺纹，D 孔直径约等于(　　)mm。

A. 40　　B. 38.5　　C. 38.05　　D. 37

48. 编程加工内槽时，切槽前的切刀定位点的直径应比孔径尺寸(　　)。

A. 小　　B. 相等　　C. 大　　D. 无关

49. 数控机床的日常维护与保养一般情况下应该由(　　)来进行。

A. 车间领导　　B. 操作人员　　C. 后勤管理人员　　D. 勤杂人员

50. 取消键 CAN 的用途是消除输入(　　)器中的文字符号。

A. 缓冲　　B. 寄存　　C. 运算　　D. 处理

51. 要执行程序段跳过功能，须在该程序段前输入(　　)标记。

A. /　　B. \　　C. +　　D. --

52. 切断工件时，工件端面凸起或者凹下，原因可能是(　　)。

A. 丝杆间隙过大　　B. 切削进给速度过大

C. 刀具已经磨损　　D. 两副偏角过大且不对称

53. 切槽刀刀头面积小，散热条件(　　)。

A. 差　　B. 较好　　C. 好　　D. 很好

54. G96 是启动(　　)控制的指令。

A. 变速度　　B. 匀速度　　C. 恒线速度　　D. 角速度

55. 在数控机床上，考虑工件的加工精度要求、刚度和变形等因素，可按(　　)划分工序。

A 粗、精加工　　B 所用刀具　　C 定位方式　　D 加工部位

56. 最小极限尺寸与基本尺寸的代数差称为(　　)。

A. 上偏差　　B. 下偏差　　C. 误差　　D. 公差带

57. G00 是指令刀具以(　　)移动方式，从当前位置运动并定位于目标位置的指令。

A. 点动　　B. 走刀　　C. 快速　　D. 标准

58. T0102 表示(　　)。

A. 1 号刀 1 号刀补　B. 1 号刀 2 号刀补　C. 2 号刀 1 号刀补　D. 2 号刀 2 号刀补

59. 数控车床车圆锥面时产生(　　)误差的原因可能是加工圆锥起点或终点 *X* 坐标计算错误。

A. 锥度（角度）　B. 同轴度误差　C. 圆度误差　D. 轴向尺寸误差

61. 加工时用来确定工件在机床上或夹具中占有正确位置所使用的基准为(　　)。

A. 定位基准　B. 测量基准　C. 装配基准　D. 工艺基准

62. 数控机床不能正常动作，可能的原因之一是(　　)。

A. 润滑中断　B. 冷却中断　C. 未进行对刀　D. 未解除急停

63. 麻花钻的导向部分有两条螺旋槽，作用是形成切削刃和(　　)。

A. 排除气体　B. 排除切屑　C. 排除热量　D. 减轻自重

64. 数控车床在加工中为了实现对车刀刀尖磨损的补偿，可沿假设的刀尖方向，在刀尖半径之上，附加一个刀具偏移量，这称为(　　)。

A. 刀具位置补偿　B. 刀具半径补偿　C. 刀具长度补偿

65. 确定数控机床坐标系统运动关系的原则是假定(　　)。

A. 刀具相对静止的工件而运动　B. 工件相对静止的刀具而运动

C. 刀具、工件都运动　D. 刀具、工件都不运动

66. FANUC 0i 系统中程序段 M98 P0260 表示(　　)。

A. 停止调用子程序　B. 调用 1 次子程序“O0260”

C. 调用 2 次子程序“O0260”　D. 返回主程序

67. 在精车削圆弧面时，应(　　)进给速度以提高表面粗糙度。

A. 增大　B. 不变　C. 减小　D. 以上均不对

68. 零件图(　　)的投影方向应能最明显地反映零件图的内外结构形状特征。

A. 俯视图　B 主视图　C 左视图　D 右视图

69. 当刀具的副偏角(　　)时，在车削凹陷轮廓面时应产生过切现象。

A. 大　B. 过大　C. 过小　D. 以上均不对

70. 偏心轴的结构特点是两轴线平行而(　　)。

A. 重合　B. 不重合　C. 倾斜 30°　D. 不相交

二、多选题

1. 进给系统常用的直流伺服电动机主要有(　　)。

A. 小惯性直流伺服电动机　B. 大惯量宽调速直流伺服电动机

C. 无刷直流伺服电动机　D. 高速直流伺服电动机

2. 影响刀具寿命的因素有(　　)。

A. 工件材料　B. 刀具材料　C. 切削用量　D. 刀具几何参数

3. 下列论述正确的有(　　)。

A. 孔的最大实体实效尺寸 = D_{max} − 形位公差

B. 孔的最大实体实效尺寸 = 最大实体尺寸 − 形位公差

C. 轴的最大实体实效尺寸 = d_{max} + 形位公差

D. 轴的最大实体实效尺寸 = 实际尺寸 + 形位公差

E. 最大实体实效尺寸 = 最大实体尺寸

4. 常见齿轮传动形式有(　　)。

A. 圆柱　　B. 圆锥　　C. 圆台　　D. 蜗轮蜗杆

5. 如何确定拆画的零件的尺寸(　　)。

A. 直接从装配图中量取　　B. 直接移注装配图中所注有关尺寸

C. 计算　　D. 查表

6. 下列论述中不正确的有(　　)。

A. 无论气温高低，只要零件的实际尺寸都介于最大、最小极限尺寸之间，就能判断其为合格

B. 一批零件的实际尺寸最大为 20.01 mm，最小为 19.98 mm，则可知该零件的上偏差为 +0.01 mm，下偏差为 -0.02 mm

C. j ~ f 的基本偏差为上偏差

D. 对零部件规定的公差值越小，则其配合公差也必定越小

E. H7/h6 和 H9/h9 配合的最小间隙相同，最大间隙不同

7. 数控机床书写坐标值的方式有(　　)。

A. 绝对坐标方式　　B. 相对坐标方式　　C. 原点方式　　D. 参考点方式

8. 长圆柱面定位的常用元件有(　　)。

A. 固定式 V 形块　　B. 固定式长套　　C. 三爪自定心卡盘

D. 心轴　　E. 支承板

9. 在数控加工工序卡中，应包括(　　)等内容。

A. 程序内容　　B. 刀具规格　　C. 工步内容

D. 切削用量　　E. 设备规格

10. 在标注尺寸时一般需考虑的因素有(　　)。

A. 是否方便画图和看图

B. 各个尺寸的重要程度，即重要的尺寸必须直接注出

C. 零件的加工方法和加工顺序

D. 是否便于测量

E. 尺寸基准的选择

三、判断题

1. 改进机床布局和结构设计可以提高机床的刚度，不能减少机床的热变形。(　　)

2. 影响机床刚度的主要因素是机床各构件、部件本身的刚度和它们之间的接触刚度。(　　)

3. 切屑在形成过程中往往塑性和韧性提高、脆性降低，使切屑形成了内在的有利条件。(　　)

4. 梯形螺纹测量一般是用三针测量法测量螺纹的小径。（　　）

5. 滚动轴承间隙的调整或预紧，通常是通过轴承内、外圈的相对轴向移动来实现的。

（　　）

6. 编程坐标系是指在数控编程时，在工件上确定的基准坐标系，其原点也是数控加工的对刀点。（　　）

7. 安排数控车削精加工时，其零件的最终加工轮廓应由最后一刀连续加工而成。（　　）

8. 数控机床主轴的顺时针旋转运动方向为正转。（　　）

9. 在装配图中，两相邻零件的接触表面和配合表面画一条线，不接触的表面画两条线，如果间隙较小，也可以画一条线。（　　）

10. 在车削外圆时三个切削分力中一般最大的可能是 F 或者是 F。（　　）

11. 包容原则是控制作用尺寸不超出最大实体边界的公差原则。（　　）

12. 钨钴类硬质合金（YG）因其韧性、磨削性能和导热性好，主要用于加工脆性材料、有色金属及非金属。（　　）

13. 粗车削应选用刀尖半径较小的车刀片。（　　）

14. 尾座轴线偏移，打中心孔时不会受影响。（　　）

15. 用螺纹加工指令 G32 加工螺纹时，一般要在螺纹两端设置进刀距离与退刀距离。（　　）

16. G72 指令的循环路线与 G71 指令不同之处在于它是沿 X 轴方向进行车削循环加工的。

（　　）

17. 操作工不得随意修改数控机床的各类参数。（　　）

18. 数控车床 F 功能的单位有每分钟进给量和每转进给量。（　　）

19. 数控车床用恒线速度加工端面、锥度和圆弧时，必须限制主轴的最高转速。（　　）

20. 当数控车床失去对机床参考点的记忆时，必须进行返回参考点的操作来建立工件坐标系。

（　　）

参考文献

[1] 李银海，戴素江．机械零件数控车削加工［M］．北京：科学出版社，2008．

[2] 朱明松．数控车床编程与操作项目教程［M］．北京：机械工业出版社，2019．

[3] 崔兆华．数控车工（工级）操作技能鉴定实战详解［M］．北京：机械工业出版社，2012．